DRAGON
BONE HILL

龙 骨 山

冰河时代的直立人传奇

[美] 诺埃尔·T. 博阿兹
(Noel T. Boaz) 著
[美] 拉塞尔·L. 乔昆
(Russell L. Ciochon)

陈淳 陈虹 沈辛成 译

陕西新华出版
陕西人民出版社

作者简介

诺埃尔·T. 博阿兹（Noel T. Boaz） 美国诺福克州立大学生物学教授，1977年博士毕业于美国加州大学伯克利分校人类学系，主要从事古人类学和人类进化研究，长期在东非从事早期人类化石的发掘与研究工作。

拉塞尔·L. 乔昆（Russell L. Ciochon） 美国爱荷华大学人类学系教授，1986年博士毕业于美国加州大学伯克利分校人类学系，主要从事古人类学、灵长类进化、亚洲人类进化、牙齿解剖学、灵长类骨骼功能解剖学、亚洲上新世和更新世遗址地质年代学以及东南亚考古学研究。

译者简介

陈 淳 复旦大学文物与博物馆学系教授，1982年硕士毕业于中国科学院古脊椎动物与古人类研究所，师从贾兰坡院士。后赴加拿大麦吉尔大学人类学系留学，1992年获博士学位。主要从事旧石器时代考古学、考古学理论、文明与国家起源、农业起源研究。

陈 虹 浙江大学艺术与考古学院教授，2003年学士毕业于山西大学历史系考古专业，2007—2009年被复旦大学派往加拿大多伦多大学东亚学系进行联合培养，2010年博士毕业于复旦大学文物与博物馆学系。主要从事史前考古学和旧石器微痕研究。

沈辛成 上海交通大学科学史与科学文化研究院助理教授，2007年学士毕业于北京大学考古文博学院，2010年硕士毕业于复旦大学文物与博物馆学系，2013年硕士毕业于美国哥伦比亚大学人类学系，2019年博士毕业于美国佐治亚理工学院技术史专业。主要从事技术社会史与博物馆学研究。

献给

贾兰坡（1908—2001）

中国古人类学家，周口店第Ⅹ号、Ⅺ号和Ⅻ号头骨的发现者。
二战中，他为龙骨山抢救出了遗址的发掘资料，
却抱憾未能挽救丢失的北京人化石。
他的骨灰被安葬在周口店。

前　言

　　本书的合著者相识于1973年，是时我们同为加州大学伯克利分校克拉克·豪厄尔（Clark Howell）实验室的古人类学研究生。尽管当时实验室主要致力于非洲以及豪厄尔对埃塞俄比亚奥莫河谷的研究探寻项目，不过中国已开始向全新的国际古人类学研究开放。豪厄尔是1975年美国国家科学院赴中华人民共和国的古人类学代表团的成员，他带回了具有巨大研究潜力的新闻。乔昆之后很快就开始了他自己在亚洲的研究项目，1977年始于缅甸，之后的25年拓展至印度、中国、越南、柬埔寨和印度尼西亚。另一方面，博阿兹继续非洲的古人类学研究，在埃塞俄比亚、利比亚和刚果民主共和国工作。然而，大约十年前，我们的兴趣交会于周口店遗址，也被称为"龙骨山"。1993年，博阿兹在乔治·华盛顿大学任教时的一节研究生讨论课上，结识了邵象清教授，一位来自中国上海复旦大学的体质人类学访问学者。邵象清对周口店最新田野研究的介绍引发了博阿兹的兴趣，在他们同北京古脊椎动物与古人类研究所数度通信往来之后，一个联合研究项目开始成型。随之达成的协议促成了博阿兹和乔昆与中国同行对龙骨山遗址国际性的多机构研究，这也是构成本书的基础。邵象清教授后来也曾协助乔治·华盛顿大学的艾利森·布鲁克斯（Alison Brooks）教授在周口店设立了考古田野学校，后者却不幸于1999年在华盛顿亡故。我们对邵象清教授推动中美科学合作和国际古人类学研究致以衷心的谢意。

我们在北京古脊椎动物与古人类研究所的同事、前周口店国际研究中心主任徐钦琦教授及刘金毅先生，是此项研究多篇专业论文的合著者。他们在规划我们的合作研究、勾画周口店的发掘地图以及对北京和周口店博物馆内所藏的大量周口店遗存的埋藏学合作研究方面助益良多。1999年1月，与他们一起在周口店的逗留令我们难忘，因为那足以向我们证明北京人在冰河时代的华北过着多么寒冷的日子，而周口店招待所的温暖与好客所带来的惬意是多么令我们感激。我们感谢在古脊椎动物与古人类研究所工作的许多朋友和同事——吴新智教授、董为教授、侯亚梅教授、黄慰文教授、黄万波教授和顾玉珉教授等——感谢他们在我们中国之旅期间的善意与好客。

我们欠史蒂夫·韦纳（Steve Weiner）教授一个人情，他是以色列雷霍瓦特（Rehovat）的魏茨曼科学研究所的环境科学系主任，1993年至1994年间博阿兹在那里做迈耶霍夫（Meyerhoff）访问教授。将韦纳的研究方法——此前成功地阐明了以色列哈约尼姆（Hayonim）洞穴用火迹象的地球化学问题——应用于周口店的用火问题，似乎颇为完美。正是在韦纳博士的主动邀请下，徐博士得以赴以色列学习沉积物的X射线分析技术，这才为韦纳、保罗·戈德堡（Paul Goldberg）和奥弗·巴尔-约瑟夫（Ofer Bar-Yousef）一行的中国之旅创造了条件，他们的野外工作，启发了我们对龙骨山用火和沉积历史的了解。

因为允许我们利用馆藏并对亚洲直立人的研究进行了卓有成效的愉快探讨之故，我们感谢美国自然历史博物馆的伊恩·塔特索尔（Ian Tattersall）、埃里克·德尔森（Eric Delson）、肯·莫布雷（Ken Mowbray）和加里·索耶（Gary Sawyer），还有我们印度尼西亚的同行扎曼（Y. Zaim）和阿齐兹（F. Aziz）。过去数年间，我们与孔尼华（G. H. R. von Koenigswald）、克拉克·豪厄尔、舍伍德·沃什伯恩（Sherwood Washburn）、菲利普·托拜厄斯（Phillip Tobias）、艾伦·沃克（Alan Walker）、杰夫·波普（Geoff Pope）、约翰·奥尔森（John Olsen）、米尔福德·沃尔波夫（Milford Wolpoff）、菲利普·赖特迈尔（Philip Rightmire）、克里斯·斯廷杰（Chris Stringer）、约翰·弗利格尔（John Fleagle）、艾利森·布鲁克斯、里克·波茨（Rick Potts）、杰克·克罗宁（Jack Cronin）、艾伦·阿尔姆奎斯特（Alan Almquist）、约尔·拉克（Yoel Rak）以及罗伯特·弗朗西斯克斯（Robert Franciscus）的讨论对本书的观点多有助益。1991年，彼得·布朗（Peter Brown）在法兰克福森根堡自然博物馆（Senckenberg Museum）的"爪哇猿人"（Pithecanthropus）研讨会上的论文对我们有关直立人头盖骨增厚的思考极具启发。华盛顿州立大学电子显微镜中心的克里斯·戴维特（Chris Davett）协助我们完成了扫描电子显微镜分析。感谢桑迪·马丁（Sandy Martin）和琳内特·尼尔恩（Lynette Nearn）对我们头骨增厚研究的极大帮助。克里斯托弗·贾纳斯（Christopher Janus）、卢西恩·派伊（Lucian Pye）和马丁·塔什德简（Martin Taschdjian）提供了对北京人化石失踪搜寻历史极具价值的见地。

我们感谢以下诸位在本项目档案和图书馆研究方面提供的帮助：纽约市美国自然历史博物馆图书馆的葆拉·威利（Paula Willey）、位于纽约州"沉睡谷"（Sleepy Hollow）的洛克菲勒基金会档案馆的肯·罗斯（Ken Rose）、明迪·戈登（Mindy Gordon）、达尔文·斯特普尔顿（Darwin Stapleton）和汤姆·罗森鲍姆（Tom Rosenbaum）。我们要特别感谢艾奥瓦大学图书馆（尤其是馆际互借部门）、罗斯大学医学院、老道明大学、魏茨曼科学研究所、华盛顿州立大学、波特兰州立大学、俄勒冈州波特兰公立图书馆、加州大学伯克利分校、乔治敦大学［沃尔特·葛兰阶（Walter Granger）和露西尔·斯旺（Lucille Swan）藏品］以及史密森研究院［弗兰克·韦布（Frank Webb）藏品］的所有员工。

约翰·奥尔森、米尔福德·沃尔波夫和罗伯特·弗朗西斯克斯审阅了初稿，我们感谢他们提供的许多宝贵的评论和建议。鲁宾·尤里布（Ruben Uribe）、内森·托滕（Nathan Totten）、迈克尔·泽默曼（Michael Zemmerman）和埃琳·谢巴利（Erin Schembari）参与了电脑制图。董为热心扫描了古脊椎动物与古人类研究所馆藏中的周口店早期照片。医学博士尹爱娣（译音 Yin Aidi）和顾耀明（译音 Gu Yaoming）协助我们翻译中文。杰茜卡·怀特（Jessica White）为编辑事宜出谋划策。林赛·伊夫斯-约翰逊（Lindsay Eaves-Johnson）帮助编辑文本和校对参考文献。我们感谢牛津大学出版社的编辑柯克·詹森（Kirk Jensen）和克利福德·米尔斯（Clifford Mills），感谢他们的耐心和帮助。其他帮助我们形成想法并付诸文字的人有布鲁斯·尼科尔斯（Bruce Nichols）、帕卡德（Le Anh Tu Packard）和维多里欧·梅斯特罗（Vittorio Maestro）。我们还感谢帕卡德对最终稿的宝贵意见。我们也要感谢苏珊·雷宾纳（Susan Rabiner）专员对该项目的推动，还有比尔·麦卡贝尔（Bill McCampbell）对该项目的推动。最后，感谢梅莱莎·麦克唐奈（Meleisa McDonell）、莉迪娅·博阿兹（Lydia Boaz）、彼得·博阿兹（Peter Boaz）、亚历山大·博阿兹（Alexander Boaz）和池田典子，感谢他们在本书撰写过程中的耐心和容忍。博阿兹的资助来自人类进化研究国际基金会和罗斯大学医学院。乔昆的经费来自艾奥瓦大学文学与科学学院院长基金以及艾奥瓦大学基金会人类进化研究基金。

　　本书销售所得的版税作者将会捐赠给联合国世界遗产遗址——龙骨山周口店博物馆。

诺埃尔·博阿兹

拉塞尔·乔昆

目 录

第一章 龙骨山之骨

  龙之幸：龙骨山与传统中医 ／ 005
  龙骨山古人类的悬念及发现 ／ 010
  美国"缺环探险队"为猎龙走进戈壁 ／ 014
  洛克菲勒基金会的协和医学院与非凡的解剖学家步达生 ／ 017
  中国猿人的现身 ／ 022
  裴文中发现第一具古人类头骨 ／ 024
  一位"高人"接手周口店的工作 ／ 030

第二章 复归龙身

  北京人处境凶险 ／ 041
  北京人化石的下落 ／ 046
  日军为何垂涎北京人，他们找到化石了吗？ ／ 052
  化石的命运、科学与责任 ／ 055

第三章　巨人与基因：北京人进化意义的观念流变

揭示北京人的解剖学特点　/ 063

确认爪哇人与北京人的亲缘关系　/ 067

巨人们的更新世大地：被认作祖先的粗壮爪哇人、巨人和巨猿　/ 070

魏敦瑞多地区进化说和直立人作为动物学物种的认识　/ 073

直立人的科学命运：中间的混沌　/ 077

骨头和基因：橘子苹果，还是豆子胡萝卜？　/ 079

第四章　第三功能：北京人神秘头骨的假说

古怪的头骨及其成因　/ 086

第一功能：我思故我在　/ 088

第二功能：较小的咀嚼肌、牙齿和脸部　/ 090

第三功能：保护脑部、脊髓和眼睛　/ 091

直立人头骨形式防护功能的古病理学论据　/ 097

是否有第四功能？——给增大的人类脑部降温　/ 099

第五章　准人类的适应行为

出土证据　/ 103

工具类型与原始材料　/ 108

石器？骨器？　/ 111

用火证据　/ 113

行为的含义　/ 115

狩猎者、采集狩猎者，还是食尸者？　/ 118

第六章　直立人的年代与气候

龙骨山的年代　/ 126

锁定时代　/ 130

龙骨山的天气报告　/ 133

直立人究竟住在哪里？　/ 137

北京人食谱的证据：脑子和朴树籽，或其他？　/ 138

和其他动物的生态学关系　/ 140

第七章　龙骨山人类的性质：大脑、语言、用火和食人之风

言语解剖学　/ 146

大脑之外与语言相关的解剖学　/ 148

手艺、工具制作和语言　/ 150

食人之风再受青睐，但龙骨山有证据吗？　/ 152

不会说话的食人族，以及对直立人思维的推测　/ 160

第八章　始与终：解答直立人出现与消失的根本问题

非洲起源　/ 169

非洲：泄漏的熔炉　/ 172

一种新的进化模式：渐变取代　/ 174

直立人在东南亚的扩散和进化　/ 179

气候变迁与直立人的绝灭　/ 181

直立人的解剖学特征及消失　/ 186

第九章　检验新假说

　　重新审视亚洲直立人的起源　／ 190
　　描绘进化海洋中的波浪与潮流　／ 194
　　考察直立人的生活方式　／ 199
　　龙骨山的食谱、疾病和生态　／ 201
　　检验直立人绝灭的理论　／ 207

注　释　／ 209
参考文献　／ 223
插图来源说明　／ 237
索　引　／ 240
译后记　／ 252

第一章 /
龙骨山之骨

20世纪20年代，龙骨山的发掘启动之时，人们对人类进化的理解仍是一片混沌。爪哇猿人的发现者尤金·杜布瓦（Eugene Dubois）在过去数年内普遍被认为有点癫狂。他把化石埋在自家厨房地下，并开始怀疑他发现的不是人类的先祖，而是一种大型长臂猿类的灵长类。美国自然历史博物馆的亨利·费尔菲尔德·奥斯朋（Henry Fairfield Osborn）筹划了一次重要探险，远赴亚洲探寻人类祖先，结果当时却只找到了恐龙化石。内布拉斯加州发现的一种绝灭猪形动物的一枚牙齿化石，一度被误认为属美洲的早期类人猿，并被命名为西方古猿（*Hesperopithecus*）。雷蒙德·达特（Raymond Dart）在南非发现的化石头骨被命名为南方古猿（*Australopithecus*），并被认为是非洲大陆新的人类祖先。另外，英国的弗雷德里克·伍德·琼斯（Frederick Wood Jones）教授提出了自己精致却完全荒谬的理论，主张人类是由眼镜猴直接进化而来——这是一种夜行的、擅于跳跃的小型灵长类，现仅存于东南亚。另外，"皮尔唐人"的骗局，令原本的混乱雪上加霜，即一具现代人的头骨、一块破损的猩猩下颌骨和几颗零星的牙齿，被埋在英格兰南部——一些人称其为已知最早的人类祖先。使古人类学走出这种困境的，是在20世纪30年代终于出现了一个明确的祖先——发现仔细、研究专业、报道谨慎，并被普

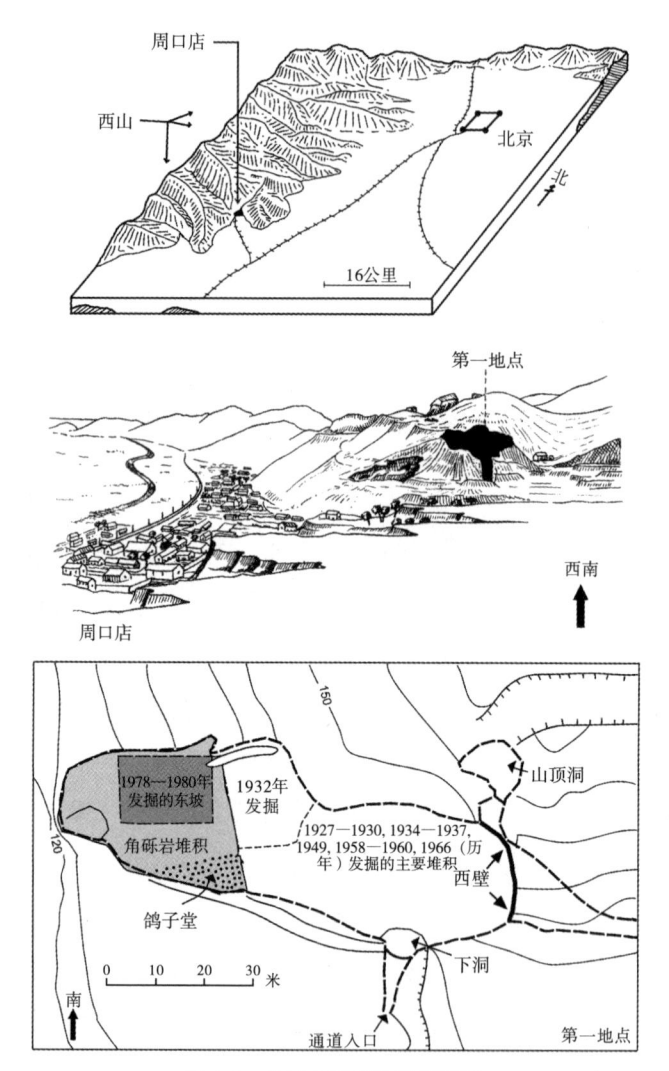

图 1.1 龙骨山地理位置示意图

上图：龙骨山位于北京西南 50 公里的周口店镇附近，恰地处西山和华北平原的交会处，它邻近周口河，提供掩体，近水，是为更新世食肉动物和当时的直立人提供食物的宜居点。

中图：古代开采龙骨的地点位于龙骨山的东北坡，但是当这处遗址被科学家重新发现时（重新命名为"第一地点"），发掘工作始于龙骨山的北坡。

下图："第一地点"发掘历史平面图。师丹斯基的第一次发掘是在 1921 年，位置在后来被称为"下洞"的上方，也是现在游客进入遗址的入口处。最后一次发掘是 1980 年在贾兰坡的主持下完成的。鸽子堂原来是由历代龙骨采掘者挖出来的。1987 年，龙骨山遗址被列入联合国世界遗产。

遍认可。这就是广为人知的"北京人"。本书的内容就与这一古人类[1]有关，现在它的科学名称叫直立人（*Homo erectus*）。

20世纪上半叶的大部分时间里，投在人类谱系源头之地亚洲的资金相当可观。非洲，尽管后来的发现使该大陆成为化石的圣地，但当时在人类化石的地图上它基本上是一片空白。进化论之父查尔斯·达尔文倾向于认为非洲是人类的发源地，然而与达尔文一起奠定自然选择理论基础的艾尔弗雷德·拉塞尔·华莱士（Alfred Russel Wallace）却提出亚洲是人类谱系的源头。德国、瑞典、法国、奥地利和美国的古生物学家云集中国，为的是寻找进化论中的伊甸园，不过却让一位瑞典地质学家约翰·冈纳·安特生（John Gunnar Andersson）撞了大运。安特生发现、确立并首次将国际视线引向华北的龙骨山遗址。这座中文名叫"龙骨山"的采石场坐落在周口店村北部，在那里出土了当时所知最丰富的早期古人类化石。探寻这些化石的大规模发掘，至今仍是规模最大的古人类化石遗址开掘工程。龙骨山的考古发现比其他任何单一遗址都多，因而成为人类进化现代阐释的重要构成部分。

龙之幸：龙骨山与传统中医

中国神话中，古代的龙与绝灭动物的化石遗存有着神秘的关系。发现这一关联纯属偶然。1899年，德国博物学家哈贝尔（K. A. Haberer）来到中国探索中国西部地区的自然史，却被义和团强行扣留在中国沿海。在上海、北京和其他城市，他发现中国药铺以"龙骨"和"龙齿"的名称销售脊椎动物化石。传统的中国人相信石化的骨骼是龙——一种与云雨、丰产、吉兆、皇权有关的神话动物——的遗骸。用龙骨磨制的药物能治疗各类疾病。

哈贝尔因此得以购买许多绝灭的中国动物化石，直到那时，如果不是全部的话，大部分这些化石都不为科学界所知。在他的"龙骨"收藏之中，当属一颗白齿最为醒目，它略似猿类，甚至可能是人类的。1903年，德国解剖学家和古生物学家马克斯·施洛塞尔（Max Schlosser）研究了哈贝尔的收藏并发表了论文[2]。除了确认哈贝尔的龙骨实际上都是哺乳动物之外，他还认为那颗像猿的牙齿应该是古人类化石，这是大家翘首以待的亚洲大陆人类祖先的第一件标本。然而，尽管这些化石十分诱人，但它们的出处——它们从何而来或有多么古老——还是个谜。因此，有必要在中国开展有组织的科学田野工作。

美国自然历史博物馆馆长、几任总统的朋友以及当时顶尖的古生物学家亨利·奥斯朋打算针对远东古生物学的空白一展拳脚。20世纪20年代初，他成立了赴华的中亚探险队。1923年，当他在野外调查时，他看见一些中国农民对他和他的野外向导指指点点，明显是在谈论他们。在询问翻译后，他才得知中国人把他们叫作"找龙骨的美国人"。奥斯朋在1924年写道："我对中国人的称谓颇为欣喜。我们为什么来到这里？……是为了采集龙骨——这些龙过去一直统治着地球上的天空、空气、土地和水域，时至今日仍被中国人默默信奉。"[3]奥斯朋对龙的问题如此着迷，以至他说服了一位同事写一本以此为题目的书，并亲自为其作序。[4]不过，奥斯朋寻找人类"龙骨"的宏大计划注定无功而返。因为美国自然历史博物馆团队调查的所有沉积物对古人类而言都太古老了，多年之功竟未能获得一块人类祖先的碎片。为了遵守"君子协定"，美国自然历史博物馆团队从未到过龙骨山，将华北的科学探索留给了著名的瑞典人安特生。[5]

安特生是一位探险家、博学者和以经济地质学为生的科学家。他曾是瑞典地质调查所的所长，并在此前勘查过南极。作为为世界地质资源绘制地图的国际合作项目的参与者，他得到瑞典政府的许可为中国地质调查所工作，并于1914年抵达中国。安特生的主要使命是勘探中国的岩石层，以寻找具有经济价值的资源，例如煤、石油、天然气等含矿地层。不过他的著述透露出更广泛的兴趣。他发表的观察研究涉及中国历史、考古遗址、古代神话，以及对本书至关重要的古生物学方面的化石沉积。同时，作为一名优秀的绘图者，在他的书中，他用自己绘制的风景画与人物素描作为插图。当他于20世纪20年代晚期返回瑞典时，他成为东方古物博物馆的奠基馆长，该馆堆满了他十几年间在中国勘查积累的考古收藏（与中国政府对半分享）。安特生也是个折服于中国之龙与龙骨神话的西方人。1925年，他撰写了一篇关于中国之龙的考古学史论文[6]，而1928年出版的他在华岁月的回忆录也取名为《龙与洋鬼子》[7]。在中国各地广泛的游历中，他尤其关注有关"龙骨"的报道，念念不忘哈贝尔和施洛塞尔的早年发现，他知道它们会将他引向化石遗址。

图 1.2　安特生

瑞典地质学家安特生 1914 年到 1926 年间在中国工作。根据一位美国化学教师提供的线索，他于 1918 年确认了周口店附近存在骨骼化石。正是由于他持久的兴趣与组织能力，龙骨山的科学发掘项目才得以启动。

1918年2月，一位在北京的美国教会的化学教师J. 麦格雷尔·吉布（J. McGregor Gibb）最先告诉安特生在周口店村发现骨骼化石之事。周口店位于北京西南仅50公里处，因为地处铁路沿线，所以十分容易到达。吉布甚至已经采集了一些骨头，并拿给安特生看。细碎的骨骼呈白色且已石化，它们外面附有红色黏土，安特生认出这是华北常见的一类洞穴沉积物。在中国待了四年的安特生兴奋不已，因为这个遗址可能正是中药铺龙骨的来源之一。

1918年的3月22日至23日，在最快的安排下，安特生探访了周口店村。当地老乡把他带到一处出露地面的红色黏土状岩石前，在一处老旧石灰岩采石场中，它如同一根立柱孤零零站着。北京许多建筑物所用的石灰岩大多来自周口店这样的采石场。安特生看见沉积物中暴露着许多小骨片。翻译告诉他，这个地方叫"鸡骨山"。当地老乡以为小骨片是他们所熟悉的动物——鸡。但是，安特生认出它们大多是啮齿类的骨头，而有一件是大型哺乳动物的骨骼。他兴奋地记下骨骼堆积的位置以及他的观察，认为这一地区对古生物学具有潜在的重要价值。他很好奇，采石工为何要留下含骨头的堆积，因为他们本来可以直接挖掉它直达石灰岩。村民回答了他的问题："一百多年前，此处有一个洞穴，里面住着许多狐狸，它们吃掉了附近人家所有的鸡。久而久之，有些狐狸成了精。有个人曾试图杀掉它们，但是这些狐狸精把他变成了疯子。"[8]于是，安特生不但明白了为什么"这根柱子"会留在那里，还明白了为什么村民会毫不犹豫地向他和其他外国人展示被施了魔法的化石堆积。不过，不管会不会中魔，安特生决定下次再来。

回到北京，安特生为其他项目所困，直到三年后的1921年，他才最终得以重返周口店和鸡骨山。这次，与他同行的还有一名古生物学助手，他是瑞典教授卡尔·维曼（Carl Wiman）最近新收的一名学生——奥托·师丹斯基（Otto Zdansky）博士，他原籍维也纳。安特生把师丹斯基请来中国的主要目的是发掘他在河南省发现的丰富的三趾马（Hipparion）堆积，而鸡骨山只是一次实习之行。当美国著名古生物学家沃尔特·葛兰阶博士——也是奥斯朋美国自然博物馆团队中最早抵华者——出现时，安特生邀请他一起看望正在田野工作的师丹斯基。安特生觉得，葛兰阶能向师丹斯基提供一些美国最新发掘方法方面有用的提示。

当安特生和葛兰阶到达周口店时，师丹斯基已经驻扎在当地的一座庙里，并正在遗址上开展工作。三人一起动手发掘、修理从遗址出土的化石，并贴上标签。正当三位科学家都在鸡骨山时，村里有个人来看他们。看了一会儿后他说："待在这里没啥意思。离这不远处就有个地方，你们能在那儿挖到更大更好的龙骨。"[9]这些老乡或许早就在想如何撵走这些洋人，尤其是一直住在他们庙里的那个。如果告诉洋人一处更有价值的龙骨地点的消息，也许可以把他们从村里引走。果不其然。

那个人领着安特生、师丹斯基和葛兰阶一路北行，走小桥过了河，出了村子，穿过火车站，随后登上了石灰岩小山。村民们目送他们携带发掘工具离开。在高出火车站约150米处，他们到达了一处废弃的采石场，它曾被用来开采建筑石材。采石场面向东北，与村子相对。在此，那个老乡指给安特生和他的同事看一处石灰岩壁上的裂隙，里面填满了骨骼化石。不到一小时，他们就发现了一种绝灭猪类的下颌骨。显然，他们现在找到的这个遗址比鸡骨山更具考古潜力。于是，他们决定立刻转移方向。安特生写道："那晚，我们是带着伟大发现的美好梦想回家的。"[10] 当那个人回家向周口店村民汇报这一进展时，他们大概也乐不可支。

翌日一早，安特生、师丹斯基和葛兰阶从寺庙步行来到新地点。当日所获超乎想象，令他们"大喜过望"。他们发现了一种大型绝灭麋鹿的下颌骨化石，这种麋鹿后来被命名为肿骨大角鹿（*Megalotragus pachyosteus*），还有鬣狗、熊的下颌骨化石和许多其他化石。葛兰阶向师丹斯基演示了如何对化石采用支撑石膏护套——一种由美国人开发的在田野现场保护化石的技术。在遗址待了一整天后，安特生认为，单是加固、修理和记录化石，师丹斯基眼前的活就差不多得干几个星期。安特生和葛兰阶计划次日乘火车回京。

新地点起初被称为"老牛沟"，也就是"老牛家的沟"（"牛"为姓氏）。师丹斯基发表其报告时[11]，他用邻村的名字给遗址命名——周口店，该名字被学术圈沿用至今。但是中国人称遗址为"龙骨山"。安特生和师丹斯基因周口店村龙骨山化石遗址的科学发现而备受赞誉。但实际上，这处巨大而坚硬的龙骨堆积几百年来一直为当地中国人所知。而将西方人领向"伟大发现"的那位周口店村民的名字已不可考。

同样无法考证的是，周口店还有哪些背后的故事促使西方科学家成功发现龙骨山。我们可以推测，周口店的那些子承父业的龙骨挖掘者要么是想转移到另一个他们熟知的开采地点工作，要么仅仅是他们的反对声被村民湮没，因为这些村民们急切地想要赶走住在他们庙里的洋鬼子。很有可能的是，原来的周口店龙骨挖掘者觉得，为在周口店的科学发掘者工作比自己挖龙骨更加有利可图。师丹斯基就雇了十几个人帮助他发掘。

当然也比较肯定的是，周口店有为数众多的村民认为这些洋人亵渎了寺庙（现在用作当地学校），应该把他们从自己的土地上全部赶走，毕竟这是许多中国人当时的切身感受。1899 年至 1900 年间恰逢义和团运动风起云涌，这是一场反抗德、法、日、英等列强为经济利益侵占中国领土的民众起义。类似的群众抗议在 1925 年也曾发生，上海外国警察屠杀了中国学生。对相信传统的人来说，这就是为了不让洋人染指土地的保护神和雨水的赐予者——龙。

果然就在龙骨山激动人心的发现后的那日清晨，天上乌云密布，接着大雨瓢泼。流经村子的周口河顷刻河水泛滥，冲毁了小桥，切断了科学家们去新遗址的路。安特生和葛兰阶无法前往火车站。安特生说，他和葛兰阶"充满了绝望，因为流入周口店河谷的小溪前几天还是不起眼的涓涓细流，现在却成了没人敢渡的汹涌山洪，因为山间暴雨如注"[12]。科学家们在寺庙里挨了整整三天，喝着酒讲故事，直到雨停。为了能在第四天离开周口店，安特生和葛兰阶不得不将衣服鞋子高举过头，"几乎光着身子"涉水过河，这免不了引起村民议论纷纷。一些人把这件事看作是神龙发威，它阻止了洋人的脚步，并让他们仓皇撤离周口店。

龙骨山古人类的悬念及发现

不过，有一个外国科学家留了下来。年轻气盛的奥地利人师丹斯基继续在龙骨山工作了四个月，直到 1921 年夏末。他和他的野外民工在炙热的石灰岩壁上挖掘骨头，清理附着的沉积物，将碎块粘合复原，给较大的骨头安上石膏护套，并将所有过程记录下来。师丹斯基结束周口店的工作后，他采集的化石从北京被运往维曼教授位于乌普萨拉的实验室，他本人则前往河南省去完成安特生让他来中国的主要任务——发掘三趾马。

师丹斯基向安特生提出了关于搁置周口店工作的数条理由。纯粹从古生物学的观点出发，遗址的化石标本十分破碎，并非保存极其完好。含骨骼化石的沉积物非常坚硬，而且它们往往沿缝隙破裂，使得化石也随之碎裂。最后，由于师丹斯基和民工们向岩壁内部开采，形成了一个悬凸，挂在他们头顶上，十分危险。安特生接受了这些理由，于是师丹斯基转向了在河南的另一项挑战。

不过，安特生并没有忘记周口店。1921 年夏，在检查师丹斯基工作的一次踏勘中，他特别注意到了在两层堆积中与化石骨骼共生的棱角分明的脉石英石片。安特生对中国的持久兴趣之一乃是考古学，他立刻意识到这些脉石英石片可能是化石古人类的石器。而师丹斯基指出，石灰岩中有大量的脉石英矿脉，而这些石片可能是这些矿脉的天然产物。安特生不得不承认洞顶和岩壁上的自然侵蚀是"存在脉石英石片可能性最大的解释，但无论如何也是最不令人激动的解释"[13]。不过，他仍不甘心，并假设最早的古人类在能真的制造石器之前，会捡拾自然界的石头和木头作为工具。有一天在遗址，安特生轻轻叩着一侧石灰岩壁对师丹斯基预言："我有一种预感，我们祖先的遗骸就躺在这里，现在唯一的问题就是去找到他。你不必着急，如有必要的话，你就把这个洞穴一直挖空为止。"但是，搜寻早期古人类只是安特生的强烈愿望，而不是师丹斯基的。就如我们所见，师丹斯基提出了充分的理由，中止了在龙骨山的工作。

1923 年夏，在师丹斯基发掘三趾马遗址已收获颇丰，又同时发现了无数其他古生物材料〔他后来用自己的名字命名了新物种——一种蜥脚类恐龙（sauropod dinosaur）和一种鱼类〕之后，安特生成功地说服了他重返龙骨山。前一年，师丹斯基在甘肃搭建脚手架，巧妙地从一块垂直的岩壁上挖掘出一块巨大的哺乳动物化石，这样，他便不能再以挖掘困难为借口拒绝返回周口店。据称，师丹斯基曾经说过："我对安特生想要的东西不感兴趣。我只想要洞穴里的动物群。"[14]他确实回到了他命名的周口店遗址，因为他想要完成他的古生物学研究论文，不过师丹斯基也有一个秘密，那就是他知道有一样东西，会使这个遗址变得极其重要。

1921年夏晚些时候，师丹斯基发现了一颗单独的臼齿，当场将其鉴定为来自一种"似人的猿"。他明知这正是踏破铁鞋无觅处的古人类，但他并没有告诉安特生。57年后在瑞典乌普萨拉与记者约翰·里德（John Reader）的交谈中，师丹斯基说："我登时就认出了它，但我什么也没说。你知道古人类材料总是众人瞩目的焦点，我怕它一旦公开就会有一场大轰动，那我将不得不交出我承诺发表的材料。"[15]里德还称，师丹斯基抵华后不久就与安特生有过一次争吵，此后师丹斯基便对安特生心怀芥蒂。1923年，师丹斯基带着龙骨山出土的化石和新发现的古人类牙齿前往瑞典。直到1926年，安特生才得知这一发现。回到乌普萨拉大学的卡尔·维曼教授实验室之后，师丹斯基有充足的时间来清洗、分类和研究龙骨山发掘出土的化石。他能细细琢磨他的古人类臼齿，仔细地构想和阐述他的结论。

发现先前未知物种标本的孤例，总是古生物学家的难题。问题总是会层出不穷：它是否真的是一种新物种的记录，或者是其他什么东西，比如说是貌似新物种的另一种动物的碎片？或者是否有可能是较晚时期的人类骨骼部分，因某种未知原因而混入化石堆积之中？对一件潜在的人类化石而言，这些并非无稽之谈，因为它有可能在其他化石沉积很久之后被人埋入其中。就算它是高等灵长类的臼齿，如何确保它不是某种

图 1.3　师丹斯基发现的"北京人"牙齿

师丹斯基于 1921 年到 1923 年在龙骨山发现的最初的两颗古人类牙齿被步达生非正式地命名为"人属北京种"(*Homo pekinesis*),俗称"北京人"。它们和之后在龙骨山动物群采集品中发现的第三颗牙齿放在一起,现藏于瑞典。师丹斯基 1921 年到 1923 年在龙骨山所获的全部材料仍然存放在乌普萨拉古生物研究所。

猿类或猴子的呢？师丹斯基十分谨慎。他是个羽翼未丰的年轻博士，初出茅庐。他深知，无论他就类人臼齿化石说些什么，事实上哪怕只是龙骨山化石群中的极小部分，也会极大影响到他其他所有的工作。

师丹斯基在乌普萨拉实验室的两项发现帮助他得出了一个结论。首先，他在发掘所获的多颗牙齿中发现了一些属于此前未知的古猴类——猕猴（macaque）的牙齿。人科动物（也就是类人猿或古人类）的臼齿与猴齿截然不同。之后，1924年或1925年，他发现了第二颗人科动物化石牙齿——一枚前臼齿。这颗前臼齿拥有很像人的较为低平的齿冠，完全不像猿类。有两颗化石牙齿在手，加之它们毫无疑问地不属于先前已知的猕猴类，师丹斯基满怀信心地向维曼教授汇报，他在龙骨山化石中发现了古人类。但他还是低估了它们的重要性，将它们归入保守的（不过仍然是正确的）分类范畴"真人"[16]。

1926年，安特生从乌普萨拉寄往北京的一封信中得知了龙骨山发现古人类的新消息，不过不是来自师丹斯基，而是他的教授维曼。安特生要求维曼提供送往瑞典鉴定的古生物材料的最新情况。当时已有一些惊人的发现——一种新的中国恐龙、奇异的长颈鹿化石以及一种独特的长鼻三趾马。不过安特生只惦记着师丹斯基有关龙骨山出土的细碎牙齿的报告，他兴奋地呼喊："我期望的古人类果然找到了。"[17] 由于师丹斯基的隐瞒，安特生五年来一直被蒙在鼓里。

美国"缺环探险队"为猎龙走进戈壁

美国自然历史博物馆的古生物学家葛兰阶参与了安特生和师丹斯基1921年在龙骨山的探索。这一发现的消息写进了葛兰阶发给纽约博物馆馆长和古生物学权威奥斯朋的报告中。奥斯朋是美国科学促进会主席特迪·罗斯福（Teddy Roosevelt）的朋友，他坐在巨型办公桌后的大皮椅上，身居耗费巨资建造的四座城堡般大厦中的一座，沉思着中国。以奥斯朋在国际科学圈中的地位，就算他想要龙骨山，也必定能得到它。取道中国前往戈壁沙漠的一支"缺环探险队"最终成行。

奥斯朋的盘算包括了诸多因素。那里的科学力量是否已经很强？没有。安特生只是一个经济地质学家，他是需要维曼和师丹斯基帮他鉴定化石。即使安特生觉得自己多少拥有这处遗址的所有权，在奥斯朋看来，他都不足以进行独立研究。奥斯朋通过其在欧洲的关系得知，师丹斯基不喜欢安特生，也不愿意再去中国。而且，师丹斯基正在等待埃及开罗大学的教职，最终他也如愿以偿。不，师丹斯基不会对他有所妨碍。

龙骨山的发掘对博物馆价值几何？奥斯朋认为无可估量。公众对人类与低等灵长类之间的进化环节兴趣浓厚，而如果奥斯朋能将这样一块化石放在他的博物馆里展出，公众必将蜂拥而至。奥斯朋本人就曾预言，亚洲很可能是这一远祖的现身之地。而他也拥有全世界顶尖的技术人员、科学家以及协助后续发表工作的相关科研人员团队。

这是否可行？奥斯朋以前也这般大胆和不可思议地做过。因为渴望获得缺环和完整的骨架来充实他的大象展厅，他曾不惜一切代价从纽约向美国西部的化石荒漠派遣了多支装备精良的队伍。骨架被发现、研究、制成标本、发表出版，并最终得以展示——引来一片喝彩。筹备一次亚洲探险去寻找人类的缺环应该更具挑战性。他能办到吗？奥斯朋坚持认为他能，于是中亚探险队——也许是费用最昂贵、组织最庞大的为寻找古人类化石整装待发的队伍——诞生了。探险队的工作于1922年夏启动，由奥斯朋钦点的接班人罗伊·查普曼·安德鲁斯（Roy Chapman Andrews）负责。奥斯朋打算把发现亚洲古人类始祖作为自己学术生涯的绝唱，也是其不凡学术生涯最为引人注目的巅峰。然而，安特生则另有打算。

从维曼信中得知师丹斯基在龙骨山出土了两颗古人类牙齿的消息之后，安特生便开始酝酿，要以发现中国早期古人类作为自己的终场秀。他积累了大量奥斯朋无从知晓也无从获得的资源。首先，安特生正在为自己离华做准备。很久以前，他曾与中国政府签订过一份协议，与中方分享化石和考古采集品，他打算在斯德哥尔摩建立一座新的博物馆——东方古物博物馆。为了这一目的，安特生十几年来广泛游历中国，悄无声息但却有条不紊地进行采集，并打算成为新博物馆的奠基人。

多年来，安特生与中国人和在华的西方人打了不少交道，建立起了可敬并诚信的良好声誉。他对中国、对中国的考古遗址和人民的了解旁人根本无从比肩。安特生所处的地位令他明白该往哪儿"押宝"，该跟谁"下注"。而除了葛兰阶，奥斯朋的手下都是初来乍到，在了解国情方面明显落后。

安特生也不像奥斯朋和其他人想象的那样，是个单纯的经济地质学家。安特生在华工作的背后是坚实的财政支持。他在瑞典的靠山是一位极具影响力的企业家阿克塞尔·拉格琉斯（Axel Lagrelius）博士，他建立了一个名为瑞典中国研究委员会（Swedish China Research Committee）的基金会并为其捐钱。拉格琉斯是瑞典王储（后来的古斯塔夫国王六世）的好友，后者同意出任该基金会主席。正是这一资金来源，支付了龙骨山发掘者和师丹斯基的薪水、化石的运费以及维曼实验室的日常开销。

更为幸运的是，瑞典王储在环球旅行中将于1926年10月抵京。拉格琉斯博士为迎接王子莅临而赶赴北京。安特生则负责为王子的"考古与艺术研究"安排行程。当王子抵达之时，安特生和拉格琉斯已经布置了周密的计划，巧妙地设计了一场科学会议和社会活动，其影响如此之大，以至于断绝了奥斯朋中亚探险队发掘龙骨山的一切念头。此次会议提出了"北京人"这一名称，并推动了周口店附近遗址一系列闻名世界的古人类发现。它也标志着跨国科学合作的巩固，并将颇具影响力的美资协和医学院带入了安特生的圈子。奥斯朋的探险队跋涉万里、跨越百万年，苦苦搜寻远古中国真正的早期人类，但他的宏伟抱负却随着戈壁沙漠的扬沙一起随风而逝了。

洛克菲勒基金会的协和医学院与非凡的解剖学家步达生

20世纪初，中国深陷经济和政治动乱之中。广袤的国土和经济上的重要性促使帝国主义列强在义和团运动之后瓜分势力范围，尤其是港口。但与此同时，西方人和他们的一些机构也以各种"人道主义"理由来到中国。一个庞大的美国基金会——约翰·洛克菲勒基金会——出资建立了一所英语授课的学校，旨在培训年轻的中国医生。由于薪金丰厚，协和医学院拥有来自世界各地的一流师资，不过主要是来自北美的教授。

步达生（Davidson Black）于1919年被医学院聘为解剖学教授[18]。步达生是加拿大人，在多伦多大学取得医学博士学位，后又游学美国、英国、法国、荷兰和德国的顶尖体质人类学实验室，潜心研习人类进化。他找到了一位导师——格拉夫顿·埃里奥特·史密斯（Grafton Elliot Smith）博士（后成为爵士），后者是伦敦大学学院一位杰出的解剖学教授。正如他的信函所示，步达生对中国的工作充满兴趣，主要是因为他想尽量接近在他看来可能含有人类祖先化石的遗址。几乎可以肯定，洛克菲勒基金会的官员在决定聘用年轻的医学博士步达生就任解剖学教职时，断然想不到他的解剖学研究将会涉及在距北京新建的医学院几十公里的几十万年以前的老旧尘封的采石场里挖掘骨骼化石的工作。史密斯为步达生写了封郑重的推荐信。

在京的最初两年，步达生全身心投入筹建医学院的工作中，尤其是解剖学系。他的解剖学课程进展顺利，他与同事也相处和睦。他的工作之一是为医学院学生获取解剖用的尸体。北京警方自然高兴，有天他们给解剖系送来了多具被处决犯人的无头尸体。震惊之余，步达生仍很有礼貌地访问了警局，解释医学院需要完整的尸体。警长听后点了点头。

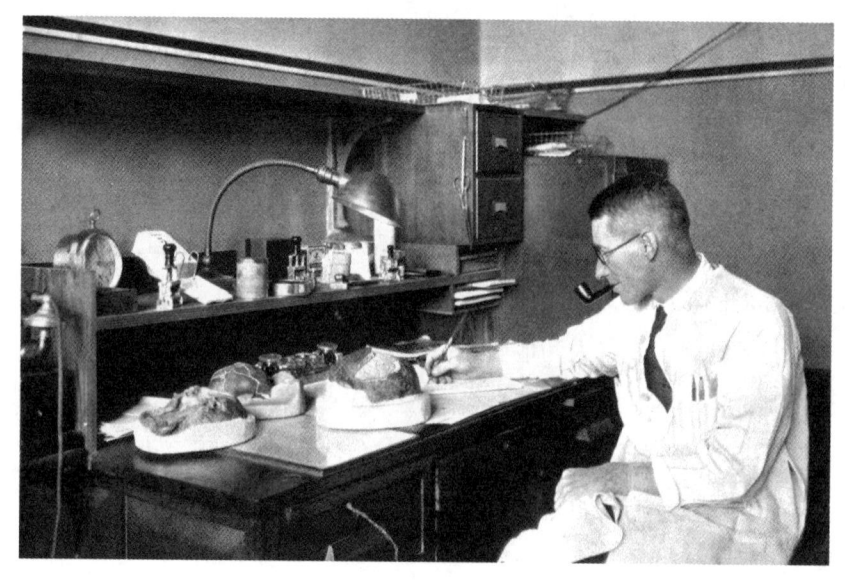

图 1.4 步达生

步达生在北京协和医学院解剖学系实验室的工作台上，上面是中国猿人的头骨。1934 年 3 月 15 日深夜，步达生猝死于此，倒在Ⅲ号头骨和山顶洞人头骨之间。

几天后，一行上了镣铐的囚犯从警局来到步达生办公室门前，一张便条上写着"随你处置"。事件竟如此曲折，步达生显然不得不再次造访警局了[19]。

步达生有令人瞩目和外向的性格，他和妻子在北京的外国人社交生活圈中很是活跃。他同时与国外的朋友和同事保持着密切的联系。协和医学院对步达生十分满意，他被委任为解剖学系主任。

步达生与安特生的合作始于 1921 年北京东北部满洲沙锅屯的新石器时代洞穴遗址。无疑，两人之前是在社交场合相识的，因为在形容他们的初次合作时，安特生称步达生为"我的朋友"[20]。安特生曾一直勘探煤矿资源，但却让他的助手前去挖掘附近有趣的沙锅屯洞穴。从煤矿返回之后，安特生兴奋地发现，他们找到了大量的人类骨骼。安特生立刻发电报给步达生，请求协助对人类骨骼的发掘和解剖学研究。这些骨骼的历史只不过数千年（与龙骨山化石的数十万年相比），但是步达生仍然十分关注。他搭乘火车于1921年6月22日抵达遗址。这些骨头被转移至步达生在医学院的实验室，并在那里被清洗和研究。步达生发现这些骨头来自大约45个个体，但是这批遗骸杂乱而破碎，有可能是同类相食所致。他最终将结论刊发在安特生牵线的中国期刊《中国古生物志》[21]上。

协和医学院的管理层对步达生在体质人类学方面新表现出的爱好感到不快。院长胡恒德（Henry Houghton）博士告诉他，他必须无条件地将他的研究限于医学课题，而不是"神秘的山洞"。胡恒德是约翰斯·霍普金斯大学培养的医学博士，对体质人类学及其与解剖学的紧密关系几乎一无所知。与已经历经两代、将体质人类学作为必修课程的大多数欧洲大学和医学院不同，在美国，美国体质人类学家学会的成立仍遥遥无期（该学会于1930年成立）。如果步达生在其他所有方面不是那么能干，而且如此广受爱戴，医学院的管理层很可能就会设法赶走这位初露头角的古人类学家。沙锅屯的骨骸到达步达生的实验室之后，他才能与基金会方面敲定一项协议。他同意将人骨的研究推迟两年，在此期间，他将致力于医学院的教学和解剖学系的事务。1922年，步达生还拒绝了安德鲁斯让他以解剖学家的身份加入美国自然历史博物馆"缺环远征队"的邀请，这要么是因为他与医学院有协议，要么是因为他在一年前就已经与安特生建立了一种稳固的工作关系。

然而，即使是两年期限已过，步达生发现自己仍然面对着来自管理层的阻力，反对他的古人类学研究。举例来说，胡恒德博士在得知某次讲座的主讲人是一位来自史密森研究院的著名体质人类学家阿莱斯·海特列希加（Aleš Hrdlička）时，他拒绝为此支付费用。最终，纽约方面的洛克菲勒基金会向史密森研究院致歉，并补上了海特列希加巡讲的开销。显然，步达生遇到了麻烦。人们不禁好奇，传说他在死亡那夜仍在进行研究工作，是否是因为他想要保持低调，以避免与医学院管理层发生冲突。当步达生在研究他的头骨与骨骼之时，这些人肯定全都躺在家里的床上了。

大约 1926 年，步达生发表了他对沙锅屯骨骸的分析结果。当安特生邀请他参加为瑞典王储筹办的科学会议时，步达生同意了，不过他也意识到安特生对他也很有帮助。在组织 1926 年 10 月 22 日的媒体发布会上，安特生和步达生显然协作默契。

安特生将师丹斯基和维曼在乌普萨拉拍摄的两颗古人类牙齿的幻灯片交给步达生。步达生为安特生写了一份牙齿的简短描述供其在会议上发布，随后将一份报告寄给《自然》杂志，并于一个月后发表[22]。会议议程由地质学会的中方领导——一位中国政治改革家——翁文灏的致辞拉开序幕，随后是法国耶稣会古生物学家德日进（Pierre Teilhard de Chardin）讲话，最后是安特生，他汇报了维曼的古生物学研究以及他本人的考古发现。会议的压轴大戏是龙骨山古人类的幻灯片。

安特生故作平淡地总结道，他原本无意追寻这些惊人的发现，但若不跟进，则为大憾。他建议，以与会的步达生博士为代表的协和医学院，和以安特生的老友兼同事翁文灏博士领衔的中国地质调查所一起，合作开展研究项目。这是一个大胆的举动，有鉴于会议的氛围——这实际上是一场皇家听证会——所有人的目光都转向了王储，期待他的反应。王子本人就是一位业余考古学家，熟知安特生过去十几年里的不懈努力，并给了他热情的支持。对安特生自身而言，他还需要王子的撑腰，希望其回国后继续通过瑞典的立法程序支持并提供经费来建立他的东方古物博物馆。王子毫无疑问支持安特生继续在中国工作。毕竟，没有要他来建这个博物馆（尽管所有与会者的心里都明白，正是王子领衔的瑞典中国研究委员会提供了迄今为止的所有费用）。王子也敬佩安特生通过长期而复杂的探索取得的科学成果。在能干的加拿大解剖学家的帮助下，在中国科学部门和进步政治人物的支持下，在杰出的法国古生物学家德日进的全力参与下，安特生的国际地位就这样树立起来了。安特生在这次会议上如愿以偿，这也是中国方面赠予他的一份大礼。

步达生也借此会议成全了自己。到1926年，他已在协和医学院七年，在此期间他工作出色，却并无放弃人类学研究的打算。所以，该是洛克菲勒基金会与步达生的人类学志趣达成和解的时候了。他出席了有瑞典王储参加的会议；他是北京协和医学院第一个在《自然》杂志上发表文章的教员；周口店附近新遗址的重要性得到了国际上的广泛认同。所有这些结合到一起，令洛克菲勒基金会转到步达生的想法上来。基金会同意出资在协和医学院筹建"新生代研究室"，任命步达生为荣誉主任，并为龙骨山的发掘提供资助。中国地质学会、协和医学院和洛克菲勒基金会这三家机构在龙骨山的合作一直持续到第二次世界大战，最终在九年后被迫中断。

为瑞典王储举行的北京会议，给古人类学留下了另一项更为长久的遗产。在对会议的广泛报道中，"北京人"一词应运而生。在会后的即兴采访中，德裔美国古脊椎动物学家、北京大学地质学教授葛利普（Amadeus W. Grabau）博士就用这一名称来指称师丹斯基发现的两颗化石牙齿的属主。这一口语化的名称自周口店龙骨山古人类发现起一直沿用至今。葛利普也是安特生的密友，在自己的著作《黄土的儿女》（*Children of the Yellow Earth*）一书中有一幅安特生的素描像，并形容他为"天才的学者、热诚的教师和乐天的人"[23]。

"北京人"的诞生并非一帆风顺。师丹斯基最担心的事，也就是龙骨山古人类遗存的鉴定问题还是发生了。有些人，不过并非所有人，对鉴定提出质疑。此人不是别人，正是神父德日进教授，他在王储会议的两天后致信安特生。这封信言简意赅，直指要点。对于两颗周口店的化石牙齿，他"并不完全相信那两颗牙齿具有那种假设的人类性质"，反之，他认为两件标本可能是食肉动物磨损或破碎的后齿。他也确实指出，他并未见到实际标本，仅凭安特生的照片，他"殷切希望能证明自己的批评并不成立"[24]。

德日进的批评像惊雷一般震动了当时北京的科学界。德日进和他的法国同事考古学家桑志华（Emile Licent）都参加了这次会议，显然安特生和步达生并没有料到会这样。也许德日进因被排斥在外而有点生气，又也许他真的觉得牙齿并非古人类的，认为他有责任与安特生交换这一看法。无论如何，德日进对龙骨山两颗牙齿鉴定的质疑威胁到了整个事业，尤其是步达生的声誉，因为他刚刚在全世界最权威的科学杂志上发表了文章，支持师丹斯基的鉴定结果。不过，就算步达生有点担心，他也不露声色。而在葛利普当着德日进和来访法国科学家的面向安特生开玩笑，质问他北京人究竟是（男）人（man）还是食肉动物时，虽然没有可靠的根据，但是安特生迅速反击道，两者都不是，而是一位女士（lady）[25]。这个幽默果真应验了，不过北京人和步达生的头上始终疑云密布，直到遗址出土了确凿无疑的古人类遗骸，才使所有的怀疑者哑口无言。

中国猿人的现身

洛克菲勒基金会对步达生的支持，以及对龙骨山联合发掘的资助进展顺利。不过瑞典人的投入也是旗鼓相当。安特生和维曼按合作项目的要求，协同组织发掘。洛克菲勒基金会则尤其关注步达生不要被调离他在医学院的教职。当时，师丹斯基已经发表了遗址初步研究结果的论文，并无意返回中国。维曼的另一个学生伯格·步林（Birger Bohlin）博士，于1927年来管理龙骨山的发掘，他此前已经研究过一些中国出土的长颈鹿化石。

步林是个精力旺盛的田野工作者。他与妻子一起远渡重洋来到中国，妻子住在北京，他在龙骨山。倘若他更老到和世故一些，他就很可能会对他即将面临的境况更加忧心忡忡。彼时，中国的部分领土被英、德、法、日、美等列强的军队侵占，而入侵者受到由武力强迫签订的"不平等条约"的保护。在清廷268年之久的统治垮台之后，民族主义者孙中山于1912年当选中华民国临时大总统，并于1925年去世。1927年的中国，国共合作破裂，各地军阀都在为地盘、势力和霸权互相竞斗。在周口店都能听见张作霖和阎锡山两大军阀对峙的枪战声。步林常常看见部队在往返行军，听见远处战斗的隆隆炮声，偶尔还得对付途经发掘工地的土匪。但是，他的田野工作竟奇迹般地并未遭受重创。他于1927年4月16日开始发掘，直至六个月后的10月16日，他发现了期盼已久的古人类。步林和他的团队总共挖去了3000立方米的洞穴堆积。

步林发现的古人类化石只不过是一颗牙齿。但他仍难以抑制对这项发现的喜悦。在龙骨山的工作一结束，他就立即赶回北京，一路避开士兵和土匪。他于10月19日晚上六点半抵达步达生的实验室，甚至还没来得及洗尘或是告知妻子他已返京。步达生形容他"满身灰土却喜不自禁"[26]。当步达生察看了这颗保存良好且无疑是古人类的牙齿之后大喜过望。此时距离王储会议已有一年，发掘也长达六个月。步林从野外运回了大量装有含化石堆积物的箱子。步达生曾提道："步林十分肯定，他能发现更多的北京人化石。"

对步达生下一步做法的见地因人而异，它或被认为极具先见之明，或被当作政治上的权宜之计，或被看作鲁莽而不负责任。单凭步林拿来的一颗牙齿，步达生就命名了人科动物的一个新属新种：中国猿人北京种（*Sinanthropus pekinensis*），并在发现之后几周内就发表在《中国古生物志》上。[27] 也许更负责任的做法，应该是至

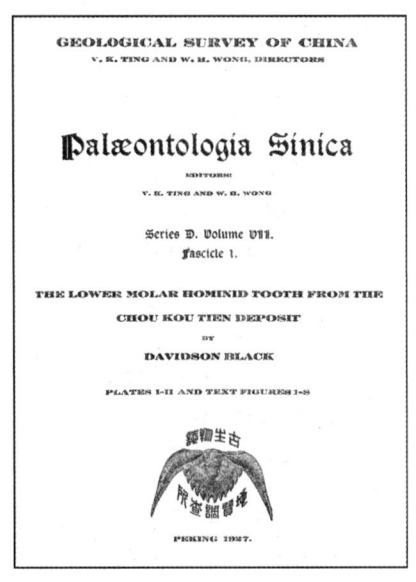

图1.5 步达生1927年宣布新物种的论文封面

1927年发掘恢复后，龙骨山出土的第一件古人类化石是一颗下白齿，解剖学家步达生命名了一新属新种：中国猿人北京种。

21　少等到步林有充裕时间从沉积物里发现古人类其他化石之后再发表，但是步达生决定马上出手。他之所以这么做，无疑是想要驱散一年来笼罩在北京人真实性上的疑云，还因为需要从洛克菲勒基金会获得更多资助来继续下个季度的发掘。带着一个正式的拉丁学名和发现更多化石的信心，步达生远赴北美和欧洲。他的任务是去游说新的分类名称获得认可，并从洛克菲勒基金会获得新的资助。等他再回到中国时，他的外交努力和游说都得到了回报。继续发掘的资金到位了。基于一颗牙齿的中国猿人竟获得了比另一人科动物新属新种的南猿非洲种（*Asutralopithecus africanus*）更广泛的科学认可，后者是基于一具完整的头骨化石和齿列完好的下颌骨而命名的，于两年之前由同在埃里奥特·史密斯门下的解剖学家雷蒙德·达特（Raymond Dart）发表[28]。

裴文中发现第一具古人类头骨

步达生自掘的科学深渊，就像周口店发掘的洞穴一样深不可测。为了不让其成为他职业生涯的坟墓，他需要更多的化石。头骨将对中国猿人的最终认可至关重要，因为哺乳动物种类的许多特征都反映在脸部、脑部、眼鼻部分和牙齿的构造上。第一件破碎的北京人头盖骨最终在1928年被发现。

在实验室工作了整个冬季之后，步林已准备于1928年春重返野外。杨钟健博士和裴文中（后来取得博士学位）被派来协助本季度的发掘，前者是刚毕业的古生物学家（中国第一个），在慕尼黑大学学习，并由葛利普教授推荐而来，后者也是葛利普的学生。最多时，遗址总共雇了60名工人。

1928年的发掘从去年出土臼齿化石的地点附近开始，也就是洞穴的西北部。在石灰岩剖面高约十米处，出土了更多的牙齿、破碎的上颌骨和头骨的碎片。步林给已返回瑞典的安特生写信，汇报这"整个就是中国猿人遗骸的窝"[29]。北京的实验室里，正在对出土第一颗臼齿的遗址堆积物进行仔细的剥离和修理工作，不出步林所料，发现了更多中国猿人的牙齿和骨头。研究者把产化石的"窝"（nests）称为"地"（loci）。"A地"（Locus A）是1927年第一颗臼齿的发现地，而"B地"则是古人类化石的新堆积地。

下颌骨是最先发现的北京人头部化石。A地的堆积出土了一块成年个体的右半片下颌骨，B地则出土了一块未成年个体的下颌骨，下巴颏完好。步达生以其特有的敏捷，于次年早些时候发表了对这些标本的描述。[30]他的结论颇为有趣，未过多着墨于对直立人的最终鉴定，却着意阐述化石在多大程度上接近他对新物种外貌的想象。

步达生在1929年刊于《中国地质学会志》的文章中强调，B地未成年中国猿人下颌骨部分的轮廓与猿类十分相似。从他所绘的图版来看，其下颌骨角度与年轻黑猩猩的十分接近，而与现代中国儿童外突的尖下巴颏相去甚远。作为一种推测的进化过程，他绘制了石器时代晚期一个中国人的下颌骨，介于龙骨山标本和现代人下颌骨之间。

令步达生感到困惑的是，何种头骨才能与这种像猿的下颌骨相匹配。只有几块头骨碎片能为他提供颅骨形态的想法，因为B地出土的I号和II号头骨在1928年时还未清理完毕。这些骨头相当厚，但是却极为破碎。安特生概括了步达生的结论："中国猿人在脑量方面与现代人十分接近。"[31]现在回想起来，这是个极其惊人的推论，因为现在我们已经知道，该物种的平均脑量只有现代智人脑量的四分之三。步达生当时究竟是怎么想的？几乎可以肯定，步达生当初对北京人的观念来自道森曙人（*Eoanthropus dawsoni*）——皮尔唐人——猿类下颌骨和现代人头骨的合成物，这件赝品被英国人伪装成人类的始祖，直到1953年才被揭穿。[32]他明白，他对中国猿人头骨的真正构造所知甚微，因此需要在龙骨山发现完整的头骨，以便解开这个谜题。最终现身的中国猿人与皮尔唐人大不相同，这是令步达生最为震惊的。

1929年的野外工作见证了龙骨山洞穴遗址守护者的更迭。最后一支瑞典团队撤离了,在他们的守护下,龙骨山从具有魔力的龙骨开采场,变成了世界闻名的古人类化石遗址,现在他们把田野工作交到了能干的杨钟健博士和裴文中先生手里。步林在结束了1928年的工作之后,就加入了前往中国西部的另一支瑞典野外远征队,并最终返回瑞典。因此龙骨山的发掘成了中国人的事业。这项工作由新生力量继承下来,于1929年4月重新开始。

杨钟健和裴文中扩大了发掘范围。老的洞穴遗址中,化石成堆出土,尽管大多数都很破碎,但是仍有许多保存下来很好的标本。其中发现了一具完整无缺的更新世巨型鬣狗的骨架,现在被称为中国鬣狗(*Pachycrocuta brevirostris*)。龙骨山出土动物的标本名单越来越长。他们还发现了更多非人灵长类的化石,找到了一种已灭绝的猕猴。但是在整个漫长的发掘过程中,能够敲定北京人身份的古人类头骨却一直与发掘者失之交臂。

在老资格的古人类学家中,普遍流传着一个古老的迷信——最好的化石总在野外发掘的最后一刻出现。它曾在1927年时在龙骨山发生过一次,当时步林找到了第一颗牙齿;1929年,事情再度上演。

12月的华北,周口店四周的山丘迎来了初雪。桶水一夜成冰。研究队在洞穴中挖掘时碰到一条裂隙,里面堆满了化石,并向洞穴深处延伸。狭窄阴冷的洞底,只容得下三人向下掘进通向所谓的"下洞"。他们借着烛光挖掘。他们比平时挖的时间更久,因为裴文中有一种直觉,他们将要发现重要的东西。

12月2日下午,裴文中的岩镐掀开了一块坚硬的砂岩和洞穴砾岩堆积,一块引人注意的圆形骨面露了出来。他心跳不止,开始仔细地清理化石的边缘,它仍嵌在洞壁上。曲线渐渐显露。不见鹿角,也没有牛角,亦不见长长的吻部,更没有延伸的头冠。纯粹是古人类头骨那种浑圆、漂亮的简洁线条。裴文中意识到他真的发现了头骨——苦苦寻觅的

图 1.6　研究队 1929 年在周口店村

从左至右：考古学家裴文中，他在后来的发掘中于下洞发现了第一具完整的北京人头骨；田野助手王恒生和王恭睦；古生物学家杨钟健，身为本项目首位负责发掘的中国人，他刊发了大量有关遗址脊椎动物化石的文章；瑞典古生物学家步林，1927 年和 1928 年由他主持发掘；加拿大解剖学家步达生，协和医学院永不知疲倦的教授，研究化石的北京新生代研究室的首位荣誉主任；法国耶稣会神父德日进，颇有影响的更新世地质学家，对龙骨山的地质、古生物和考古等多方面皆有研究；爱尔兰地质学家乔治·巴尔博（George Barbour，之后进入辛辛那提自然历史博物馆工作），他研究遗址的地质。

北京人头骨。但是他很快抑制住内心的狂喜，开始沉思眼下他所肩负的重大责任。

　　裴文中发现自己位于一条长而崎岖的坑道底部，如果处理不当，手里这块无价的纤细化石很可能会碎裂成几百块无法辨认的碎片。夜幕正在降临，由于裴文中和工人们从一早就在洞穴工作，他们都已经筋疲力尽。他本想把化石盖起来，等到次日早上恢复了精力再回来，但是这样太危险了。松动的岩石可能会砸到头骨上，也可能有人深夜溜进来试图把它偷走。他必须坚持下去。点亮了更多蜡烛后，裴文中全神贯注地彻夜工作，取出分成了两块的头骨，并小心地用胶将碎块接上，同时尽量保留附着的洞穴堆积以供支撑之用。他采用石膏绑带护套，然后等它们凝固。随后，头骨由人手传递被慢慢送出洞穴。裴文中把它带到野外住所，立刻放在火边，以便让胶水和石膏变干变硬。

翌日清晨，裴文中赶往周口店火车站，给步达生发了一封电报，并给北平的杨钟健博士和地质学会的翁文灏博士发信，通报龙骨山古人类头骨的发现。回到办公室，他把头骨化石和堆积物用棉纸包裹起来，随后又糊上石膏加麻袋片，以便从外部加固。天气如此之冷，即使在相对温暖的办公室，粗麻布外壳也还是干不了。直到第三天，裴文中在头骨周围放了三个火盆，才终于使其变硬。

准备出发时，他又在化石外面包了床旧棉被，随后再用毯子捆好，像是一个普通的行李。他希望，如此这般隐藏无价之宝，能让他神不知鬼不觉地通过赴北平沿途的几个关卡而不引起注意。12月6日一早，他从周口店坐火车出发，中午前到达了50公里之外的北平。他直奔步达生的实验室递交头骨化石。

当步达生看到裴文中放在他面前的完整（尚未修理）化石时，他不禁欣喜万分。这位年轻的中国同事则满怀喜悦，笑容满面，在交出了这件宝贝之后如释重负。裴文中把步达生从科学的深渊边缘救了回来，确保了他在古人类领域中的崇高地位。而步达生也深知这一点，他毫不吝惜自己的夸奖，也完全明白这一发现需要怎样的技巧和运气。他保证，以后中国地质学会在为这项发现给他颁发勋章的时候，也会给裴文中发一块。步达生还安排地质调查所在其《中国地质学会志》上刊登裴文中本人对这项发现的陈述。[33]

步达生用老练的解剖学目光，反复端详着头骨古老低平的弧线和原始突出的眉脊，甚至他的政治头脑也开始兴奋地酝酿怎么写寄给洛克菲勒基金会和他海外同事的信。他冒险但深思熟虑地为北京中国猿人命名替他赢得了基金会两年的资助，现在一切都得到了回报。他迫不及待地要着手研究这件标本。它是那么美丽而原始，让人怦然心动。

在裴文中仔细完成了标本的清洗和加固之后，步达生开始了研究。他把每块骨片分开，确保破损的边缘不带有黏着物，小心翼翼地把每块骨片重新拼合成一个整体。他工作了三个月，在修复的每个阶段都制作了头骨的模型复本。步达生的原始模型至今仍在北京，其背面的石膏上有他的签字，现存于古脊椎动物与古人类研究所。甚至在他工作完成之前，他就已经于1930年完成了三篇关于头骨的初步论文。他有关北京人头骨的主要论文于次年发表。[34] 不过那时，第二块较为破碎的龙骨山古人类头骨已在1930年的发掘中出土，步达生也将这件标本写入了他的报告。

1929年，后来北京人化石术语称之为"Ⅲ号头骨"的发现，标志着周口店遗址和步达生职业生涯的巨大转折。此后，重大发现源源不断。1930年，许多牙齿和另一具头骨出土。1931年，周口店在石器和用火证据上有了重大发现。1932年，一件保存完好的中国猿人下颌骨出土。这件标本是步达生研究的最后一块周口店古人类化石。

不详究工作的进度和深度的话，步达生所有的梦想都已成真了。他旋风般地巡游中东和印度，返回故乡加拿大，然后前往伦敦，在他刚刚受邀加入的皇家学会上做报告，并于1933年秋回到中国。尽管已是筋疲力尽，但他仍于1933年发掘收尾时前往周口店。他曾在洞穴中晕倒，但仍继续考察。回北平后，他秘密就医，医生确诊他患有轻度心脏病。他隐瞒了病情，甚至没有告诉妻子。但是到1934年2月份，他在北平住了三星期医院。鉴于他父亲49岁就死于心脏病（当时步达生离49岁生日只差4个月），而且他的预后被诊断为"严重"，他似乎已经注定要死在工作台上了。1934年3月15日下午五点左右，步达生如往常那样进入实验室，打算通宵工作，这是他出院后第一次这样做。据说，工作之前，他与系里的同事相谈甚欢。杨钟健博士是他的最后一位访客，他回忆道："他坐在桌前，那个他年复一年进行科学研究的地方。他谈到了他的焦虑，担心他为新生代研究实验室制定的计划能否顺利进行。"[35] 这些焦虑的念头与步达生的死难脱干系。约半小时后，当解剖学副教授保罗·史蒂文森（Paul Stephenson）进屋时，步达生已经倒在了他的桌前，身上仍穿着实验室的白大褂。他戏剧性地倒在了两项最伟大的发现——中国猿人Ⅲ号头骨和周口店山顶洞的智人头骨旁。[36] 步达生的最后一篇论文是他在伦敦皇家学会的演讲，原本要在当年晚些时候发表，现在竟成了他留给化石的遗言。

步达生最后的岁月一直身陷发现的躁狂和激动之中，同时令他和同事们始料未及的惊人事实也初露端倪，龙骨山逐渐向人们显示出一种截然不同的人类进化模式。尽管中国猿人令人惊奇，但这一物种却没有如步达生和他英国导师所预期的人类始祖那样，具有隆起的头盖骨和高鼻的面相。中国猿人与皮尔唐人很不相同。不过，成见总是根深蒂固的。龙骨山的发现源源不断，必须有人继承故去的步达生的事业，描述新化石的解剖学特点，并解说它们的意义。

一位"高人"接手周口店的工作

步达生的离世，让周口店的研究工作失去了一位充满魅力的领衔人物，这本可能意味着发掘的终结。但正是工作伙伴的忠诚和周口店遗址丰富的材料，使发掘工作得以继续着。从未把人类进化作为主要关注点的洛克菲勒基金会继续资助发掘，也许是出于对步达生及他在医学院的综合研究工作的支持。关键在于，基金会资助的这一教职，是为了研究和描述古人类化石，而这些化石正在不断地出现。但是，寻找一个完全能胜任步达生之职的科学家并非易事。他确实是个难以替代的角色。

步达生去世后不久，他的故交与同事德日进暂时接管了周口店的工作。1934年3月19日，也就是在步达生故去的四天之后，在写给美国自然历史博物馆古生物学家葛兰阶的信中，德日进写道："我失去的不只是一位兄弟。中国的科研工作更是失却了一半灵魂。"[37]德日进担心的是，哪里才能找到"步达生这般水准的人类学家"来接替他。此人必须是个"高人"，他请葛兰阶帮忙推荐。德日进与裴文中一起，于次月开始了周口店的发掘。

20世纪初，德国是体质人类学和解剖学研究最活跃的国家之一。20世纪30年代，德国正处于经济和政治的动乱中，许多最杰出的专家都因纳粹的反智运动和种族迫害而远走高飞。有两个因素——德国在解剖科学上的杰出地位以及逃离纳粹控制的大量移民——共同促成了最杰出的德国科学家之一、美因河畔法兰克福大学的魏敦瑞（Franz Weidenreich）教授成为步达生的继任者。在德日进发自北平的求援信中，也提到了美国自然历史博物馆的人类学部主任、葛兰阶的助手威廉·格雷戈里（William Gregory）。这位造诣深厚的解剖学家曾一度是奥斯朋馆长的门生，很可能在魏敦瑞与周口店的结缘之中助了一臂之力。在几个街区之外的曼哈顿中心，洛克菲勒基金会的中国医学部正在组建一个委员会来接替步达生的工作。

1933年4月，阿道夫·希特勒的纳粹德国政府广泛纠集警力，解除了所有犹太人的大学教职。魏敦瑞是解剖学的全职教授，也是犹太裔[38]，他突然发现自己失去了教授资格并且失去了他的祖国。我们可以想象他的苦楚：他年近花甲，将其在学术界、医学界和政界的全部生涯奉献给了国家。但是德国的损失却是世界科学的福音。1934年，他永远离开了德国，接受了芝加哥大学的访问教授之职。他在美国同事中的亮相，引起了洛克菲勒基金会的注意。1935年，基金会委派他为北平协和医学院的解剖学访问教授和新生代研究室的荣誉主任，填补了步达生留下的空缺。

步达生与长他九岁的同辈魏敦瑞从未谋面。他们最可能相遇的时候是在1914年，第一次世界大战前夕，当时步达生正在阿姆斯特丹师从艾里斯·卡佩斯（Ariëns Kappers）博士，学习神经病学和化石脑颅模

图 1.7 魏敦瑞

魏敦瑞 1936 年 11 月 16 日于龙骨山。此照片摄于 X 号头骨发现之后 1936 年 11 月对遗址的一次探访。

型，而魏敦瑞则在阿尔萨斯-洛林地区，任斯特拉斯堡大学的解剖学教授。1899 年，魏敦瑞在斯特拉斯堡获医学博士学位，毕业论文写的是现生哺乳动物的小脑。之后，在他的导师——传奇人物古斯塔夫·施瓦博（Gustav Schwalbe）[39] 的关照下，学术晋升一帆风顺。当施瓦博在 1904 年退休时，年轻的魏敦瑞被指定为斯特拉斯堡的解剖学教授。在接下来的十年内，他创建起扎实的学术体系，包括血细胞、骨骼组织、骨骼整体形态和人类进化领域，并研究和描述了众多欧洲的古人类化石。但是一战的爆发，使魏敦瑞的职业与个人生活发生巨变，他开始热衷于政治。作为一名热诚的德国人，他扔下科学研究数年，成为阿尔萨斯-洛林地区民主党的主席，并在 1914 年至 1918 年间出任斯特拉斯堡市政委员会委员。当法国于 1918 年战胜并接管阿尔萨斯-洛林地区后，魏敦瑞被解除大学教职，他携家人逃到德国。魏敦瑞用了三年时间重获教职，这次是在海德堡大学。海德堡是著名古人类化石"海德堡下颌骨"的故乡,该化石1907年发现于毛尔(Mauer)的沙砾石层里,多年来一直是欧洲地质年代最古老的人类化石。1926年,他发表的关于歌德故居附近魏玛-埃灵斯多夫(Weimar-Ehringsdorf)地区出土的尼安德特人头骨化石的研究,令他在法兰克福声誉鹊起,该城市是与德国伟大诗人和博物学家关系最为密切的城市之一。魏敦瑞被聘为法兰克福解剖学教授之职时,他正在法兰克福,并于1928年移居该市。魏敦瑞那时首次读到了步达生在中国的发现,他立即意识到周口店的发现与爪哇猿人和毛尔下颌骨三者之间的共性。[40]

魏敦瑞被威廉·格雷戈里形容为"德国文明与真正文化的奇葩"。但是在1934年,他与他的祖国彻底决裂,甚至拒绝在德国发表文章。1935年之后,他的48篇文章和著作都以英语写就,而在1935年前,他发表的144篇作品中有143篇是用德语写作的。魏敦瑞得以将妻子玛蒂尔德(Mathilde)和一个女儿带出德国,并与她们一起来华,但是他另两个女儿和玛蒂尔德的母亲则被送往集中营。当他专注于周口店的古人类研究时,他的个人生活却阴霾重重。他努力多年才得以将自己家人从德国解救出来,并最终与女儿们在美国重新团聚。可悲的是,他的岳母死在了纳粹的手里,而他的一个女婿也惨遭枪杀。[41]

魏敦瑞于1935年4月到达北平,时值步达生死在工作岗位后的第十三个月。1935年的发掘工作早已启动。裴文中和发掘主管贾兰坡娴熟地调遣已经十分默契的发掘队伍,发现了各类哺乳动物的新化石,包括保存状况良好的古人类化石。[42]德日进和他的古生物学同僚们则从旁辅助,努力确保无论在洞穴里发现了什么,都能立刻根据最新的古生物学知识加以阐释。步达生在北京协和医学院的原班人马仍在,魏敦瑞只需加入,就能承担起步达生这一古人类学家和古人类化石阐释者的角色。在这方面,他将被证明是大师级的人物。

周口店1935年的发掘工作收获丰硕。贾兰坡发现了中国猿人Ⅴ号

图 1.8　1935 年春季的发掘景象

1935 年春，东南向的发掘图。背景是周口店村。鸽子堂的洞顶恰好于左上角可见，位于木板路之下。照片中央的数字 "58" 表明这是 1935 年的发掘中连续的第 58 个田野工作日。记录表明，发掘工作者正在第 8/9 层中的第 11 平面工作。一米见方的布方系统见于洞壁上画出的线条。每次发掘 4 平方米的探方。

头骨的更多部分。[43]返法三个月后，德日进 7 月 25 日在巴黎谈道："魏敦瑞的工作方式令人称奇，既从容又积极。不过，我们还是非常怀念戴维（步达生）。"[44]

由洛克菲勒基金会资助的周口店发掘工作于 1936 年春再度开始。夏天发掘受酷热所阻，不过到 9 月又继续进行，这也是最后一次发掘。又是由贾兰坡新发现了三具古人类部分头骨（Ⅹ号、Ⅺ号和Ⅻ号头骨），并伴有一些单颗牙齿。[45]周口店所在的西山随后爆发了游击战，周口店的工作不得不停止。

魏敦瑞在华的主要工作不是发现新化石，而是对自 1932 年发现下颌骨——也是步达生描述的最后一件标本——以来的所有材料进行研究，

第一章　龙骨山之骨　035

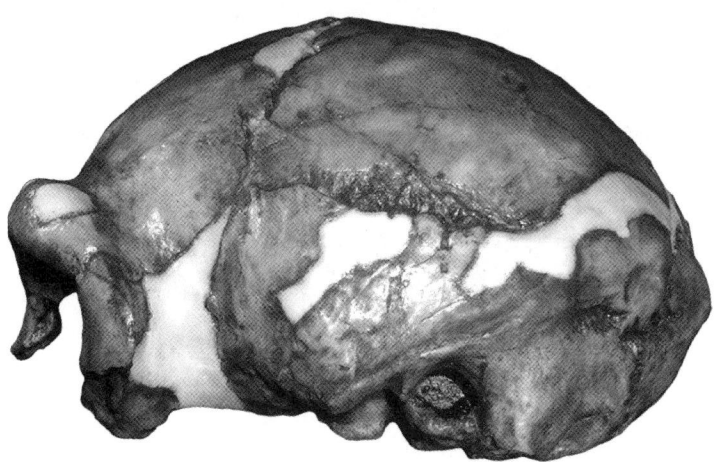

图 1.9

上图：发掘负责人贾兰坡在第一地点清理 1936 年 11 月他的团队发现的第三件直立人头骨（XII 号头骨）。这一区域（I 号探方 2 区）和层位（第 8/9 层中的第 25 平面）正是 L 地的一部分，该地总共出土了 4 个古人类个体。
下图：XII 号头骨的侧视图，可能是一名成年男性（第一批模型的照片）。

做详细的解剖学描述并加以阐释。

德日进这位不知疲倦的通信者1936年初从北平致函道:"魏敦瑞对中国猿人新旧材料的研究堪称完美,并得出了许多关于形态特征极其原始的新颖且坚实可靠的结论。"[46]然而,留下的时间已经不多。

新生代研究室是否会解散,也是步达生最后的担忧之一,1941年12月,随着日军占领了北平城,它终于还是发生了。[47]魏敦瑞夫妇已经在4月离开了北平前往纽约,随身带走了周口店标本的石膏模型,还有他根据原始标本写成的解剖学记录副本。通过格雷戈里的热情帮助,魏敦瑞在美国自然历史博物馆谋得了一个访问性职位(没有工资)。奥斯朋已于1936年去世,但是他肯定会含笑九泉,因为他的博物馆终于接纳了周口店古人类化石的研究者。多年以前,安特生曾老练地抢占先机,使得美国博物馆团队无缘染指这处洞穴遗址。

1941—1948年间,魏敦瑞在纽约完成了周口店古人类的系列专著,确保了它们在人类进化阐释中的一席之地。魏敦瑞成为人类进化最壮丽诗篇之一的诠释人。

到20世纪中叶,北京人的名称在全世界已是家喻户晓。但是,尽管魏敦瑞的骄人工作令北京人名扬四海永垂青史,他却无法保住龙骨山洞穴出土的古人类化石的实体遗存。1941年,中国地质调查所所长从重庆来信,请求仍留在日本占领下的北平的魏敦瑞随身携带化石前往纽约。魏敦瑞心中一沉,因为北平协和医学院院长胡恒德当时不但决定让魏敦瑞博士即刻离开中国[48],还不允许他随身带走化石[49]。当魏敦瑞离开北平,将无价的化石留在北平协和医学院的库房里时,这是他最后一次见到它们。而胡恒德做出的,是一个灾难性的决定。

第二章 /
复归龙身

1937年7月7日,在北京和周口店之间的卢沟桥,日军向中国平民开枪,抗日战争全面爆发。由于战乱蔓延至整个华北,两天之后,龙骨山的发掘陷入停顿。[1]发掘主管贾兰坡指挥工人疏散到北平或别处寻找栖身之所。大多数人都走了,不过26名周口店村的工人仍留在遗址上,看守发掘工地、建筑和设备。到1937年年底,他们仍在项目的工资名单上。[2]

日军逐步侵占了北平及其周边华北地区的大部分区域,包括周口店。他们留下小股驻军来控制不屈的人民,却远不足以控制局面。共产党游击队在中国大地如雨后春笋一般,为中国之独立而战斗。其中就有这样一支队伍驻扎在周口店,实际上就在位于北平的日本最高指挥部的鼻子底下。[3]许多当地民众偷偷聚集起来,支持游击队的活动,龙骨山的三名发掘工人——赵万华、董仲元和萧元昌——就在厨房为驻扎在破庙和其他房子里的大约100名战士烧饭。1937—1938年初,游击队与日本驻军有过数次小规模交锋,但是到了1938年4月,日军的便衣部队已经占领了龙骨山。此后不久,1938年5月3日,赵万华、董仲元和萧元昌被日军拘捕,带往位于房山的总部。他们在那里受到酷刑审讯,被逼问游击队的行踪。周口店来的报信者将他们的死讯告知身在北平的

图 2.1　1937 年 6 月 15 日的发掘照

第一地点的东向发掘图，1937 年 6 月 15 日。左上角可见鸽子堂的垂直开口。此照片摄于第 165 个连续野外工作日，大约是在抗日战争和随后二战的爆发阻断发掘前一个月。此处发掘的地层是第 10 水平层中的第 28 平面。在发掘区域的左上方（K 探方 -2 区）出土了两枚猕猴的牙齿化石。随即在该平面下（H 探方 -4 区，第 29 平面），发现了最后一具直立人头骨（XIII 号头骨）。

贾兰坡，他们和其余30名俘虏一起被刺刀捅死。现在，日方的说法证实了这一点，在华日军经常以刺杀俘虏的方式来训练新兵[4]。贾兰坡记下了德日进听到这一消息时的反应："他立刻停下打字，脸色苍白，嘴唇微微颤抖，眼睛瞪着我。他一动不动地坐了一会儿，然后缓缓起身，低下头开始祷告。"[5] 1946年，国际战犯法庭裁决了众多日军将领和低级军官，判定他们犯有战争罪，并判处死刑。据估计，大约1000万中国平民在1936年到1945年间惨遭日军杀害[6]。惨烈的伤亡为北京人化石的悲剧拉开了序幕。

北京人处境凶险

卢沟桥事变和龙骨山发掘停工后不久，1937年7月，魏敦瑞嘱咐他的技术助手、北平协和医学院的胡承志开始将所有的古人类化石打包。胡承志找来了一个木匠，为化石做了两个板条箱。随后他小心翼翼地将每块化石用好几层软纸和棉絮包好，写了一张清单，然后把它们放入箱子里。装箱完毕，出于安全考虑，魏敦瑞把它们送往北平的一个美国银行的地下室，以防医学院被占领时化石落入日军之手[7]。这些化石在银行地下室放了多久无人知晓，但是后来它们又回到北平协和医学院，时间大概是1937年末，当时占领北平的日军明显表示出对外国政府在华领地特权的尊重。不过，胡承志仍保留着箱子，以备不时之需。

发生在1937年末的一起事件证明，垂涎北京人化石及其遗址的另有其人。龙骨山技工组组长赵万华在1937年11月10日致信返回北平的贾兰坡，向他报告遗址来了三卡车的日本兵和六个穿便装的日本人。那几个穿便装的日本人（我们怀疑是日本学者）是有备而来，带着关于龙骨山地质和古人类的技术资料，士兵则荷枪实弹。他们打听裴文中和贾兰坡的下落，对遗址进行拍照并做了些测量，中午吃了顿野餐，下午便离开了。贾兰坡在其书中提到的这次对遗址的侵扰成为日军在追寻北京人化石的明证。不过，他们是否是应邀而来的呢？

洛克菲勒基金会的沃伦·韦弗（Warren Weaver）在1941年6月20日的报告中，提供了魏敦瑞抵达纽约后不久与他进行的一次难忘的交谈的细节，这为上述的龙骨山事件提供了不同的解释[8]。报告声称，魏敦瑞"对一位年高的日本考古学家鸟居龙藏教授赞誉有加，这位教授现在与家人一起住在燕京大学"。即便魏敦瑞已不再是德国公民[9]，但是他很可能由于在华德裔的身份而被日方给予更多自由和特殊关照，因为日本当时正是轴心国德国的盟友。魏敦瑞在日本占领北平期间，似乎能比较自由地接触到其他学者。韦弗在1941年的报告中提到，"魏敦瑞认为，眼下继续积极进行（周口店的）新生代研究项目是完全可行的"。魏敦瑞是否有可能知晓日方1937年的周口店之行？是否正是他向日方提供了遗址的文献？尽管我们无法证明鸟居龙藏是否就是遗址的便服访客之一，但是魏敦瑞很可能已经深思熟虑，甚至开始制定与日方的合作计划来发掘更多化石，不过他很可能出于外交考虑，向中国同僚隐瞒了这一消息。正因如此，贾兰坡从未提及鸟居龙藏或魏敦瑞与其的联系。

我们从韦弗博士1941年的会面记录中得知了魏敦瑞对日方的态度。魏敦瑞力图说服洛克菲勒基金会相信在日本占领情况下重启龙骨山发掘是可行的。事实上，这正是他那年6月与韦弗博士会面的主要目的之一。韦弗写道："魏敦瑞认为，眼下继续积极开展周口店的新生代研究项目是完全可行的。实际上这需要得到日本当局的许可。不过魏敦瑞很自信，认为项目一定会获得批准，不会出现任何问题。"胡恒德博士反对这项计划，并成功加以阻止。魏敦瑞向韦弗抱怨，说胡恒德决意让洞穴的研究远离政治因素。韦弗引述魏敦瑞的话说：胡恒德认为，"让这项工作远离政治，保持清白，应该易如反掌"。另一方面，据说胡恒德反驳道，如果他向日方征求许可或无论以何种方式与他们合作，他手下的中国人必然会辞职以示抗议。魏敦瑞最后对韦弗说道："这完全不现实，因为日本人已经控制了一切，许多事情都必须得到他们的许可。"

无论魏敦瑞在从日军占领北平到袭击珍珠港前那段时间（1937—1941年间）重启龙骨山研究的动机为何，他都一无所获。但是，现在回过头来看，魏敦瑞认为日本人对北京人化石不构成实际威胁的念头，有助于解释为什么化石从北平的银行地下室运回协和医学院之后的四年间，没有采取任何防护措施。化石安然回到

图 2.2　孔尼华、德日进与特拉

1938年，德国古生物学家孔尼华（中）和从北平来访的德日进（左），与德国地质学家赫尔姆特·德·特拉（Helmut de Terra）（右）在爪哇。

魏敦瑞的实验室，之后他继续观察、测量、比较和描述化石。技工快马加鞭地赶着完成化石的铸模，以便把精准的复制品送往国外。画家和摄影师与魏敦瑞密切合作，小心翼翼地为他的著作配图。1939年春，在爪哇发现直立人新化石的德国古生物学家孔尼华带着他的化石造访北平。他在北平协和医学院和魏敦瑞工作了两个月，对亚洲两处最重要化石地出土的早期古人类标本进行了比较。这一时期，两位科学家的比较研究在阐释直立人的进化特征方面极富创见，但私下里，孔尼华却遭到了魏敦瑞下属的诟病。胡承志说道："我们都担心他带来的标本的安全，难以认同他的马虎大意。"[10] 然而，战争结束时，孔尼华的化石全部安然无恙，等待着的北京人的命运则截然不同。

1937年7月日本占领北平后，蒋介石的中华民国国民政府迁往南京。① 中国政府负责北京人化石的机构——中国地质调查所也将其部分

---

① 原文如此。作者误以为当时北平是首都。（本书脚注均为译者注）

藏品和多数职员迁到南京。他们没有带走北京人化石，因为他们相信在美国人掌管的北平协和医学院的庇护下它们是安全的。1937年12月，南京沦陷，便发生了世人皆知的"南京大屠杀"。大约30万中国平民惨遭屠戮，国民政府成员逃亡至重庆。在这段混乱时期内，北京人化石在北平协和医学院里仍安然无恙。

尽管战争给工作带来了混乱，但是中国地质调查所所长翁文灏博士仍然肩负着确保北京人化石安全的职责。1929年，兴奋的裴文中发现第一块北京人头骨时，他发电报传信的对象除了步达生和杨钟健之外，还有翁文灏。落脚于重庆的翁文灏于1941年1月10日致信北平协和医学院院长胡恒德博士[11]。信中他写道："我们准备同意把它们（化石）运往美国，托付给某科研机构，在中国战争期间暂时保管，战后归还。"信件抵达时胡恒德正在上海，返回北平之后才看到。魏敦瑞早已呼吁过采取这样的行动。1941年4月10日，胡恒德写道："几个星期前，魏敦瑞博士来询问我，是否可能或可行，并得到中国地质调查所和中华民国国民政府官员的同意，将人类材料和器物转移到美国的一个大博物馆，以便战时在那里得到照管。"[12]在与驻北平美国大使馆交谈之后，胡恒德直截了当地"得出了这样做不妥的结论"。现在，翁文灏的信件再次提出了这个问题。

曾在龙骨山工作的贾兰坡和中国研究人员自然认为，魏敦瑞——解剖学教授和新生代研究室荣誉主任的继承人——是决定北京人化石留在北京还是运往美国的人，但他们无从得知魏敦瑞和胡恒德之间的内部权力斗争。尽管翁文灏也致信魏敦瑞和裴文中谈及需将化石移至重庆或美国的必要性，但最后拍板的人仍然是胡恒德。翁文灏致信胡恒德，说他已让魏敦瑞和裴文中"征询你的建议，尽早做出决定，并从我们的利益出发做出所有必要的安排"[13]。

1918年，胡恒德从巴尔的摩约翰斯·霍普金斯大学药学院来京，掌管北京协和医学院。正是他多年前试图阻挠步达生研究化石和"神秘的洞穴"。1941年4月10日，在给洛克菲勒基金会的回信中[14]，他对北京人化石价值的轻视显然依旧。胡恒德谈及当时仍然安在的最珍贵的古人类化石的保护问题时，将化石描述为"某种程度上……与我们独特的中医医书无异"。在拒绝翁文灏将化石运出北平的请求时，他提出了许多理由：（1）日本已经控制了华北，不会承认国民政府的任何协议或许可；（2）日本控制了所有的海关以及离开北平的货运的检查；（3）如果尝试秘密运送化石出国，很可能会被扣押；（4）基于与美国驻北平大使馆的谈话，胡恒德认为美国政府"自然无法在这样的情况下对国民政府资产的运送施予任何援手与支持"。胡恒德对北京人化石袖手旁观，也有他自己的实际理由，在此全文照录他的第五条理由，但历史证明，这实乃大谬：

> 另一方面，在我看来，这些独特而贵重的标本如仍在医学院的照看下，并不会面临损毁的特别威胁。它们没有商业价值，大不了就是被没收拿走。倘若如此，结局便是通过谈判来要求归还给它们所属的中国政府。直到我们对当前冲突的最终结果有所了解之前，我们对这类事件的判断肯定无法把握。[15]

胡恒德回函翁文灏道，移送北京人化石"根本不可能"。

自1941年年初起，魏敦瑞给胡恒德写了一系列信件和备忘录，敦促他对北京人化石问题采取行动。到4月份，胡恒德忍无可忍。他将魏敦瑞赶回纽约，并让他捎去1941年4月10日写给中国医学部主任的一封信[16]。魏敦瑞带走了他的研究记录和石膏模型，但是把他的藏书和化石原件留在了医学院。他显然是打算回来的，但是他将无缘再回中国。

魏敦瑞向他医学院的所有研究同僚公开声称，现在他已经完成了对化石的初步观察，他将前往美国完成北京人的专著。他个人承担了决定把北京人化石留在医学院的责任，尽管他为了给翁文灏博士的请求一个积极的答复，而私下与胡恒德和美国大使馆进行过斗争。他公开申明：之所以无法保障化石的安全，是因为他没有任何正式的官方头衔。这倒是实话，甚至连他的公民身份都有疑问[17]。大使馆显然同意把他当作美国公民，但是胡恒德是否支持他就不好说了[18]。魏敦瑞可能也很在意反对孔尼华携爪哇人化石来京的批评之声。洛克菲勒基金会同意继续支付魏敦瑞的薪水，而纽约美国自然历史博物馆为他提供了一个访问学者的职位。在医学院的娄公楼，人们为他举办了一个大型的饯行会，之后不久他就远航美国。6月初，他已身在纽约。裴文中接过了新生代研究室的管理职务。

1941年7月，也就是魏敦瑞抵达纽约后不久，美国情报部门破译了日本的外交密码。从截获的通信中，美国官方得知，日本正计划全面升级侵华战争，他们打算在当年晚些时候向南推进到法属印度支那和泰国。避免在华发生冲突的伪装被全部撕去了。也许是部分出于这个原因，也许是因为地质调查所的翁文灏博士直接向美国大使提出了请求，也许是因为洛克菲勒基金会主席雷蒙德·福斯迪克（Raymond Fosdick）同意"和他国务院的朋友谈谈安全转移新生代材料的可能性"[19]，总之，美国人在1941年9月就决定，为北京人化石提供安全运输，暂时转移到美国。不过，这显然算不上什么头等大事，特别是胡恒德博士还负责一切事务，以至三个多月动静全无。后来，1941年11月，魏敦瑞的秘书息式白（Claire Hirschberg）女士［后改姓塔什德简（Taschdjian）］劝说胡承志先生应当将北京人化石装箱运走。胡承志先生在征得裴文中博士同意后，便和解剖学系技工吉延卿先生一起开始行动[20]。

北京人化石的下落

2000年，记者李鸣生和岳南出版了一本大部头的中文著作，来谈失踪化石的寻找情况[21]。据其所述，最后看见北京人化石原件的是为标本打包的技工胡承志和吉延卿。胡承志在1977年给贾兰坡的一封信中回忆化石打包的经过："先将化石用擦显微镜头用的细棉纸包好，再用软纸包着，然后裹以洁白的医用吸水棉花，再用粉莲纸包上，再用医用细纱布多层包在外面，然后装入小盒，并用吸水棉花将小木盒填满。化石共装了两个木箱子，一个是写字台桌面那样大的扁木箱子，另一个略小一点。"[22]随后他又补充道："我们把两个箱子送到了协和医学院总务长特雷弗·博文（Trevor Bowen）的办公室，此后，恐怕中国人中再也没有谁知道它们落到哪里去了。"总务长博文的办公室位于医学院的B楼。

研究项目的中国成员被蒙在鼓里乃事出有因。正如裴文中后来所写："我们应当对我们的美国朋友心怀感激，他们不但完全承担运送'北京人'的责任，还准备好了承担美日一旦开战成为战俘的罪责，而不至于牵连中国人（也即本人）。"[23]他提到医学院总务长博文先生和胡恒德博士是"负责打包和运输过程"的主要人员。在胡承志和吉延卿给化石打包和化石离开北平协和医学院之间还有一道中间环节，具体细节极其重要。

根据贾兰坡和黄慰文1990年的书中所载，裴文中回忆，装箱的化石被转移到北平协和医学院另一栋楼的保险室里——位于F楼地下室的4号保险室，时间在11月18日至20日之间，距离日军偷袭珍珠港还有18至20天。马文昭教授和另一名工人被认定是用推车运送这两个箱子的人。贾兰坡和黄慰文随后只是说："据我们所知，打包后的第二天，化石就被运往位于北平东交民巷的大使馆，此后便下落不明。"但这一消息来源不清。哈里·夏皮罗（Harry Shapiro）博士1974年报道，医学院的一位秘书玛丽·福格森（Mary Ferguson）女士写信给他，说她曾看见总务长博文先生带着一个箱子穿过大理石院子，放进了一辆在大门口等候的汽车里。她说道，"这辆车随后前往美国海军陆战队军营"[24]，而非美国大使馆（实际上这是一处级别较低的外交公使住所），但是他不知道她是从何得知这一消息的。在当时的北平，美国大使馆和美国海军

图 2.3　20 世纪 30 年代晚期的北平协和医学院正门

1941 年 11 月 20 日，医学院总务长特雷弗·博文将装箱的北京人化石运到一辆等待的汽车上，走的正是这道门。据说化石被送往美国大使馆，准备转交美国海军陆战队运往美国，但是没有任何可靠的证据显示曾有人再见到过它们。

陆战队军营也就是一墙之隔。

李鸣生和岳南 2000 年的书中讲述了一个完全不同的故事[25]。根据他们的说法，北京人化石在 F 座的 4 号保险室里放了将近两个星期，但是在此期间，它们被重新用红木箱子装箱，明显是博文先生所为。没有中国目击者证实重新装箱的过程，医学院或洛克菲勒基金会也没有任何独立的记录能证实此事。不过，该书提到了最近发现的 1945 年的一次访谈，受访者是两位美国海军陆战队战俘——施耐德（Snider）中士和杰克逊（Jackson）中士。他们声称，他们奉海军陆战队中尉麦克雷迪（MacLiedy）之命，到北平协和医学院取走两个红木箱。施耐德和杰克逊说，他们知道箱子里装的是北京人的骨头。根据他们详细的描述，他们是在 1941 年 12 月 4 日用卡车运走了两个箱子，并于当天把它们送到在北平的美国海军陆战队军营的中尉那里。随后他们奉命在次日早晨将箱子送往北平火车站,并一路将它们护送至目的地——位于港口城市秦皇岛的瑞士仓库,化石将在那里等候船只被运往美国。据称,海军陆战队队员于12月5日傍晚抵达秦皇岛,箱子安放完毕后就坐黄包车离开,在附近的美国海军陆战队霍尔库姆(Holcomb)军营过夜,次日他们坐火车返回。

北京人化石的遭遇还有其他版本的叙述。夏皮罗1974年出版的书中讲了一个故事,后经前海军舰长威廉·弗利(William Foley)之口而流布甚广。弗利是医学博士,在北平与德日进比邻而居,后来到纽约当了一名心脏病专家,运往美国的化石就装在他的私人行李里。他声称,装化石的行李确由火车送抵霍尔库姆军营,珍珠港遭袭的当天早上,他和他的分队在那里被俘虏(北平时间1941年12月8日)。其他传闻则都认为,化石从没到过霍尔库姆军营或是秦皇岛,而是在半途被日军截获,随后在日军洗劫火车的过程中被扔掉了,他们根本不知道它们的重要性。另有传闻称,化石曾被装上了定期航轮"哈里逊总统号",随后沉没,这一说法后来被证明是错误的。有记录显示,在"哈里逊总统号"抵达港口之前,船长就在长江口故意搁浅以免其落入日军之手[26]。

很难判定这些关于北京人化石命运互相矛盾的说法哪个较为真实,但是有些故事里的矛盾使得它们较之其他说法更不可信。

威廉·弗利说化石是装在玻璃缸里的,这令他的故事很有问题。这种包装方式对古生物学标本而言极不寻常,也不符合胡承志先生对化石包装的详细描述。玻璃缸似乎是威廉·阿什赫斯特(William Ashurst)上校最先提到的,他是弗利博士的上级,也是美国海军陆战队驻北平美使馆分队的指挥官,据称化石本来就是要托付给他的。鲁斯·穆尔(Ruth Moore)在1953年出版的《人、时间和化石》(Men, Time and Fossils)一书中提到,是胡恒德博士向阿什赫斯特上校提出的请求。弗利博士曾要求贾兰坡安排他与中国高层官员会面,否则他不愿意透露更多可能知道的细节。这种傲慢的要求令贾兰坡愤怒,按他的原话来说就是"令我实

图 2.4　周口店发掘负责人贾兰坡
1936 年 11 月 2 日于龙骨山。

在生气"[27]。看来，考虑到北京人化石受到的高关注度，弗利这样说有着不可告人的动机。无论如何，贾兰坡没能促成这样一次会面，弗利也于 1992 年去世，至死也没有透露半点所知的消息。

1945 年的那两个海军陆战队士兵的叙述则与另一说法不符。杰克逊在日本死于肺炎，施耐德则在战争结束后获释回国，后死于一场车祸。他们的故事在许多细节方面确实可信，除了他们描述的箱子是用红木制作，与胡承志无漆白箱的可靠描述不符。而且这两位海军陆战队士兵从未见过他们所运送的箱子里的东西，他们运走的很可能是从医学院送往美国的与北京人化石无关的物件。

值得指出的是，两位海军陆战队士兵的故事与魏敦瑞前秘书息式白 1977 年出版的小说《北京人失踪》(The Peking Man is Missing) 中的说法极其相似。整个战争期间，息式白一直在北平。1947 年，贾兰坡和杨钟健博士在北平大街上与她偶遇，当时她告诉他们，战争期间日本宪兵逮捕了她，把她带去搜查天津的多个仓库[28]。在她的小说里有两个水兵，其中一个名叫"施奈德"(Snyder)，密谋在装运实验室的玻璃缸时将化石调包，并把它们劫往美国。"凯茜"(Kathy)——息式白半自传体故事中的女主角，对医学院化石被劫负有引狼入室的责任，因为她和其中一个水兵有情感纠葛，而此人后来死于肺炎。在日本北海道的战俘营里，两人确实登记在册。在息式白的书中，整个战争期间化石都在中国，由一个毒贩的妻子看管，正是这名毒贩策划了此次抢劫，后来他死于非命。她后来改嫁一名外交官，最终将化石带到美国纽约。小说富有想象性的结局，包括女主角被谋杀和幸存的劫持者意外死亡。北京人化石最终被女主角那满怀忌恨和狐疑的女房东用垃圾压缩机碾成碎片，最后被垃圾车运往纽约市的垃圾站！

息式白的书是个充满想象的尝试，编织了一个耳目一新而且看似合理的解释，并与北京人一案的大多事实相符。甚至连克里斯托弗·贾纳斯（Christopher Janus）后来出版的书［1975年贾纳斯与布拉谢勒（Brashler）所合著］中也提到与一名神秘的"帝国大厦女士"的邂逅，她声称从自己亡夫那里继承了作为遗产的化石。真实生活中的息式白死于1998年，她相信化石最终是被日本兵在秦皇岛发现的。她认为，日本人很可能认为这些骨头代表着中国人的先祖，他们把文物扔进了海湾，意在侮辱这个国家和她的人民。[29]

最后一种可能是，北京人化石被埋在某处以免被发现。孔尼华就曾把他大部分的化石都埋在爪哇，成功地躲过了日军。李鸣生和岳南报道了对一位日本军医的采访，说他参与了北京人化石的掩埋工作[30]。化石被日本人发现，并在他们撤离北平之前被埋掉了。奇怪的是，他还说，中国政治领袖孙中山（他于1925年死于北平协和医学院）的内脏是和北京人化石一起埋掉的。地点大约位于医学院以东两公里的一棵老树附近。中国当局把他的话当了真，在离医学院两公里的老树周围大片区域掘地深达一米半，但结果一无所获。

贾纳斯最近提供了另一个情节，他曾是20世纪70年代负责搜寻遗失的北京人化石的企业家[31]。在贾纳斯新书出版后的某天，一位得州的住院病人与他取得了联系。这位英尼斯（Innes）先生自称是前驻华美国海军陆战队士兵，他说他想在离世之前提供一条北京人化石的消息。他向贾纳斯先生回忆道，在珍珠港战役前一晚，他在北平的海军陆战队军营值班放哨。抽烟歇息的时候，有两个士兵于午夜时分带着两个箱子走进大门，之后不久他们就空手离开了。英尼斯猜想他们把箱子埋在海军陆战队军营某处。他还猜测，箱子里所装的正是北京人的骨骸。贾纳斯先生并不知道，是否有人对前美国海军陆战队营地尝试进行过系统的搜寻[32]。

美国海军陆战队劫持了北京人化石的故事，从另一种说法处得到了一些支持。这一说法来自詹姆斯·斯图尔特-戈登（James Stewart-Gordon），《读者文摘》杂志（Reader's Digest Magazine）的一名编辑，他在进行北京人化石失踪案的研究[33]。斯图尔特-戈登先生提到，二战前夕的驻华美国海军陆战队是一群乌合之众，他们因吸毒、拿"酒钱"（贿赂）而臭名昭著，而且性病比例在全美军中最高。在他看来，指派看护化石的一两个美国士兵实际上不可能带着化石潜逃或者调包。这批海军陆战队队员后来很可能被俘和战死，化石的下落便无从考证了。这一说法又让我们想起了息式白小说中的情节，这可以解释为什么弗利博士对他所知道的一切保持沉默，而这也与1945年在日本的两名美军士兵受访时的说辞并无冲突。如果事情真是这样，这就很容易理解，美国为何不愿意披露这样令人尴尬的信息了。

日军为何垂涎北京人，他们找到化石了吗？

1941年12月8日，珍珠港事件当日，北平协和医学院的大多数教职工在结算完工资后被遣散。次日，日本人占领并控制了北平协和医学院，门口有士兵站岗[34]。之后不久，据裴文中的采访中说[35]，东京帝国大学人类学家长谷部言人在其助手高井冬二的陪伴下，"急着想找北京人化石"。裴文中说，长谷部"早在珍珠港战役前"就来过中国。这让我们想到，长谷部有可能就是1937年与三卡车士兵来到龙骨山的便服者之一。1941年，他随日军士兵来到北平协和医学院，根据裴文中的说法，"当他们下令打开保险箱，看到只是头盖骨的模型时，他们一言不发就走了"。几天之后，裴文中受到了日军军官的审讯，没收了他的居民身份证，实际上是把他管制在北平城内。裴文中声称，对化石的去向和目前的下落一无所知，因为他的办公室离医学院很远。该军官告诉他，他们怀疑医学院的美国人打算将化石私运出中国。院长胡恒德博士和总务长博文先生都已被捕，被日本人控制。该军官告诉裴文中，他可以照常工作，除非军方决定寻找化石。他还威胁道："如果这样的话，你别指望说自己一无所知就能置身事外。"

长谷部言人在日军寻找北京人化石的过程中发挥了重要的作用，但是劳而无功。根据裴文中所说，当初日军占领医学院，主要是日本当局知道它在医学领域的重要性，"只是偶然才意识到北京人化石的问题"。然而，当长谷部向东京的教育部汇报后，这一信息上报天皇[36]。人们普遍认为，正是裕仁天皇亲自下令日本华北远征军重新开始搜寻失落的化石。1942年的4月或5月，即珍珠港事件五六个月后，裴文中被日本当局叫到北京饭店，做进一步的询问。他的回答仍然如前，最后被释放。但是在回家的路上，他又被审问，然后被一个日军侦探在家中软禁了两个星期。之后，长谷部再次露面，这次由数名日本军官陪伴。他们把裴文中带到周口店并查看了遗址。长谷部告知裴文中，他们正打算恢复龙骨山的发掘。

从他的著述来看，长谷部言人过去主要是一位民族学家，专攻密克罗尼西亚地区。他的论文包括1915年的马歇尔（Marshall）诸岛的风俗[37]，以及1917年到1943年间发表的密克罗尼西亚各种文化的体饰，特别是文身。所有这些文章都发表在一本杂志——《东京人类学会学报》上。基于他的这一背景，长谷部会从1937年到1943年苦苦寻找北京人的原因着实令人费解。或许这是被指派的战地任务，抑或这向来是他的一种个人兴趣，使他能说服东京的权贵来帮助他。他也可能是为一个或几个身在日本的后台大老板服务，这些人可能是对北京人感兴趣的天皇亲信。无论长谷部对北京人化石的浓厚兴趣从何而来，他所拥有的专业技能不足以应付发掘龙骨山这样的艰巨任务。他很可能需要裴文中、贾兰坡及其他熟练的中国工人的合作和帮助，但显而易见，这种合作不可能一帆风顺。二战后，长谷部显然投身于体质人类学研究，1947年，根据1931年在明石发现的盆骨，他命名了一个新物种，日本明石猿人，化石后来毁于东京战火。他涉猎广泛，在鉴定和提出一些日本木乃伊的种族关系方面也有所研究，还采集和研究日本犬类的骨骼遗存。

福顿（A. B. D. Fortuyn）博士曾与步达生和魏敦瑞一起在北平协和医学院任教授。他最后一次去医学院是在1942年7月，后离开北平前往伦敦。当时他是受日本流行病学家松桥博士的传唤，此人当时已经接管了医学院的一个生理学实验室。松桥博士想知道中国猿人化石原件的下落。福顿说，他认为北京人化石已经被运出北平，送到了港口城市秦皇岛。他还说道："这事可以肯定，因为负责箱子的海军陆战队士兵在回京不久后得了阑尾炎。他在北平协和医学院动了手术，才有机会把这个消息告诉诊治的医生。"[38] 在此之前，福顿一直以为日军在秦皇岛已经截获了化石，并把其当国宝一般送回了日本。在被松桥审讯之后他才知道，"这些化石之所在至少尚未被垂涎它们的日本人知道"。

1942年七八月之间，裴文中写道："突然传来消息，说化石在天津被发现，日本当局正在找人鉴定东西的真伪。"[39] 息式白被日本人传唤去帮忙，但是等她到达之后，他们又让她回去，因为化石已经被认定与北京人无关。时至今日，中国人仍然怀疑，认为日本人确实发现了部分或所有的北京人化石[40]。一些人认为化石被送到了日本。而究竟是什么东西被误认为是北京人化石，至今没有进一步的说明。

裴文中特别提到，1942年8月，日本人突然停止了对北京人的调查，而长谷部言人以资金不足为由放弃了周口店的发掘计划。他带着一些周口店的记录和晚更新世的化石与考古材料回到了日本。战后，它们在帝国博物馆被发现，后来归还中国。但是，就算北京人化石就在那些文物之中，长谷部也根本没有机会研究它们，或发表任何与其有关的文章。

还有一桩蹊跷的事情：1942年8月23日，亲日的英文报纸《北平日报》刊发了一篇文章，报道长谷部及其助手高井于8月19日抵京，并发现北京人化石已经被从北平协和医学院的保险室里运走[41]。奇怪的是，正如裴文中所说，长谷部在珍珠港事件的次日就已发现这一情况，也就是该文章发表的八个月前。这则旧闻是否是蓄意的"误导"，散布消息以掩盖无意中走漏的北京人化石已被发现的风声？如果北京人化石确实运到了日本，它们是否可能像日本猿人那样已经毁于东京的狂轰滥炸？如果确实如此，那么它们就没有被放在帝国博物馆，因为该馆并未毁于战火。还有许多其他可能的情况，但是很清楚的是，想要解决北京人化石问题中日本方面的明显疑问，需要做进一步的历史研究。

日本人在北平协和医学院查获的其余大量非灵长类化石的厄运就明朗多了。贾兰坡和黄慰文记录并罗列了清单，包括67箱周口店的化石和石器、10箱从另一遗址出土的爬行类化石以及30箱文献，它们都是在日本人1941年占领医学院之前装箱存放在娄公楼的[42]。1942年5月，日本宪兵在搜查北京人化石的高峰时期，决定将其司令部迁到北平协和医学院。他们命令将完好无损的化石和书籍扔掉。一位目击者，也是前医学院员工韩德山回忆道，"遍地都是破碎砸烂的骨头"，许多被扔掉和焚毁的书籍后来被当地居民抢拾出来，卖给了北京的旧书贩子。他自己从街上捡了四块化石骨骼，后来（1950年）送还给杨钟健博士[43]。还有一些化石和模型被宪兵扔进医学院的一个库房，但在这过程中破损严重。如果北京人化石在战时的北平不幸落入日军之手，那么这种处理方式极有可能使它们遭遇相同的命运，即使这些人在拼命找寻它们。

化石的命运、科学与责任

在古人类学界，可能除了皮尔唐人骗局的鉴定外，没有其他历史话题能比北京人化石的失踪更费笔墨的了。尽管有种种关注，包括历史研究和各种假设，但是自1941年胡承志和吉延卿替化石打包之后，仍没有一种见证它们命运的可靠说法。猜测化石的命运乃是人之本性，但是还有更深刻的教训需要我们吸取。

很多人相信北京人化石还在。也许它们被埋在某处，或被存放在某个仓库里，或是被人藏匿起来以便日后大发横财。李鸣生和岳南2000年出版的《寻找北京人》一书可能反映了中国人情感的主流，即仍然认为化石不太可能被损毁。两位作者对美国人转运化石的计划信心十足。他们提出了化石可能的四种命运：（1）它们被日本人找到，并送往日本，保存在那里；（2）美国人秘密改变了计划，结果将所有中国人蒙在鼓里，也骗过了日本人（他们没有找到化石），于是化石可能被带到了美国；（3）化石可能被美国人或日本人埋在了某处，很可能在中国；（4）化石被美国人或日本人丢失，这样的话，它们就可能在任何地方，等待被发现。

另一方面，也有对化石的命运不看好且更现实的看法。战争总是与鲁莽肆意的破坏相伴，战争中人们在绝处求生，战时人类倒退到同类相食的地步，而且历史上发生过军事行动中对古人类化石的损毁，如果想到这些，我们对北京人的命运就可能形成一种不同的看法。上面提及，当焚书的宪兵在北平协和医学院需要一处办公地方时，龙骨山上千件化石和考古标本便毁于一旦，这便是一例。盟军飞机对柏林博物馆的轰炸，摧毁了奥杜威1号古人类以及莫斯特尼安德特人骨骼这样的标本，而纳粹损毁捷克普雷德莫斯提尼安德特人化石则是另一个臭名昭著的例子。夏皮罗认为周口店化石肯定没有被广岛和长崎的原子弹爆炸毁灭，这种宽慰的念头显然有误导之嫌，因为他没有看到化石的可能存放地，东京百分之八十都被盟军的常规轰炸所摧毁，而化石可能就在其中。同样误导的是，当化石周围成百万人死于非命时，我们怎么肯定无生命的北京人化石能幸免于难？

我们估计，北京人化石肯定已不复完璧，而且它们从未离开过中国。自在北平协和医学院装箱之后，再也没有人见过这些骨头。它们确实离开了医学院，但在此短暂转手后去了何处，是美国大使馆还是海军陆战队营地，已不得而知。倘若化石被运离中国，那么它们的声名和人们对它们命运的持续关注应该会让它们再见天日。珍珠港被袭击后，中国的混乱和日军侵略的升级，几乎必定让化石处在疏于保护的状态，这种情况令它们与一般的"龙骨"无异，每一块都有明码标价（胡恒德认为化石毫无价值，是他最大的失算）。正如1942年医学院周边街道散落一地的化石纷纷被路人捡走，北京人化石无论散落何处，都可能被人捡走。传统中医师声称，用龙骨粉末泡茶不但能治疗骨质疏松和阳痿，而且它还是减缓压力的良药。还有，在龙骨山发掘之后，时局一直动荡不安。这些龙骨以各种方式回归龙身——中国土地和财宝的传统守护者。但愿，作为一剂良药，它们能帮助无数中国人减轻一点战争的磨难！

对北京人命运的这一估计，也得到了已退休的麻省理工学院政治学教授白鲁恂（Lucian Pye）博士的赞同。1945年至1946年间，白鲁恂博士曾任驻华美国海军陆战队的情报官员。海军陆战队派他寻找北京人化石，主要是为了"海军陆战队的荣誉"，因为在战争初期，他们被赋予保管化石的重任。白鲁恂博士和他的部下在中国进行了一次广泛的调查，搜遍了可能藏有化石的仓库。这次搜寻一无所获，他向位于东京的麦克阿瑟将军司令部通报，认为在日本进行搜查也许会有收获，因为在中国已不见化石的踪影。我们没能找到任何关于此次调查的独立记录，但是白鲁恂博士提到，两周之后，他从日本得到回话，说那边也找不到化石。到那时，调查就此搁置[44]。

即使现在不复存在，北京人骨骼仍为科学做出了不朽的贡献。有些人认为龙骨山古人类化石的失踪并非乍看那么万劫不复，德日进就是其中之一。在息式白的小说里，德日进就是这样一个人，他说"中国猿人已被断代、描述、测量、拍X光片、绘图、拍照，还铸造了石膏模型，细及每一处凹陷、每一条棱嵴和每一个结节……失踪更像是一个心结，

图2.5 魏敦瑞

1941年魏敦瑞离京后在其纽约美国自然历史博物馆办公室的留影。他面前的桌上是龙骨山直立人头骨模型（支架上）、现代黑猩猩头骨（左）以及现代智人头骨（右）。

而非真正的科学悲剧"[45]。息式白从1941年到1946年一直在北京地质生物研究所任德日进的秘书，对他的观点了如指掌（1946年德日进还主持了她的婚礼[46]）。对科学家而言，化石的价值大部分已保存于论文、地图和照片之中了，它们记录了化石的解剖学特征和地质背景。正如本书后几章所示，龙骨山遗址及其化石还有许多有待研究的内容。之所以能有此不幸中的大幸，要归功于周口店科学家们的不懈努力——步达生、杨钟健、德日进、裴文中、魏敦瑞和贾兰坡。他们用源源不断的论著详细记录了这些发现，为标本铸模并将复制品送至海外，在遗址发掘过程中拍摄照片和绘制地图。但是化石原件的失踪确实也限制了对标本的某种直接研究。标本的失踪本来是否可以避免？它对科学界是否是一个教训？我们相信这两个问题的答案都是肯定的。

魏敦瑞从步达生手里接过的，远不止龙骨山中国猿人化石的解剖学描述工作，他还承担着确保藏品安全的管理职责。更理想的做法是，身为管理者的魏敦瑞在离开中国之前，为了确保化石的安全，亲自将其带走，或把它们转移到中国的安全地带。但是正如我们所见，他在这个问题上没有选择。有记录确实表明，魏敦瑞一到纽约，就成功促使洛克菲勒基金会采取行动。

　　身为负责北京人化石的政府官员，翁文灏的管理任务更为艰巨。他的职责是为保证龙骨山标本的安全。但是，当整个国家完全失控时，又有何妙计可施？事后想来，如果在国民政府撤离北平时，翁文灏立即将北京人化石从医学院拿走，然后只要把它们埋在某处，直到战争结束，这样至少能知道化石的下落。北京人化石被奉为国宝，无论落入中国哪个党派手中都很可能保存完好。有可能国民党特务捷足先登，已先于日本人找到了北京人化石，但一直隐瞒，战后把它们运到了台湾。据我们所知，国民政府从未在大陆运往台湾的文物中全面搜寻过北京人化石。但是，翁文灏的策略只是顺着他自以为是的途径一意孤行——让美国政府和洛克菲勒基金会转移北京人化石。如果在1941年早点采取行动的话，他的计划应该可以奏效。

　　日军和在华的日本科学家盗取北京人化石的动机，看似来自某种拿破仑式的文化帝国主义。日本想要得到北京人化石，不仅是因为化石具有世界性的科学意义，代表了中国人在大陆的古老祖先，还因为中国人将其奉为国宝。截获了北京人化石，日本人就能确保他们对中国的统治，而不仅仅是目前的军事控制。但是，像北京人化石这样的科学标本，其重要性已经超越了民族主义，这可能也是日本人关注化石的根源所在。我们所见的证据显示，日本人在中国搜寻中国猿人和他们搜寻爪哇猿人化石一样徒劳，后者被孔尼华精心地藏匿在爪哇。

　　胡恒德博士在北京人化石的历史上占据着特殊的位置。自始至终，他都不想让他的医学院与古代洞穴或脏兮兮的化石沾边。但是他的教职员工、年轻的中国研究人员和国际科学机构成员热情高涨，其合力之大令他实在难以忍受。他极不情愿地同意让医学院将历史上一桩最大的古生物学项目作为工作的重心——在他看来，这实在是有悖于医学的宗旨。然而，当战云密布时，确保化石安全的职责却落到了胡恒德的身上。人们可能会以为，他会巴不得趁此机会尽快摆脱与北京人的关系。其实不然，他反对从医学院转移化石，理由是在日军占领下的北平，脆弱的政治关系可能有所缓和。当局势明显无可挽回时，他理应立刻采取行动。但是胡恒德却从不考虑龙骨山化石的科学价值，到1941年12月8日那天，时间已经来不及了。胡恒德最终采取了行动，但是北京人化石却被世界大战的惊涛骇浪不知抛向了何方。作为美国在北平协和医学院的留守人员，胡恒德和总务长博文于1941年12月8日被日军囚禁，并在监狱里度过了战争。化石的安全是胡恒德的责任，但是与孔尼华战后从爪哇的日本监狱出来后就将爪哇化石挖了出来不同，胡恒德就算想去找，也根本无从知道北京人化石的下落了。

  龙骨山化石的失踪，是古人类学史上最巨大的一项原始材料的损失。现在仍有人在搜寻。我们祝他们好运，因为仍有一丝希望：北京人化石有可能躲过了二战的浩劫。但很不幸，更有可能的是，只要离开科学实验室这种特殊环境的保护，它们便复为龙骨。再度沦为龙骨后，它们就很可能又变成了值钱的商品，然后被当作药物服用。步达生博士的墓冢在战后北京的重建中被夷为平地[47]，我们十分担心，这些古人类骨骼就像它们发现者们的遗骨一样，已经无可挽回地与中国大地融为一体了。

第三章 /
巨人与基因：北京人进化意义的观念流变

今天，研究人类进化的科学家们越来越多地采用多学科方法来检验他们的假说。然而，以化石为基础的进化论者的理论和以分子为基础的进化论者的理论之间产生了激烈的学术冲突。这种思维方式和理论说教之间的碰撞，首先是在对中国猿人的阐释中日益显现的，而魏敦瑞则是关键人物。

本章，我们将审视古人类学对北京人曲折而迂回的阐释——起初，多半是想象和充满希望的判断；随后，根据极为完整的化石遗存得出了较为成熟的假说；将周口店和世界各地的其他遗址和古人类进行比较研究；最后，二战前所有对北京人化石的理解最终被抛弃。我们将看到，这些观念是随着从这处重要遗址出土的材料逐渐积累而发展的，它们使我们对这类独特的物种有了最新的理解。

揭示北京人的解剖学特点

魏敦瑞是个谨小慎微的人，努力工作时也衣冠楚楚，时刻盯着他实验室和龙骨山发掘的预算。他的精力似乎来自对工作的深厚热情，并不单单是尽忠的职业道德。他全身心投入描述新的中国猿人化石的工作当中。有一次，当发掘者贾兰坡交给他几块龙骨山新发现的古人类头骨碎片化石时，他翻来覆去地看着标本，双手激动地颤抖着，只念叨着一句话"太棒了，太棒了"[1]。

最令魏敦瑞难忘的是北京人头盖骨的轮廓。我们现代人的头骨又大又圆，像一个充气的骨质气球一样位于脖子正上方，而北京人的头骨则像是乌龟壳，低平而厚重。现代智人头骨的脑量相当于半加仑①牛奶罐的四分之三，而中国猿人的脑量则不满一夸脱②。魏敦瑞将这两项观察结合到一个阐释框架内，而这一框架至今仍基本完好。他于1939年写道，中国猿人头骨"非凡的原始性必须被视作脑量过小的结果"[2]。

魏敦瑞认为，脑子是从类猿的原始状态逐渐扩大，发生了头骨解剖学特点的一系列变化。虽然对北京猿人许多独特的解剖学特点的意义并不清楚，但是他仍努力根据从猿到人的进化过程来阐释它们。他将眶上圆枕——眼眶上缘突出的宽大骨脊——与猿类的类似结构相比较。他测量了颅腔的长宽，并将中国猿人头骨长而低的形状与猿类的头骨相比较。他测量了枕骨大孔的位置——位于头骨底部、脊髓由此通过的孔洞——并指出其位置稍微向头骨后部倾斜，更像猿类而非现代人。魏敦瑞将这些有别于猿类的特征归因于向智人的不断进化。例如，他注意到，我们所知甚微的中国猿人面部骨骼总体缩小，中国猿人的犬齿缩小，形态更像人类。

魏敦瑞是个杰出的解剖学家，所以他意识到，他发现和描述的中国猿人头骨奇特形状的某些方面单从脑量增大来解释仍不够令人信服。他观察并命名了一种新的结构——"枕骨圆枕"，即横贯整个头骨后部的粗隆。猿类没有这样的结构，尽管它们头骨后部可能有条尖凸的锐沿，以附着强健的颈部肌肉。中国猿人的枕骨圆枕较为圆润，与猿类截然不

---

① 1加仑约合4.5461升。

② 1夸脱约合1.1365升。现代人脑量平均大约1350毫升，位于最高的1800毫升和最低的1000毫升之间。龙骨山古人类所测量的脑量在915毫升至1225毫升之间。

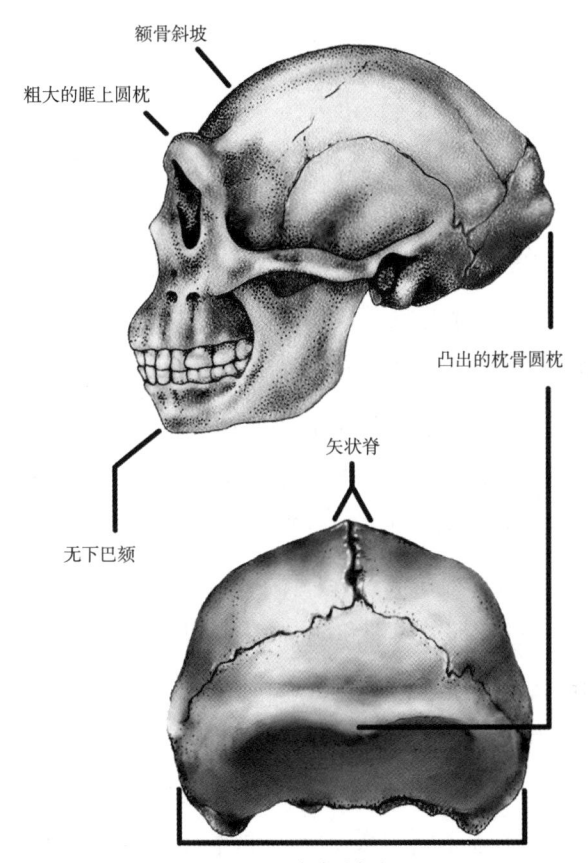

图 3.1　由魏敦瑞复原的直立人头骨解剖结构

直立人头骨较现代人的长而低平。眼部上方粗壮的眉脊——眶上圆枕，还有头后部的厚重骨骼——枕骨圆枕，与现代人类相比差异显著。头骨顶部当中显示有特征明显、低圆的矢状脊向两侧平坦的骨面延伸。

同。它在头骨后部的位置较高，难以附着相对纤细的颈部肌肉。因此，中国猿人的枕骨圆枕必然有附着肌肉之外的功用。困惑于这一解剖学特点，魏敦瑞绕开了这个问题。他回避对枕骨圆枕做一种功能性的解释，而是将中国猿人这一特征跟后来的尼安德特人联系起来，他认为后者乃是现代人类的祖先。尼安德特人头骨中部残留着一小块枕骨圆枕——被称作"枕凸"的枕骨隆凸（法语名称一般叫"圆髻"）。

对于中国猿人其他令人困惑的解剖学构造，魏敦瑞或认为其无关于系统发育，或将其解释为显示向现代人类跨种进化连续特征的变异。他将中国猿人从前额中部向后纵贯头顶的圆形冠状脊归为第一类。与枕骨圆枕一样，这一构造也是低圆的局部骨质增厚，与猿类用来附着大型咀嚼颞肌的薄长中嵴"矢状脊"十分不同。中国猿人颞肌附着的"颞线"保存清晰，位置远低于这一构造。我们现在称之为"矢状脊"。魏敦瑞对与枕骨圆枕一样令人费解的矢状脊的解剖学意义避而不谈，而认为中国猿人数个特征之一的"显著矢状脊"，"虽然与系统发育无关，但是以同样的形式和程度出现在现代人类的构造之中"。[3] 他指出，相似的骨质增生也见于一些亚洲、澳洲和塔斯马尼亚现代人类的头骨。

魏敦瑞引证的以体现从中国猿人到智人进化连续性的最广为人知的一个例子，就是铲形门齿。美国人类学家阿莱斯·海特列希加于1920年引用了这一术语，并指出它在亚洲人和美洲印第安人中出现频率很高[4]。他将这类牙齿比作"铲"形，是指牙齿两侧卷边很像老式的煤铲。如果你长有铲型门齿，那么你能用舌头感觉到门齿后面的凸脊。魏敦瑞论证了龙骨山中国猿人的铲形门齿，其四颗上门齿与第二下门齿普遍显示出这一特征。目前来看，现代亚洲人和美洲印第安人（他们的祖先来自晚近的亚洲）的铲形门齿发生率在现代人中是最高的，魏敦瑞以此为证，推断中国猿人是智人的远祖。

大约1943年，魏敦瑞已经出色地完成了任务，向科学界全面描述了对龙骨山化石的详尽观察。不管中国猿人解剖学特点的真正进化意义如何，它确实非同寻常，而且它确实古老。所有的古人类学家都公认其重要性，并需要做出理论的解释。寻找答案的起点，正在于与以前发现的材料和已知的知识进行比较。北京人究竟与谁或哪些东西有关？

确认爪哇人与北京人的亲缘关系

步达生对中国猿人的看法，在他第一眼看到龙骨山化石第一颗牙齿时就开始形成。他起初认为龙骨山古人类的相貌与皮尔唐人相似，拥有现代人的头骨与猿类下颌。不过，持此误解的并非他一人。

格拉夫顿·埃里奥特·史密斯爵士是步达生在英国的导师、密友和最热诚的支持者。1929年头骨发现后不久，步达生就邀请史密斯来华，他次年便应邀前来。史密斯与步达生一起研究了新发现的头骨。1931年他介绍中国猿人发现的文章，是一位世界最高权威对龙骨山研究极具影响力的赞誉。史密斯一方面考究了新的中国化石与皮尔唐人化石的联系，一方面也比较了中国化石与爪哇人的联系。他写道："正如1928年发现的下颌骨显示出与皮尔唐人有某种亲缘关系的可能，1929年发现的头骨使我们的想法换了方向，它似乎与爪哇直立人更为接近。但是，在1930年的发现中，脑壳显示出各种特征的奇妙混合，而这些特征迄今为止都被认为是独一无二的，有些像爪哇猿人，有些像曙人（皮尔唐人）。"[5]史密斯自己手绘的中国新头骨和皮尔唐人的图画至今仍具启发性，尽管我们现在知道皮尔唐人是件赝品，是病理性增厚的现代智人头骨与修理过的猩猩下颌骨的结合。1934年，步达生在他工作台的化石旁殉职时，他刚认识到中国猿人与爪哇猿人头骨形态方面不可忽视的相似性，但是他对中国猿人进化关系的观点，仍然与史密斯三年前发表的观点非常接近。

魏敦瑞的学术背景有所不同。当他登上这个舞台时，他对人类进化有一系列完全不同的设想，随着手头化石的增多，足以提出和检验进化的假说。对魏敦瑞而言，被英美古人类学家热情信奉的皮尔唐人不是主要的问题。与他过去在斯特拉斯堡大学的教授和导师施瓦博一样，魏敦瑞并不相信皮尔唐人的发现。他们认为，其下颌骨是曾经生活在英国的某种类似猩猩的古猿，而头骨他们基本辨认是现代人的，也就是说，它没有尼安德特人的解剖学特征。魏敦瑞将皮尔唐人骗局称为"奇美拉"（chimera）——希腊神话中一种由羊头、狮身和蛇尾组合而成的荒诞怪兽——尽管这些遗存的骗局直到1953年才得到澄清，也就是他过世的五年之后。

魏敦瑞对皮尔唐人的认识，使他能够看清荷兰解剖学家杜布瓦30年前发现的爪哇化石与中国化石之间解剖学特征的相似性。杜布瓦发现的唯一一件头盖骨，他将其命名为爪哇直立人，魏敦瑞在德国时曾对这件标本进行过研究[6]。当务之急是要从爪哇找到更多的标本来验证这一观点，即爪哇直立人与中国猿人在解剖学构造上相似，因此密切相关。

爪哇古人类化石是由一位充满冒险精神的德国青年发现的，他自幼便钟情于化石，梦想有朝一日成为杜布瓦。他叫孔尼华，是一位28岁的古生物学博士，从慕尼黑大学刚毕业两年（多年前魏敦瑞也曾作为本科生在那里学习过），1930年他前往爪哇为荷兰地质调查所工作[7]。他的主要工作是绘制地质图，不过化石也是需要他描述的地层现象中的自然部分。孔尼华立刻前往杜布瓦位于特里尼尔（Trinil）的旧址，并在1931年用荷兰语写了他第一篇有关古人类的论文[8]。文章题目的第一个词就是"中国猿人"，凸显了孔尼华早年对中国和出自爪哇的化石之联系的兴趣。他也开始在爪哇的中药铺里打探，购买"龙骨"。秉承哈贝尔和施洛塞尔的传统，后者是他以前在慕尼黑大学的教授，孔尼华也发表了有关这些发现的文章[9]。1931年至1933年间他在爪哇之时，荷兰地质调查所的一个小组在梭罗（Solo）河岸一处叫昂栋（Ngandong）的地方发现了11块晚更新世的人类头骨化石。荷兰地质学家科尼利厄斯·特尔·哈尔（Cornelius ter Harr）将它们公之于世。尽管昂栋的发现地质年代相对较晚，但是爪哇在古人类化石研究上的意义和重要潜力日益明显。

在发现昂栋头骨之后，孔尼华于1934年从华盛顿卡内基学会获得资助，独立于荷兰地质调查所，全职进行探寻古人类的工作。他雇用了一批爪哇当地人协助他，这一方法被证明十分成功。尽管爪哇百姓不像中国人那样对龙骨有兴趣，但是他们不断翻耕土地，偶尔也会发现化石。孔尼华的兴趣刚为人所知，就有收藏者开始把化石拿给他。不过，这个做法也并非没有缺点。有时收藏者会故意把完整的化石打碎，以此谋取高价，因为这么一来就有"两块"化石了。还有就是一般难以找到发现化石的具体位置，因为收藏者想垄断这一信息。不过，用耐性和更多的钱，孔尼华成功发现了一批重要化石。尤为重要的是，他最终得以确认化石的来源，这样一来地球科学家就能确定化石的地质年代了。

1934年4月，孔尼华发现了他第一块早更新世古人类化石——一块从名叫桑吉兰（Sangiran）遗址出土的下颌骨。这是自杜布瓦在19世纪末的发现以来，首次在爪哇发现早期古人类化石。随后在1936年，年代更早的一具青年古人类头骨在名叫莫佐克托（Mojokerto）的地方出土。他的文章发表于1936年和1937年[10]。魏敦瑞设法在北平获得了论文的副本，如饥似渴地阅览孔尼华的发现，尽管抗日战争已波及这一地区，中国所有的发掘也陷于停顿。1938年，孔尼华发现了一个更完整的古人类头骨，与杜布瓦约45年前发现的最初的爪哇直立人的地质年代和解剖学特点相同[11]。魏敦瑞不失时机地联系到身在爪哇的孔尼华，并于同年拜访了他。孔尼华正要写文章，认为新发现的头骨"和杜布瓦的最初的头骨完全相同"[12]。

魏敦瑞和孔尼华走到一起是件很自然的事。两位都是身在远东的德国人类学家[13]，而且两人都在努力探索他们所研究的非凡古人类化石的进化关系。魏敦瑞急切需要更多的古人类材料，以便了解龙骨山谜团中的缺失片段，而中国的发掘却被战火打断。另一方面，这个年轻且羽翼未丰的古人类学家孔尼华需要一个经验老到的盟友。他已经妥协过一次，而对象不是别人，正是杜布瓦本人。1936年，杜布瓦是荷兰一本顶尖科学杂志的编辑。在一篇文章中，孔尼华提出了一个新物种的名称：爪哇猿人莫佐克托种（*Pithecanthropus modjokertensis*），杜布瓦修改了校样，他并未知会孔尼华就把它改成了莫佐克托人（*Homo modjokertensis*）。起初极为崇拜杜布瓦的孔尼华再也没有原谅他。40年之后，当我们中的一人与他谈及此事时，孔尼华仍然怒气难消[14]。杜布瓦绝不敢对魏敦瑞这样身份的人做这种事情。当孔尼华在爪哇发现第二个古人类头骨时，他与魏敦瑞一起将其发表在英国的《自然》杂志上——这也是他的第一篇英语论文[15]。

魏敦瑞越来越相信，爪哇猿人和中国猿人之间有着密切的关系。1939年，他写道："爪哇猿人是真正的古人类（针对杜布瓦当时认为的大型长臂猿而言），属于与中国猿人相同的一般进化阶段。"[16]不过他需要更多的解剖学证据，而化石正从爪哇的更新世地层中不断出土。在魏敦瑞1938年造访爪哇后的次年，孔尼华带着新发现的古人类化石去北平回访了他。两人决定合力阐释他们各自的化石。

1939年，孔尼华和魏敦瑞对中国猿人和爪哇猿人之间的生物学关系发表了鲜明的观点[17]。通过对化石的直接比较，他们得以论证，两类古人类群体即便不是完全相同，关系也极为密切。这一合作是古人类学史上的独特事件。随着中国与爪哇古人类关系的确立，魏敦瑞拥有了更多的标本，以便能得出进化的结论，而爪哇人化石在魏敦瑞对龙骨山古人类的阐释中至关重要。

巨人们的更新世大地：
被认作祖先的粗壮爪哇人、巨人和巨猿

孔尼华没有像魏敦瑞那样，需向跨越两大洲的繁琐官僚机构寻求许

可，当灾难来袭，他只是拿着他的爪哇人化石，包括昂栋标本，把它们埋在自家园子里。1941年，他被入侵的日军俘获，在爪哇的囚犯营中度过了战争的大部分时间。只有一块化石，昂栋 XI 号头骨被日军没收。战后，它被一位在大学里学过人类学的美军军官在东京天皇的家庭博物馆里发现[18]，并被归还给孔尼华。1945年战争结束时，孔尼华挖出了他的化石，很快就带着它们乘船远赴纽约。

1941年离开中国之后，当时孔尼华在日占爪哇已失去联络，魏敦瑞正苦心孤诣地撰写他的巨著，即他对龙骨山化石最后的描述和阐释——《北京中国猿人的头骨：原始古人类头骨之比较研究》[19]。该物种显著的解剖学特征多年来已经大致为人所知，而且许多观察也与第一具头骨别无二致，并早已由步达生发表。不过魏敦瑞想要知道的是中国猿人的头骨为何形貌如此？

魏敦瑞对头骨轮廓的解释大致是基于中国猿人较小的脑量。头骨的其他一些特征，比如突出的眉脊，确实可以与脑量较小扯上关系。魏敦瑞还认为，双腿直立改造了中国猿人的头骨。他认为，当人类的头颅开始适于位处脊柱顶端时，它便会前折，沿头骨下两耳间的区域发生弯曲，从而将脸部下移，并置于头骨之下，也折弯了颅底。中国猿人就在这个称为"颅底弯折"的过程中，面部变短，不像猿类的吻部那么突出。魏敦瑞最后的相关论断写在《美国哲学学会论集》一卷专论上，题为"大脑及其在头骨系统发育形变中的作用"[20]。文中他指出，随着大脑体积尺寸的增大，造成面部下折，前突的吻部后缩[即"凸颌"（prognathism）]，最终形成一个更似球形的头部，平衡于脊柱顶端。为了支持这一观点，魏敦瑞用了家犬头骨的解剖学特点为例子，表明随着脑增大，吻部呈逐渐缩短之势。

大多数解剖学家和人类学家在一定程度上信服魏敦瑞的论断。中国猿人头骨颅壁增厚和脊突粗大的问题，对于从小脑量的类猿头骨到大脑量的类人头骨的进化形变，仍未有明了的阐释。现代人类和猿类都不具有这样的头骨构造。如果像人这种大脑量灵长类拥有增厚的头骨，而像猿这种小脑量的灵长类却没有，那么是什么使中国猿人具有增厚的头骨呢？从逻辑上说，一定有脑量之外的原因。爪哇的化石将为魏敦瑞提供他所期望的答案。

到1941年，孔尼华已经发现并发表了爪哇化石的相关文章，并能以尺寸的梯度序列——从大到小予以解释。魏敦瑞得以构建起他所认为的人科动物之巨型祖先。从根据一具大型的下颌骨，孔尼华命名了巨人古爪哇种（*Meganthropus palaeojavicus*，"古代爪哇的巨人"）；到根据一块带牙齿的上颌骨，孔尼华命名了爪哇猿人粗壮种（*Pithecanthropus robustus*，"粗壮爪哇猿人"）；再到爪哇猿人直立种，爪哇族群的最小成员；最后到他假设谱系中最纤细的龙骨山北京中国猿人，这一序列将头骨的厚度解释为巨大体型的残留。这是一个大胆的假说，并令魏敦瑞的同行们大为吃惊[21]。不过它解释了中国猿人头骨非常重要的解剖学特点。如果中国猿人是巨人的后代，那他非人非猿的头骨构造就可以被解释为原始性的遗留。魏敦瑞在他1946年的著作《猿、巨人与人》（*Ape, Giants and Man*）以及与孔尼华合作的论文中发表了他的巨人理论。

除了新奇之外，魏敦瑞的理论还有另一个问题：巨型人科动物是从哪类巨猿进化而来？现生亚洲猿类，包括猩猩和长臂猿，体型太小，很难相信是某种巨型远祖的后代。唯一符合条件的现生猿类就是大猩猩，可是大猩猩只生活在非洲中部和西部，离中国太远。然而，大猩猩般大小的一种化石猿类已经被发现并被孔尼华定名，他在从华南买回的龙骨中发现了这种生物的牙齿。他将这类绝灭的中国猿类命名为步氏巨猿（*Gigantopithecus blacki*），以纪念步达生[22]。魏敦瑞认定这一时代不明且所知不详的猿类就是他巨人谱系中的祖先，甚至建议它应被重新命名为巨人（*Giganthropus*）。

时至今日，魏敦瑞的巨人理论基本已被遗忘，而且已为越来越多出自非洲和亚洲更早期的化石所证伪。我们现在知道，人类并非巨人的后

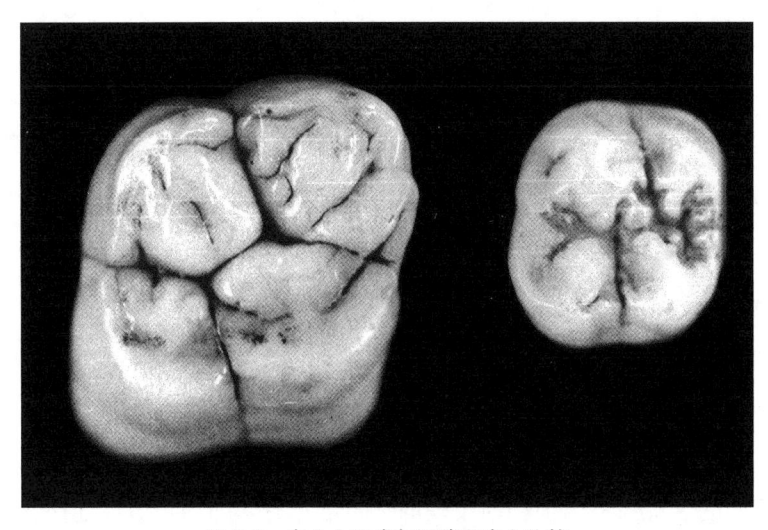

图 3.2　直立人臼齿与巨猿臼齿之比较

魏敦瑞于 1945 年提出一种理论，认为像巨猿这种巨型人科动物是早期人类的祖先，不过被后续发现所推翻。图示是孔尼华在广州中药铺里买到的两颗上白齿：1935 年在中国广州发现的步氏巨猿（三号标本，左），以及 1935 年于香港发现的直立人 [中国猿人药铺种（*Sinanthropus officinalis*）的典型标本，右]。

代，而是源自数百万年前矮小的早期古人类，在来到亚洲之前他们一直生活在非洲。魏敦瑞假设，印度将被发现是人类最初的起源地。这点他也错了。我们已经知道，印巴次大陆是 1200 万至 800 万年前的猿类进化区，孕育了猩猩的祖先和巨猿——后者仍是一种所知甚微的猿类，但可以肯定不是古人类。不过魏敦瑞的巨人理论解释了中国猿人解剖学的一个重要方面，而在他的理论被摒弃之时，这一问题仍有待解决。为什么中国猿人会进化出如此厚重粗壮的头骨？如果不是源自其大型祖先粗硕的头骨，那么是从何而来？就此我们将在第四章提出一种新理论。

魏敦瑞多地区进化说
和直立人作为动物学物种的认识

在古人类学家筛选资料、修改龙骨山及其古人类阐释的同时，人类学家也不断承受着为与现代生物学原理保持一致所带来的压力。遗传学与群体生物学，与达尔文自然选择理论结合到一起，使进化生物学成为一门新的"综合性"学科。老的名称，诸如中国猿人和爪哇猿人这样的属名，被批评过于强调人科动物群体的特殊性，即所有成员在过去可能都是同一物种。而新一代生物学家建议，大多数，甚至所有已知的早期人科动物，应归入同一属中的数个种，也即我们自己所在的人属。

总的来说，古生物学家对新生物学态度谨慎。他们将大部分研究时间和职业生涯，耗费在揭示他们的化石如何与以前发现的化石有所差异，从而让新的种属得以成立上。没有一个古生物学家乐意用与他人化石相同的名称来命名他们新发现的化石。化石之间的相似性往往易被忽略。因此，魏敦瑞对中国猿人和爪哇猿人构造的相似性以及动物学关系的认定很受新生物学家的拥护，他们敦促他尽快将两者都命名为人属，从而符合他们新学科的宗旨。但是魏敦瑞从未赞同使用新的命名法，尽管他与许多新生物学家的理论观点一致。也许是因为他使用这些旧名称太久，它们带着一位老人太多的回忆而难以割舍。他说他应该让别人来做这件事。

尽管魏敦瑞的古人类化石命名法过于老旧，但是他的人类进化的主要理论仍深受新生物学家的影响。其中的一个模式至今仍颇具影响力。他提出了所谓的"多地区进化说"[23]——这一观点认为，过去的某一时候（如同今天）人群之间曾发生过基因交流，因而一个区域内（按他的术语，就是在同一"人种"内）个体的相似性就比不同区域个体之间的相似性要高。这一观点的推论就是，区域解剖学特征的差异随着时间推移而会有进化的连续性，甚至跨越物种的界线。这一概念对解释龙骨山古人类解剖学特点的某些方面至关重要——例如，铲形门齿及其在现代中国人中的存在。

魏敦瑞绘制了过去一段持续时间内杂交人群相互联系的矩阵图，来解释他的观点。他的意思非常明显，物种会随杂交繁殖的个体跨越广泛的界线而进化，即使一些特征会偏向在某一地区的某一人群中保留下来。一位来自哈佛大学的同行卡尔顿·库恩（Carleton Coon）误解了魏敦瑞模式的这一内涵，并在他的著作《人种的起源》(The Origin of Races)中提出了五条独立的人种谱系，一直上溯至直立人时代（对于可充分杂交群体的现代物种而言显然是站不住脚的）。生物人类学家后来纠正了对魏敦瑞模式的误解，它成了现代多地区人类起源阐释以及单一物种假说的重要基础。

魏敦瑞模式解释了他所观察到的中国与爪哇古人类的解剖学特点，并为20世纪50年代一场席卷人类学界的分类学革命奠定了基础。一位名叫恩斯特·迈尔（Ernst Mayr）的鸟类学家提出，如同魏敦瑞所说，若所有古人类群体在过去任何时间内都能自由杂交，那么他们就能被定义为同一物种。他主张，当时已知的所有化石古人类都应用同一属名——人属来指称。单一物种假说由此诞生，这个影响巨大的模式一直延续到20世纪70年代晚期，直到非洲出土的化石才将其推翻，至少在古人类化石记录的早期阶段是如此。与此同时，拉丁语与希腊语的双名护甲也随之被解除，因为化石需与设法辨认它们真正生物关系的范畴进行比较和分类。当魏敦瑞和孔尼华得出中国和爪哇古人类化石关系密切的结论时，他们无意中推动了这项事业。现在，运用迈尔的新法则，爪哇猿人和中国猿人的名称都被扔进了古人类学的垃圾箱。由此，龙骨山化石和它的爪哇同伴就被简称为直立人（Homo erectus）了。

魏敦瑞死于1948年，他遗赠给道行有限的新一代生物人类学家的是一大笔财富，包括解剖学细节和古人类进化的推理阐释。当时顶尖的学院派生物人类学家是哈佛大学的欧内斯特·胡顿（Ernest Hooton）[①]，他是位博学机敏的古典学者，在人类进化的解剖学和生物学方面的造诣可与英国的亚瑟·基思（Arthur Keith）爵士比肩。不过，他还肩负着培养

[①] 又译为"虎藤"，李济先生的老师。

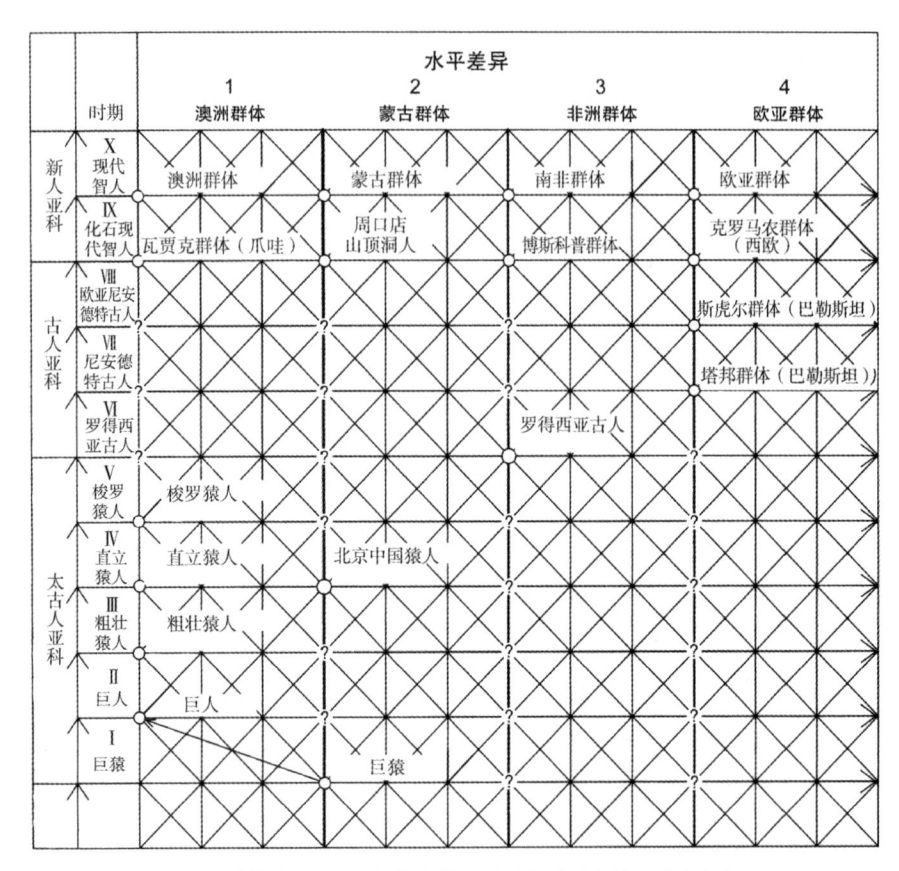

时期	水平差异			
	1 澳洲群体	2 蒙古群体	3 非洲群体	4 欧亚群体
新人亚科 X 现代智人	澳洲群体	蒙古群体	南非群体	欧亚群体
IX 化石现代智人	瓦贾克群体（爪哇）	周口店 山顶洞人	博斯科普群体	克罗马农群体（西欧）
古人亚科 VIII 欧亚尼安德特古人				斯虎尔群体（巴勒斯坦）
VII 尼安德特古人				塔邦群体（巴勒斯坦）
VI 罗得西亚古人			罗得西亚古人	
太古人亚科 V 梭罗猿人	梭罗猿人			
IV 直立猿人	直立猿人	北京中国猿人		
III 粗壮猿人	粗壮猿人			
II 巨人	巨人			
I 巨猿		巨猿		

图3.3 魏敦瑞于1945年提出的人科动物谱系多地区进化框架图

人群网络是以基因交换而联系的。这一模式包含了魏敦瑞已经过时的人类起源巨人理论，但仍十分重要，因为它蕴含人类进化中群体遗传学的早期思想。多地区进化意味着四个地区群体（水平差异）内部子嗣传承显著的纵向基因传递，群体之间的基因交流则较不明显，它们之间的粗线表明了这一点。魏敦瑞使用的老分类术语，包括太古人亚科（Archanthropinae，巨猿除外，基本与直立人同义），古人亚科（Paleoanthropinae，海德堡人和尼安德特人），以及新人亚科（Neoanthropinae，也就是解剖学上的现代智人）。

下一代美国生物人类学家的使命。胡顿过去的一位门生舍伍德·沃什伯恩（Sherwood Washburn）汇编了魏敦瑞的遗作，并以纪念文集的形式出版[24]。在芝加哥大学，沃什伯恩的学生中只有一名年轻的本科生，即后来的古人类学家F. 克拉克·豪厄尔（F. Clark Howell），他曾在美国自然历史博物馆短暂地跟随魏敦瑞学习过。除他之外，魏敦瑞在德国积累并带到中国发扬光大的解剖学和进化人类学的宝贵传统后继无人。今天，位于法兰克福歌德大学的魏敦瑞研究所（1928年由魏敦瑞创立）试图重拾他的一些传统，这些传统与北京人化石一起，不幸成为二战的牺牲品。赖纳·普罗茨（Reiner Protsch）——20世纪60年代在加州大学洛杉矶分校由胡顿的另一门生约瑟夫·伯塞尔（Joseph Birdsell）培养的德国人——回到德国，试图复兴魏敦瑞原来的研究所。

直立人的科学命运：中间的混沌

到1946年，世界应该已经知道著名的北京人化石已在二战中丢失。它们的科学记忆得益于魏敦瑞的全面论著而保持活力。但是魏敦瑞杰出的论著，反倒像是唱给失踪化石的挽歌。非但其他科学家再也不能研究和比较化石原件，重新发掘龙骨山来获取新化石也似乎希望渺茫。当魏敦瑞在纽约完成他最后的著作时，中国的国共内战爆发。最终，毛泽东领导的共产党取胜，1949年10月，中华人民共和国宣告成立。那时，原本希望返华恢复龙骨山工作的魏敦瑞已经过世。

由于朝鲜战争和越南战争，中国在政治和科技上与西方隔绝了多年。虽说缺乏学术交流明显削弱了对直立人的研究，但是还有更重要的因素导致了对这一物种科学热情的消退。在非洲，更早、更原始古人类的发现接连不断，也就是我们所知的南方古猿（*Australopithecines*），而对它们进行准确断代的新方法已经问世，这使得20世纪50年代及其后数十年里，大部分古人类研究者都投身其中[25]。南非和东非出土的早期人科动物化石盖过了直立人的风头,并将人类进化的中心从亚洲移到了非洲,尽管直立人并未被彻底遗忘,但是就这样悄然地消失在聚光灯下。

后来,直立人意外现身于非洲国家坦桑尼亚,英裔肯尼亚古人类学家路易斯·利基(Louis Leakey)1960 年在著名的奥杜威峡谷遗址发现了它们。头盖骨因第 II 层的侵蚀而被发现,它与龙骨山发现的几个头骨十分吻合,尽管龙骨山与其相隔两个大洲,而且地质年龄也更年轻。被称为奥杜威 9 号古人类的头骨,年代测定在 140 万年前左右。对于宣称要在非洲找到现代智人直系祖先的利基来说,发现这类既与亚洲有着紧密联系,又与他认为的跟现代人类进化路径完全无关的物种,实在有点尴尬。1963 年,德国古人类学家格哈德·海贝勒(Gerhard Heberer)将新化石命名为利基人(Homo leakeyi),不过利基对此殊荣却很勉强。他甚至承认,该头骨非常像由杜布瓦、步达生和魏敦瑞业已公布、而现在已被普遍归入直立人的化石。他更钟情于更早的人科动物,即他和他的团队在奥杜威发现的南方古猿鲍氏种[Australopithecus boisei,原称东非人(Zinjanthropus),绰号"小儿"]和能人(Homo habilis,绰号为"奥杜威乔治""灰姑娘""乔尼男孩"和"苗条")。奥杜威 9 号古人类(OH 9)就像是亚洲来的异类站错了位置,从未有个可爱的绰号。他被锁进博物馆的深闺而无人问津。利基认为奥杜威 9 号是一种特化的古人类,如果不是异常的话,也与人类谱系的关系不是很近。

利基对非洲直立人的看法从未占主流,但也确实有点道理。尽管直立人的脑量介于智人与能人之间,但是他厚重的头骨和奇特的颅骨脊突却是这前后两者都没有的特征。利基决定在他的进化谱上绕开直立人,把能人和智人直接连起来。直到最近,亚洲、欧洲和非洲进一步发现的化石才彻底推翻了这个假说,因为这些介于能人和智人间的中间形态的化石证明了直立人与以上两者都有关系[26]。

非洲直立人的发现,也最终推翻了魏敦瑞智人源自巨人祖先的假说。非洲出土的数百件古人类化石,甚至石化的脚印,现在都证明

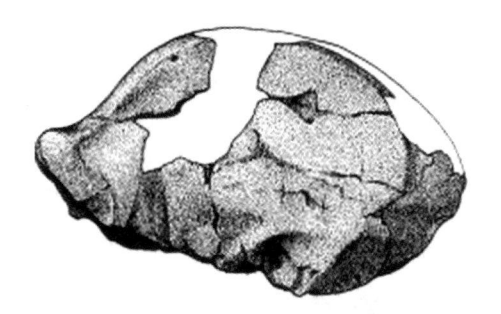

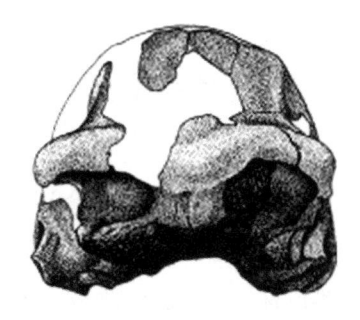

图 3.4　奥杜威 9 号古人类

利基从奥杜威峡谷发现的古人类化石中的异类，奥杜威 9 号古人类——第 Ⅱ 层上部出土的直立人头盖骨，大约在 140 万年前。左：侧视图。右：正视图。比例尺为 1 厘米

我们最早的人科祖先体型矮小。虽然直立人远非人类进化谱系中最小的成员，但却是现在所知最早基本具备现代人类体量和比例的古人类。魏敦瑞提出的用以解释直立人头骨罕见厚度和其他独特解剖学特点的早期想法，在保存更为完整、年代更为精确的化石记录面前已难以成立。不过，介于 160 万年前能人消失和 60 万年前海德堡人（*Homo heidelbergensis*）出现之间的这段时间，被贴切地称为"中间的混沌"[27]。在这 100 万年的时间里，古人类离开非洲，遍布旧大陆的大部分地区。这正是直立人的足迹，而我们直到现在才知道这桩令人诧异的事件是如何发生的。

骨头和基因：橘子苹果，还是豆子胡萝卜？

一些人认为，在我们研究进化生物学时，骨头和基因就像是苹果和橘子——看来相似，实则不然，所以它们应当分开并单独考虑。其他人则认为，化石的骨骼解剖学（"骨头"）和从分子生物学分析获得的材料（"基因"）就像豆子和胡萝卜一样——基本可以匹配①，因此应该置于同

---

① 西方人佐餐的习惯搭配，"苹果和橘子"与"豆子和胡萝卜"都是谚语。

一背景下加以考量。在我们看来,最有说服力的人类起源理论,应该是古生物学方法和遗传学方法的结合体。说到底,化石和分子最终必须反映同一件事——人类适应的进化史。

在当前的人类基因组时代,一些古人类学的批评者认为,古生物材料缺失太多而不可复得,以致基于化石的假说太过于不切实际,尽是些难以证实的理论。唯分子方法论是从的激进学者还声称,解剖学只能提供祖裔关系的粗略信息。转引分子人类学家文森特·萨里其(Vincent Sarich)的话来说,他们知道分子有源可溯,而古生物学家却只能指望他们化石的后代没有绝种。

另一方面,唯化石是从的理论家在想象的"特征状态"港湾中寻求庇护。这些是为绝灭物种解剖学设立的理想构建,倡导者相信它能避免种群遗传学的或然性陈述所造成的令人头疼的不确定性。它们也许确实方便,但是这些构建往往只能维持到后续新化石的发现之前。这很像古代信奉地心说的天文学家,唯化石是从的理论家每次在新发现之后都必须补充新的规则。

难道我们对过去被封存在特定时空中、靠仅有的化石材料才能告诉我们的进化故事的细节不感兴趣?同时,将这些细节与无可置疑的遗传学蓝图结合起来,并从物种层面及所有方面来看待其局部的复杂性和多样性,这难道不是一项令人神往的工作?人类进化的最佳视角,将来自与该问题相关的所有可靠信息的综合,不管这些信息来自哪一学派。

在古人类学从神秘的古生物学科向引入进化生物学的现代科学转型的过程中,北京人和龙骨山发挥了重要的作用。20世纪40年代的纽约是学术交汇的熔炉,参与其中的三位主角包括:老资格解剖学家魏敦瑞,他1941年从北平回到美国;权威遗传学家西奥多修斯·杜布赞斯基(Theodosius Dubzhansky),他1940年离开加州理工学院到哥伦比亚大学任遗传学教授;还有年轻的体质人类学家舍伍德·沃什伯恩,1939年到哥伦比亚大学人类学系任教,当时是他取得哈佛大学博士学位前一年。1937年，杜布赞斯基出版了《遗传学与物种起源》(Genetics and the Origin of Species)，成为现代自然选择综合理论的奠基作之一，也是现代进化生物学的一座里程碑。在他的著作中，杜布赞斯基用他自己的和遗传学家托马斯·亨特·摩尔根（Thomas Hunt Morgan）对果蝇的实验和观察来推及包括人类在内的其他物种。他在进化生物学的研究中强调有机体的"种群"，而非个别的"类型"。杜布赞斯基建立了一种将化石和基因相结合的方法，从此被进化生物学家所沿用。他写道："进化问题可以沿两种不同的途径前进。首先，可以追溯各种有机体在过去历史中确实发生的进化事件的序列。其次，可以研究引发进化演变的机制。"[28]沃什伯恩早先曾在哥大拜访过杜布赞斯基，尽管他以前在哈佛的教授胡顿是个类型学家，并且反对杜布赞斯基有关人类进化的著作。杜布赞斯基首先谨慎地问他是否是胡顿的门生。沃什伯恩回答道："我不相信类型，而认为应该对种群加以比较。"杜布赞斯基笑了，并与他热情地握手[29]。

当魏敦瑞于1941年抵达纽约时，沃什伯恩不失时机地与他相识。他告诉魏敦瑞他的老鼠解剖实验，以此来研究肌肉对骨骼形成的作用。即使魏敦瑞起先问他："老鼠和人类学有什么关系？"[30]但是他很快就同意沃什伯恩的比较方法，认为其有助于梳理他耗费多年描述的直立人头骨形态变化的潜在功能性原因。与进取心很强的沃什伯恩进行讨论很可能对魏敦瑞的影响很大，因为他一直在做犬类的比较研究，力图了解古人类脑颅的进化，后来他将这项研究放在1941年出版的有关人类头骨进化的文集中[31]。

作为研究种族这一重要问题的科学家，魏敦瑞和杜布赞斯基都逐渐意识到，这是二战结束时的一个压倒性议题，因为全世界都想试图解释欧洲大屠杀和世界范围内恐怖的种族清洗。魏敦瑞亲身经历的种族迫害，给他个人和家庭带来了深重苦难。他认为"体质人类学家目前就个别人种的范围与界定以及就他们的历史而言，已经走入了死胡同"[32]。

他指出，现代种群根本体现不了那些"纯种"鼓吹者所诡称的理想解剖学特征的优点，对于人类这个物种来说，种群间的混合已经形成了人类"杂交或多重杂交"的特征。杜布赞斯基衷心赞同这些结论，并补充道，"需要了解解剖学特征的遗传学决定因素，以评估人类的进化关系"[33]。魏敦瑞将遗传学纳入他的多地区进化模式，并下了个有点令人惊讶的结论："不仅现生人类，还包括过去人类的各个种类——至少就被发现的这些遗骸而言——都必须归入同一物种。"[34]然而直到临死前，他都坚决反对修改他呕心沥血奉献给科学界的人科动物分类法。他说，旧称沿用已久，但也许只不过是因为他难以割舍这些他和同僚们为之付出了心血的名称。1944年，果蝇研究专家杜布赞斯基被迫将爪哇的直立爪哇猿人和中国的北京中国猿人正式归入直立人这个物种。1945年，现代进化综合学说的另一位设计师乔治·盖洛德·辛普森（George Gaylord Simpson）曾嘲讽道："对动物分类学家来说也许最好把人科分出去，以便从他们的研究中去掉其命名法和分类法。"[35]

1947年，也就是在魏敦瑞去世前一年，沃什伯恩离开纽约前往芝加哥大学。他在1951年引入了"新体质人类学"，以继续革新美国的人类进化研究[36]。沃什伯恩观点的核心原理在1939年至1946年的战争期间就已在纽约成型，当时他整合了一套综合理论，其遗传学内容取自杜布赞斯基，而人科化石记录的解剖学内容则取自魏敦瑞。尽管北京人化石已经丢失，但在美国生物人类学的发展中仍可谓举足轻重，远远超过了它们在论证人类一个进化阶段中的意义。沃什伯恩不仅在后来的职业生涯中勤奋工作，以确保人科在进化生物学的研究中占有一席之地，而且他还一直是将生物人类学最重要的理论与魏敦瑞和龙骨山化石联系到一起的纽带[37]。

第四章 /
第三功能：北京人神秘头骨的假说

梳理"中间的混沌",需要我们用新眼光审视直立人的颅骨解剖学构造。直立人与其祖先和后裔最为显著的解剖学差异无疑在于头骨。现代人和我们的晚近祖先拥有骨壁薄、脑量大且呈球状的头骨,位于我们脊柱的顶端,内部是大型、脆弱、半流体状的大脑。相反,包容直立人大脑的头骨,骨壁奇厚,脑量较小,轮廓也较低宽。若无面骨,直立人头骨看上去极像一个龟甲。事实上,野外工作者在化石发掘过程中,确实曾将直立人头骨误认为龟壳。有些人觉得这样的头骨很像自行车手的头盔——低平且呈流线型,用来抵御撞击,保护脑部、眼部和耳部。

当荷兰解剖学家杜布瓦在爪哇东部发现他命名为爪哇直立猿人（*Pithecanthropus erecuts*）的头盖骨之初,曾对其奇异的解剖学构造感到意外。由于在他这项发现之时,基本上没有任何古老的人类化石记录,因此杜布瓦和其他所有人起初都认为,头骨的解剖学特点是人类原始性的表现。如上所述,魏敦瑞将直立人的厚重头骨解释为智人巨型祖先的遗痕,并认为如此厚重的头骨必然有巨型的身躯相配。但是随着更多化石的出土,直立人的先祖并非巨人已确凿无疑,因为这个物种拥有十分奇特的头骨。至今也没有人能对此做出解释。

古怪的头骨及其成因

从技术上说，直立人头骨可以被形容为"厚骨"。为了理解厚骨是如何形成的，我们可以参见比较解剖学。古今一些其他脊椎动物也有较厚的骨头，设法了解它们的适应性进化，能为我们解释其厚重骨骼的成因提供一些想法。在比较进化出相似解剖学特点的动物物种时，我们所要找寻的不是祖裔相传的共同特征，而是由相同原因而进化出来的类似特点。一些物种，例如海牛（一种海洋哺乳动物，如儒艮和佛罗里达海牛）全身都有致密的骨骼，为它们在水中提供反浮力。海牛的肋骨实际上就是镇重物。然而，直立人的体骨，就像今天的我们一样，并不是为水栖而增厚[①]。

在陆生动物中，极度增厚的头骨见于许多物种，从现代的大角羊（*Ovis canadensis*）到白垩纪的肿头龙（*Pachycephalosaurus*）。这些物种厚骨的适应意义，尤其基于对雄性大角羊的行为观察，是在种内竞争中用于保护大脑和感觉器官的。大角羊（过去的肿头龙大概也是如此）用头作为攻击的器官的，头部撞击力量之大，声如爆炸。两头雄性相向助跑，并以48至72公里的时速冲撞，产生高达2700磅的冲击力。据说，2公里之外都能听见声响。是什么引发了雄性大角羊之间如此剧烈的冲突？答案是雌性。达尔文很久以前就将这类种内行为解释为性选择的结果，这是一种自然选择，主要在物种社会内部发挥作用，导致为了取得异性交配权的同性竞争。

将雄性大角羊的头骨增厚和直立人的头骨增厚相比较，乍一看有些牵强。谁会真的设想，早期古人类会像发情的羊那样攻击他人，互撞头部？如果你沿街采访（并设法让人们好好想一想），他们可能会说，现

[①] 北京人的四肢也是厚骨，髓腔很小，占体骨的最小直径的三分之一，而现代人则占二分之一。

图 4.1　周口店Ⅲ号直立人头骨

直立人头骨的显著增厚。这是步达生在修理和复原周口店Ⅲ号直立人头骨过程中拍摄的一张照片。在这张照片里，我们可以看到两块顶骨不见了，而石灰岩的自然颅腔内模上嵌有一枚洞熊的犬齿，在额骨后面就能看见。

代人中会如此莽撞、无理和暴力的，为了性而采取这种行为的，只有年轻的成年男子。言之有理。在美国，大量统计显示，15 至 24 岁的男性死于自身危险行为所引发的斗殴、侵犯行为或事故的比率是女性的四倍[1]。不管他们的族属、社会经济背景如何，年轻男性之间的争执大多直接或间接地与为取得年轻女性注意、喜爱和关系的竞争有关——说到底和发情的羊并无二致。因此，至少在一定年龄段和特定性别的现代人群中，很可能存在一种普遍的行为能力，会以十分类似于大角羊的方式打斗。我们可以猜测，也许直立人也如此行事。不过对古人类来说，用头作为攻击武器可能不像羊那样是个理想的进化选择。脆弱的人脑比羊脑要大得多，而且不像羊脑那样被骨骼保护得那么完善。我们推断，直立人的厚重颅骨可能是适应于防护，而非攻击。

与大角羊不同，人类总是用双手搏斗，而且（不包括枪击）在不以性为目标的攻击中，几乎所有暴力创伤的案例都指向头部。人类互相攻击的普遍模式就是以手攻击对方脸部和头部。解剖学也显示，头部撞击并非我们祖先基本的适应行为。那些以头为武器的厚骨物种为了这一目的，还进化出头骨的增生。羊在它们厚重的头骨上长出了锐利的犄角，而肿头龙则在头部周围形成一圈难看的骨瘤，像是一个头冠。直立人没有这些攻击性适应。因此，就一般原理而言，我们将直立人厚重的头骨解释为对脑部和感觉器官的保护，但本质上是防卫性的。就功能而言，我们可以认为直立人头骨与龟甲的防护功能相似。

人类头部与身体的其他部位相比构造较小，内部微小结构如腔、孔、管、脉、肌肉和纤维却更多。数百年来，体质人类学家和解剖学家执迷于描述、解释和理解这一复杂的构造。现在，我们对人类头骨的进化、胚胎发育、比较解剖学及功能已有充分的了解，并有信心认为，影响人类头骨形态的主要动力已经找到。因此，在考虑直立人头骨构造的独特方面——厚骨时，我们还必须参见该物种的头骨对其主人还有其他什么作用，以及这些知识如何能帮助我们了解其生存。

我们将古人类头骨形态的演化，解释为由三个主要的功能性需求所造成：容纳迅速增大的脑部；作为固定牙齿以及使之运动的肌肉的骨骼支撑；以及就直立人而言，抵御钝击创伤。所有这三个功能，对了解直立人特别的颅骨都至关重要。

第一功能：我思故我在

埃里奥特·史密斯是步达生的解剖学导师，同时本身也是一名龙骨山头骨的描述者，他对人类头骨进化的形变提出了一种重要的看法。借用法国哲学家笛卡尔的话——"我思故我在"，我们能够提出这一假说，即将人类大脑看作是古人类头骨进化的主动力。更具体地说，该理论的依据，是将自然选择置于对人类智力发挥主要作用的地位，随时间而进化，人类的大脑也愈发变大变复杂。我们能从古人类化石的记录中观察到这一

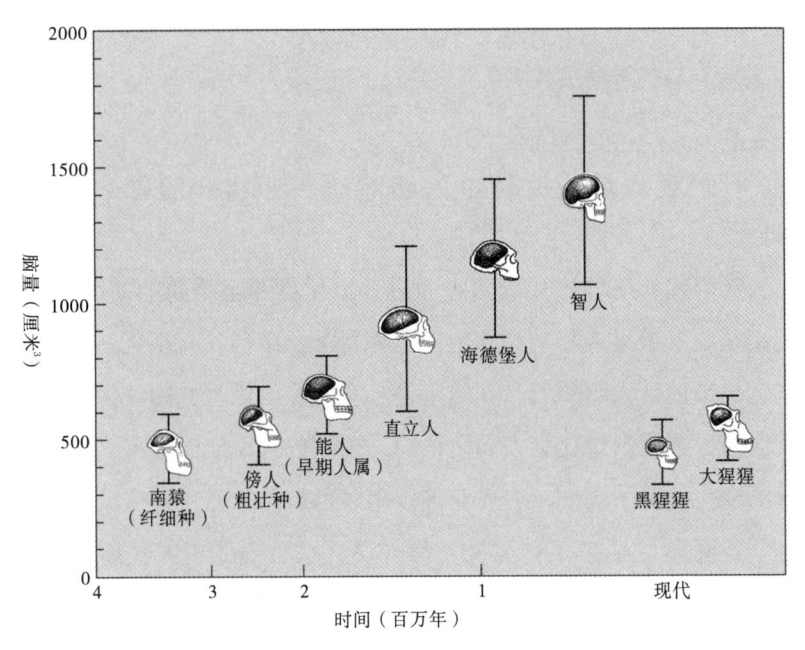

图 4.2　直立人脑量与其他人科动物和猿类之比较

早期人科动物［南猿和傍人（*Paranthropus*）］的脑量大致落在非洲大猿（黑猩猩和大猩猩）的范围内。随着人属的进化，脑部以更为惊人的速度开始增大。直立人脑量的上限与智人的下限互有重合。

进化的解剖学演变。

古人类的脑量（brain size）反映在颅骨内部的空间上，随时间而显著增大。在 20 世纪的前 25 年里，有关脑的增大过程，早期的四分之三是怎样完成的，我们完全一无所知。这一早期阶段的古人类化石记录主要出自非洲，而且大多发现于 20 世纪下半叶。记录显示脑容量（cranial volume）的增大始于早先南猿那像黑猩猩般大小的脑，这一化石人科动物最早于 1925 年公布，但是我们的主人公埃里奥特·史密斯、步达生和魏敦瑞却对其完全视而不见[2]。

直立人的脑量增大解释了其脑颅形态的部分特征，特别是神经脑颅（含脑的头骨部分）与面骨（含牙齿的头骨部分）相比日益呈球状的特性。一个较大的脑部必须要有较大的头骨来容纳。直立人拥有较其祖先更大、更宽、更平的额骨、颞骨和顶骨。但是头骨其他部分的进化特点，基本上与脑量增大无关。

第二功能：较小的咀嚼肌、牙齿和脸部

从南猿到人属的进化形变是通过大型牙齿和咀嚼肌的缩小完成的，这也正是我们最早人科动物始祖的典型特征。南猿长有很大的牙齿，以及使之运动的巨大咀嚼肌，其结果是长有大型的面骨，用以固定牙齿和附着肌肉。当南猿进化到人属阶段时，齿列的大小已经缩减。脸部起了显著的变化，鼻子周围及向后延伸以附着臼齿的骨骼慢慢变薄，于是南猿的"盘子脸"消失了。鼻骨变得外凸，从脸部伸出，上颌骨慢慢后缩。固定前沿齿列的骨弓变成了平滑的抛物线，不再像南猿那样，以直的骨脊从一侧犬齿窝向另一侧犬齿窝延伸。

南猿咀嚼肌留在它们头骨上的强壮骨脊，在人属身上有所缩小。颞肌沿南猿头骨两侧向上延伸，有时会在中缝处会合。出现这种情况，就会形成一条纵向的骨脊，也就是我们所知的矢状脊。它实质上是一块上竖的骨板，颞肌的纤维附着于其两侧。矢状脊在南猿粗壮种中尤为常见，偶尔也会出现在其他非粗壮种的形态中。但是人属实际上是没有矢状脊的，他们小型的咀嚼肌和极度扩展的头骨穹窿，使得颞肌

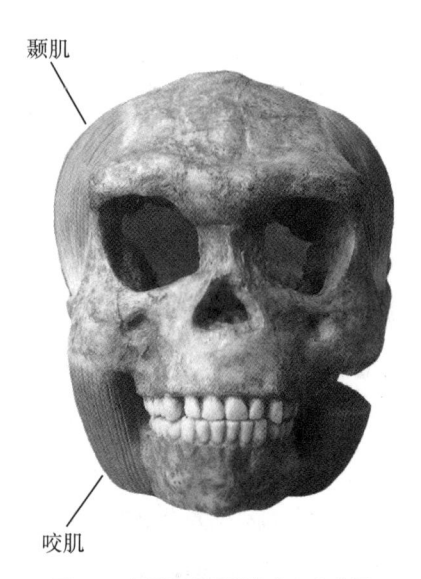

颞肌

咬肌

图 4.3 复原了咀嚼肌的直立人头骨

直立人头骨，显示两块最大的咀嚼肌（咬肌和颞肌）附着的骨骼区域。请注意，颞肌恰好位于矢状脊下的头部两侧。因此，它们的相对尺寸无法解释这种解剖学特征的存在。我们在此假设，直立人中所见的矢状脊与头骨的防御性强化有关。

线变成了头部两侧不起眼的线状隆起。

咀嚼器官的缩小部分解释了直立人头骨的一些形态——结构相对轻巧的脸部，前部弯曲的齿弓，以及没有矢状脊的总体呈圆形的头骨。不过，直立人头骨仍有其他部分无法用齿列改变或脑部增大来解释。我们现在就来讨论直立人这些独有的特征。

第三功能：保护脑部、脊髓和眼睛

今天的大多数人类解剖学家和古人类学家都会同意，古人类大脑和咀嚼器官的进化在解释古人类化石记录的解剖学演变中举足轻重。唯一的问题在于，两者都不足以解释直立人奇特的头骨形态独有的特征。所以我们认为，还存在第三种功能促成了直立人头骨的进化，那就是防护。

如果今天的人们头部受伤，头骨破碎的话，很可能就无法存活。常人看似微小的创伤，其实足以使紧密附着在头骨内壁的血管破裂，造成颅内出血。头骨内部的瘀血压迫脑部，造成昏迷，并最终导致死亡。

现代人常见的一种头骨骨折类型叫作"蛋壳形"骨折。挥舞钝器重击或猛击能使颅顶的一部分凹陷破裂，但骨头未必碎开。头骨在受冲击后能几近恢复原状——这是受到了附着的皮肤，即头皮和所覆盖肌肉的牵引作用——但是损伤已无可挽回。为脑部纤维外膜供血的动脉分支开始出血，瘀血在头骨内侧和外脑膜（即硬脑膜）之间形成血肿。随着血肿增大，开始压迫伤者的脑部，有时在受伤后的几个小时内，神经受损的症状便会愈发严重，最终导致知觉丧失、昏迷和死亡。

在急诊室、X光和颅内手术诞生之前，头部遭重击、饱受颅内出血之苦的人只能听天由命，通常都难有善终。即使个别人能设法恢复知觉，熬过硬膜外血肿这个难关，还是常常会有显著的神经性损伤后遗症。局部瘫痪、步态踉跄、手眼失调、语言障碍或任何认知功能混乱都可能发生。对忙碌的上新世—更新世古人类而言，很难想象比这更糟的情况了。因此我们有理由推测，能够降低头颅损伤概率的头骨特征，都将为具有此类特征的个体带来明显的选择优势。

澳大利亚学者彼得·布朗（P. Brown）研究了澳大利亚现代和古代土著人的头骨厚度[3]。这些人群拥有所有现生智人成员中最厚的颅骨。布朗提出假设，他们增厚的顶骨很可能是因他们处理纠纷的传统方式演化而成的。

族群中若两人有怨恚争执，便以一套解决纠纷的固定行为规则，即使用"nulla-nulla"（一根笨重的木棍）来挑战对手并进行决斗。角逐一旦开始，就必须持续到一方获胜为止，要么被击倒，要么TKO（即他或她的对手已丧失战斗力，无法继续）。不按点数决输赢，或分别记分。有时候，整个社群都被卷入其中。一份关于澳大利亚南部纳林耶里（Narrinyeri）部落群体的民族志提到，参与群殴者多达 100 人，他们都"杀气腾腾要把对方打得脑浆迸裂"[4]。

在所研究的 430 名原住民头骨的样本中，布朗在额骨和顶骨上找到了愈合凹陷骨折的证据，其在女性中高达令人惊诧的 59%，男性则为 37%。这些结果表明，这些人群中有蛋壳型凹陷骨折，不过他们存活了下来。但毫无疑问，其他许多人并没有。布朗得出结论，"这类行为很可能严酷地淘汰了那些颅顶较薄的个体，而偏好选择额骨和顶骨都较厚的个体，因为那里最常遭受打击"[5]。

如果布朗是正确的，澳洲原住民进化而成的增厚头骨真的是世代相传打击头部的结果，那么，这一模式对了解直立人独特的骨质增生和厚骨的进化是否有用呢？我们相信确实如此。

直立人头骨的解剖学特征，从脑量增大和咀嚼器官缩小的第一、第二功能最解释不通，而从第三功能——一种防止外伤的进化来予以解释则最为合适。我们依次考察每个特征。

我们进行的现代人骨骼强度和骨骼厚度关系的实验显示，骨头愈厚，所能承受的打击力就愈大。以人类生物学而言，颅骨越厚，如蛋壳般凹陷和破碎的可能性就越小，也不易伤及下面脆弱的血管和脑组织。厚颅骨的防护功能，是直立人头骨厚度为何两倍于大多数现代人的最好解释。

直立人的颅骨增厚在解剖学上与现代人颅骨的病理性增厚有明显不同。诸如疟疾等疾病影响到血液，并造成血液型骨髓增生，会增加骨骼的厚度[6]。结果，骨头会变得像瑞士奶酪一般，主要由很大的髓质空腔所构成，外面是很薄的密质骨皮。而直立人的骨头则像是装甲护板一样。魏敦瑞发现，龙骨山出土的脑颅顶骨在其内外两侧表面都有厚而硬的骨板层。这些骨板层中间夹着骨小梁和充填其间的骨髓，两层骨板加到一起，比较软的内层更厚。

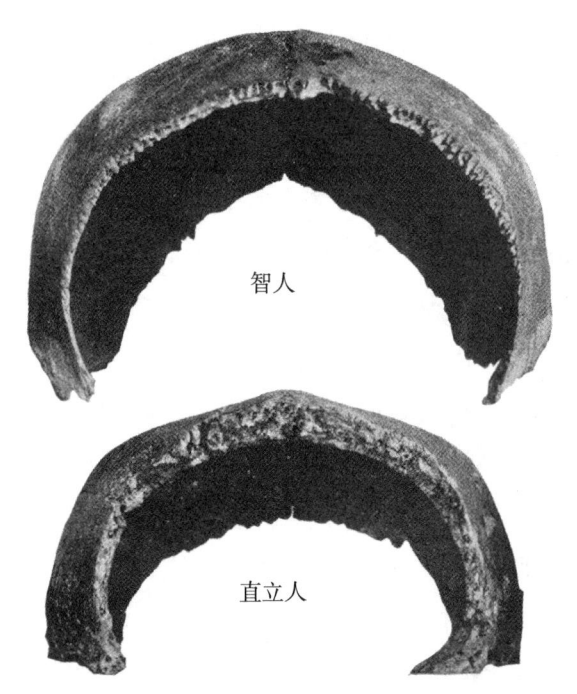

图 4.4 现代中国智人与周口店直立人的头骨厚度比较

埃里奥特·史密斯在北平拍摄的照片，比较颅骨顶骨的厚度，现代中国智人（上图）和周口店直立人（下图）正视图。

在最近一项精彩的研究中，希腊解剖学家安东尼斯·巴特西奥卡斯（Antonis Bartsiokas）研究了非洲出土的一件最古老智人的显微结构，即埃塞俄比亚发现的奥莫·基比什 1 号头骨①。他发现，该颅骨的厚度处在直立人的范围之内，而且显示出与直立人相似的内外侧骨骼增厚的典型装甲护板结构，而与大部分智人不同。增厚骨骼的显微结构还显示出一种不同的排列方式——个别结构单位，即"骨单位"都是扁平的，挤压在一起。巴特西奥卡斯假设："也许，骨单位的这种形态是增强头骨以抵御伤害的一种适应方式。"[7] 迄今为止，还没有人对直立人化石头骨做过类似的研究，但这样的可能性是有的，即使从保护头部免受钝击损伤的防卫性适应来解释其显微结构，也是很有道理的。

除了骨骼一般增厚之外，直立人头骨还有一些独特的骨骼结构。魏敦瑞给它们起了拉丁语名称——眶上圆枕（torus supraorbitalis）、角圆枕（torus angularis）、枕骨圆枕（torus occipitalis）和矢状脊（crista sagittalis，也就是 sagittal keel）。前三者厚骨形成一个环，从眼部上方开始，沿耳部上方向后延伸，并交会于头后部。矢状脊形成一条厚骨从额头中间隆起，向后延伸，经过头顶，在后部与水平的骨环相交。直立人头骨颇具特色的，是沿矢状脊两侧平坦外倾，这为颅顶提供了额外的强度。

对人类原始性的法医学观察，为研究提供了大量证据，说明这些骨骼的适应性变化对时常遭受头骨钝击的古人类来说是多么重要。一位名叫 E. R. 勒康特（E. R. LeCount）的美国外科医师划分了人们头部遭受重击后的几种骨折类型[8]。垂直重击头顶，容易损坏保护沿大脑中缝静脉血管即上矢状窦的骨骼。如果这一结构损伤，就会有血液流入脑间的空隙及外膜，也即硬脑膜。所谓的膜下血块（硬脑膜下的瘀血）会压迫脑部，造成功能失调，并可能致命。勒康特假设，人类头骨中线处的结实构造，就是为了防御这类损伤。这一适应性变化在大部分直立人身上，

---

① Omo Kibish 1（Omo 是河流，Kibish 是村落，位于化石发现地附近）。

是以形态夸张的矢状脊来表现的，这是一条贯通头骨前后、低缓圆润的厚骨。

然而，在与对手的肢体冲突中，打击很少从上雨点般落下，而是更多来自视平线的高度。举例来说，种族清洗中波斯尼亚和克罗地亚罹难者破损的头骨，就一致显示出位于眼部周边、头部两侧、耳部后方以及后脑勺的损伤[9]。这种损伤模式，正是直立人头骨隆凸环的位置所在。勒康特视现代人头骨的同一区域为需要保护以防止最常见头部钝击损伤的地方。

另一位外科医师，法国的勒内·勒福尔（René Le Fort）研究了现代人群中面部骨折的方式，而他的结论同样很有启发[10]。勒福尔对他观察到的骨折进行了分类。勒福尔Ⅰ型骨折是由来自脸部上方重击所造成的眼眶周围的骨骼骨折。直接打击眉骨常常造成眼眶（就是容纳眼球及其肌肉的骨骼空腔的上沿）骨折。直立人的眼眶上沿格外平直，这一解剖学奇异特点，直到最近才受到功能性解释的挑战。厚重的眶上眉脊向后延伸到头骨结实的底部，这一特征有助于直立人个体免遭勒福尔Ⅰ型骨折。魏敦瑞本人，以及在其死后发表的有关爪哇昂栋人头骨的著作中也提出，直立人眼部上方厚重突出的骨脊可能具有防护功能。[11]最近，威斯康星大学的约翰·霍克斯（John Hawks）运用三维技术模拟头部的撞击创伤，并得出结论，较大的眶上隆凸明显增强了对上脸部和眼部的保护[12]。

作为直立人典型特点的、与平直且棱角相对平缓的脸部相配的脑颅，很可能是为了防止勒福尔Ⅱ型和Ⅲ型骨折的发生，也就是面骨与颅底脱离造成的严重骨折。对直立人加固的脸部施以重击，很可能会造成软组织损伤，也许还有不甚严重的上颌骨前部骨折，但牙齿松动或颧弓骨折很可能会有所减少。对脸前部的打击也很容易造成门齿断裂，而直立人的这些门齿也显示，其舌侧两缘的牙釉有明显的增厚，这很可能是为了保护牙齿。直立人呈现出频率很高的"铲形门齿"。

古老拳击谚语"玻璃下巴"(glass jaw)，吓倒了不少想成为拳击手的人。确实，在酒吧里被人击中下巴或脸下部的人中，下颌骨折确实是十分严重的创伤。下颌骨折会使主动咀嚼痛苦又困难，甚至无法咀嚼，在今天它需要做手术来固定破损的部分。显然，下颌骨折对直立人来说很可能是致命的，因为他们没法做手术，于是就没有办法吃固态食物。我们推测，大量直立人就这样不幸死去。直立人下颌骨的解剖学特征表明，下颌两侧，也就是最易受损伤的部位，有特别的骨质增厚。魏敦瑞在他有关龙骨山下颌骨的专题论文中，将这种下颌骨内侧的骨质增厚命名为下颌圆枕（*torus mandibularis*）。下颌圆枕起初被认为是疾病所致，其实将其看作是防止下面部创伤的另一防卫机制，是最为合理的解剖学解释。

　　特别让我们相信直立人解剖学厚骨防护功能假设的，当属头骨内侧一条可见的动脉血管。脑膜中动脉（middle meningeal artery）是上颌动脉的一支，向上延伸到我们叫太阳穴的那个区域。它极易受伤，这就是棒球击球手的头盔在面向投手那一侧有条向下延伸的防护沿的原因。覆盖脑膜中动脉的骨骼，也就是被称为翼点（pterion）的颅骨缝结合处，在现代人中特别薄。它部分受到上覆咀嚼肌，也即颞肌的保护，但是正中太阳穴的一击就可能打碎这块骨骼，并伤及脑膜中动脉。动脉破损比静脉窦的损伤更加危险，因为动脉血血压更高，出血速度更快。翼点损伤通常会造成硬脑膜外大量淤血（一种膜外血块），导致迅速失去知觉甚至昏迷。

　　直立人头骨的翼点部位不是特别厚，如果这一区域对现代人来说易受损伤，那么我们猜想对直立人而言更应如此。魏敦瑞对至今仍是个谜的直立人奇特的脑膜中动脉的解剖学观察，或许能提供答案。

　　现代人的脑膜中动脉分成两支，大的一支在翼点下向前流经头骨内部，小的一支则向后流动。但是在直立人中，与比较大的后支相比，前支就显得小了。魏敦瑞对直立人这一反常特征感到十分惊讶，以至于他曾写了一整篇论文来讨论这个问题[13]。我们认为直立人的这一结构特征是自然选择的结果，用以承受头骨这一区域破损的影响。如果从发育和结构原因来看（可能因为这里是头骨缝的结合处），翼点区域在进化过程中不易增厚——特别是由于颅顶正随着增大的脑部而增大——因此比较合理的说法是，这是直立人为了这一区域在动脉破裂时能尽可能减少出血而做出的适应性变化。将血液引向头颅结实顶骨下的后支动脉，使致命或大伤元气的硬膜外血块出现的概率大为减小。颞骨区位于大块咀嚼肌之下，也能部分起到对此处头部重击的缓冲作用。

直立人头骨的后部向我们提示，来自后方的打击是影响人类进化的重要因素。枕骨圆枕覆盖并保护着后脑静脉窦汇区、为大脑供血的后脑动脉血管、大脑枕叶和小脑。此处受损，如果影响到枕叶就会致盲；如果小脑受伤，行走、站立、运动就会功能失调。角圆枕覆盖并保护着颅腔内的乙状静脉窦，它向位于颅底的颈静脉供血。同时它还有助于从后侧保护耳部区域。

今天，脑后钝击仍然是人类常见的死因。这种伤害模式恰好证明了我们的观点，直立人的解剖学特点正是出于防御之用而进化来的。

直立人头骨形式防护功能的古病理学论据

魏敦瑞是位训练有素的医学博士，大半辈子都在德国医学机构工作。他对头部创伤结果的了解远非粗略大概，尽管他早年并未就此问题发表过专论。我们认为，魏敦瑞对直立人头骨上愈合凹陷骨折的鉴定应该比过去更加受到重视。于是，我们利用龙骨山出土的所有模型，对魏敦瑞有关直立人颅骨打击的证据重新进行了系统的观察。

在魏敦瑞最后的分析中，他将龙骨山头骨大约十处凹陷或损伤归于人为原因[14]。他修正了早先的一些说法，即将这些损伤归于食肉动物。而其他损伤则明显是地质原因所致——上部沉积物重压导致的破损，四周沉积物中的岩石挤压石化骨骼造成的凹陷。但是，龙骨山直立人头骨上有许

图 4.5 现代智人头骨凹陷骨裂的愈合与直立人 X 号头骨之比较

愈合凹陷骨折是头骨上的凹痕,是由足以破坏头骨外板的重击所致,但是还不足以造成穿孔或碎裂。上图是现代智人(美国),显示头顶沿矢状缝处的一处愈合凹陷骨折。中、下图显示龙骨山直立人 X 号头骨同一部位的凹陷骨折。

多残留凹陷与现代人头骨上所见的愈合凹陷骨折相比，在尺寸、形态乃至部位上都极其吻合。

脸部和下颌常会受到来自正面的重击。如果我们的说法确凿，那么是否有望发现直立人的下颌有通过进化来承受这种攻击的解剖学迹象？如今，酒吧斗殴造成的下颌骨折往往就在下巴颏区的后部[15]。直立人这一区域的下颌骨两侧都有所加固，形成了增厚的骨块，魏敦瑞称之为下颌圆枕。就像其他许多颅骨圆枕一样，下颌圆枕也从未被给予恰当的功能性解剖学解释。它并不发挥任何附着肌肉的作用，增厚之处也并不能支持咀嚼的力度。我们认为，下颌圆枕也是抵抗下颌和脸下部损伤的一种适应。

总的来说，直立人脑颅的厚骨是性选择的进化结果，是达尔文自然选择原理的一部分——两性为交配而竞争，并在社会物种内部发挥了作用。结果，直立人头骨的独特性在人类进化沿脑部增大和牙齿缩小的长征途中，好比绕了一个大弯。

是否有第四功能？——给增大的人类脑部降温

如果我们对直立人头骨解剖学意义的假说是正确的，而直立人又是后来智人的祖先，那么为什么增厚的颅骨又从我们的生物学进化中消失了呢？如果增厚的头骨是直立人对抵御头部重击的适应，那么为何进化又让我们将它抛弃呢？如果现在儿童有较厚的头骨，那么，他们在玩滑板、骑自行车和滑雪中头部严重受损的人数就会大大减少。

正如我们在直立人厚骨产生的假说中所见，头骨进化的前两个功能——脑的增大和咀嚼器官的减小——并不能解释其起源，也无助于解释它的消失。一种反向选择的作用力，或者这些作用力的合力，对试图了解头颅厚骨如何及为何在更进步的人类身上消失的研究至关重要。

人类学家迪安·福尔克（Dean Falk）曾经假设，脑极度增大所产生的热量,成为进化过程中重要的生理因素[16]。在"脑散热假说"中,她提出,头部静脉血液流动的方式会慢慢重组,以便为脑降温。我们知道,有许多所谓导血管孔的小孔,它们穿过头骨,作为头皮静脉到头骨内部大型静脉窦的血管通道。通过头皮排汗散热,被冷却的血液再流入静脉窦。福尔克发现,导血管孔在脑量较大的人属物种中,要比在脑量较小的南猿中更普遍。那么我们可以推断,冷却的头皮血液通过头骨回流,给脑降温,使其保持在最佳温度。虽然福尔克的假说仍有争议,不过它确实解释了古人类脑颅解剖学构造在脑量增大的进化过程中的某些重要方面。

我们认为,脑散热假说同样可以解释为何直立人的头骨增厚在这一物种的进化过程中减弱。压力较低而又纤细的导血静脉很可能难以穿过较厚的头骨,因而难以令不断增大的脑部适当冷却。随着脑部增大,新陈代谢排热增多,自然选择很可能为此而偏好较薄的头骨。

我们对直立人厚重头骨的解释是一种排他性假说——它只是将我们所能想到的所有可能原因说清楚。但是,这一假说对人类行为的暗示,会让那些信奉人类的合作性和社会性是基本适应的人感到不安。我们同意这种观点,但是我们的行为进化极为复杂,远非三言两语所能概括。在我们行为的进化方面,直立人仍有很多可以启示我们的地方,而研究仍将继续。

下一章,我们将讨论龙骨山洞穴有关直立人行为复杂性的主要证据——石器的使用,还有更重要的,用火——这些手段的有效采用,很可能正是脑部显著进化的驱动力。

第五章 /
准人类的适应行为

1921年安特生发现的一件脉石英石器是龙骨山有望发现人类化石的第一条线索。然而,在由古生物学家师丹斯基和步林指导下进行的早期发掘中,并没有报道任何考古遗存。1930年,步达生写道:"虽然观察了该堆积中几千立方米的材料,但是没有发现任何人工制品或用火的痕迹。"[1]这是因为它们并不存在于最初发现化石的洞穴内部,还是因为只是为了挖掘骨头,而未能从大量碎石中分辨出这些不规则的脉石英碎块?我们决定调查一下,因为关于直立人行为的一些重要推断取决于这个问题的答案。

出土证据

最初从龙骨山发掘化石采取的是爆破沉积物的方法,将其中的化石炸松,用镐取出残骸,然后用锤子、凿子和金属探针去掉附着物,最后用筛子筛出遗漏的小块化石。据裴文中和张森水报道,在1927年和1928年的发掘中,"石制品和用火材料未经研究"[2]。早期发掘没有计划,从一个事实可见一斑:在早期一次发掘中,发掘者曾不经意将龙骨山上的整座山神庙都炸掉了[3]。除了在洞穴的地质剖面上标出化石的层

图 5.1　1927 年龙骨山工人钻孔以放置炸药

龙骨山研究初期采用充填黑火药，通过爆炸的方式将沉积物炸松。这些年里，从遗址发现的化石和人工制品标示的位置只是个大概。

位和用随便定义的"地"来指认化石的水平位置之外，并没有化石位置的分布图示。工作组筛选堆积物，从中挑出所有骨骼化石碎块，但是石制品很可能与无法辨认的碎骨一起被丢弃了。直到 1934 年野外发掘洞穴遗址时，发掘者才开始在洞内的水平和垂直方向画出一米见方的三维方格。方格被绘在岩石上，化石和石制品被有序地记录并用分布图标示出来。尽管采用这种材料采集方法，但是自 1937 年——战前发掘的最后一年——以后的岁月里，从未编绘过一张完整的发掘分布图。这正是我们在龙骨山研究的一个主要目标。

北京古脊椎动物与古人类研究所的徐钦琦博士和刘金毅先生，与我们一起全力查寻研究所档案中有关这些发掘的图录。所有现存图录看来都是贾兰坡先生 1941 年原始手抄资料的打印件。当时，日本占领军允许他在魏敦瑞离开之后，继续留在北平协和医学院的新生代研究室工作。白天他设法将他自己的笔记和地图抄录在卫生纸上，然后瞒过卫兵偷带出来。所有其他原始记录，看来都随战时北平协和医学院的关闭而丢失了。

贾兰坡先生在2001年去世之前，为首次构建一幅周口店整体发掘图，让刘金毅复印了他周口店的笔记和地图。我们查阅了所有出版的发掘报告，以及1948年魏敦瑞去世后保存在美国自然历史博物馆图书馆里所有未发表的照片。利用这些材料，我们制作了一张遗址的合成图，利用它，我们能够确定许多现存遗址照片上显示的所有发掘层位的位置，并标出发现古人类化石的所有15个地。

考古学家利用遗址中石制品和较大遗迹的空间分布形态，来解释古人类的文化行为。就龙骨山案例而言，早期的发掘方法和后来许多出土

图5.2 1935年11月，发掘快要结束之时，用白色标出的发掘布方

向北看，那里有一条木板走道通过入口进入下洞。探方为一米见方。标有字母的探方是第0行，这行探方被标为(A, 0), (B, 0), 等等。向南排列的探方数字递增，如(A, 1), (A, 2)，而向北排列的探方数字递减，如(A, -1), (A, -2), 等等。

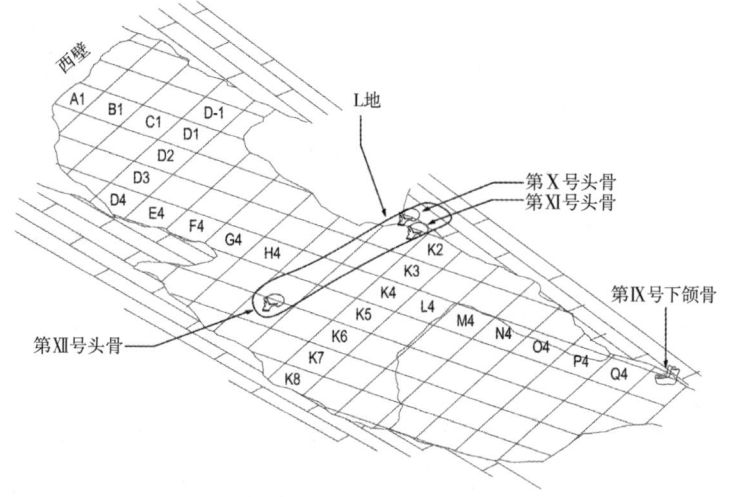

图 5.3 龙骨山 L 地的发现，从西南方向看

上图：第一地点的 L 地 8/9 层第 25 水平层出土了 X、XI、XII 号头骨，绳索围起的区域显示 X 和 XI 号头骨的发掘，而左侧是发现 XII 号头骨的地方（照片摄于 1936 年 11 月 15 日）。下图：L 地发掘平面图，显示了 1936 年在 L 地内发现的三具古人类头骨，以及 1959 年在 10 层第 27 水平层发现的 IX 号成人下颌骨。

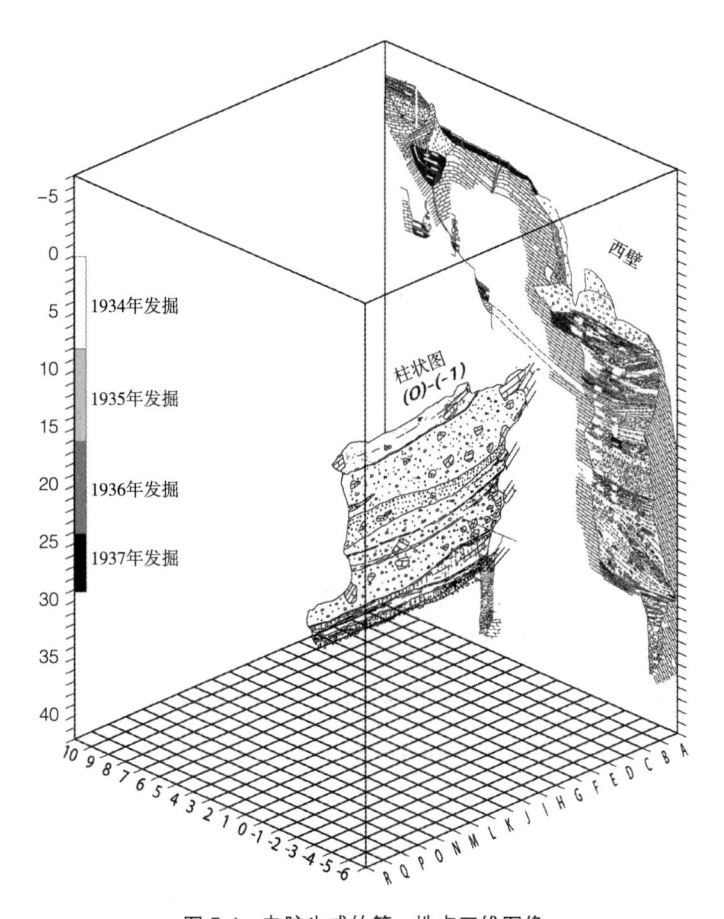

图 5.4　电脑生成的第一地点三维图像

根据贾兰坡先生保存下来的材料制成的第一地点电脑三维图像，显示了主要地层柱状图和发掘中采用的方格系统。此图彩版将许多地点和发现的主要古人类遗骸用色块填入而获成功。

材料的丢失，都妨碍了对遗址许多方面的详细阐释。例如，直立人是否将他们的石器工具遗留在洞口，我们设想那里的采光较好；抑或他们是否深入洞内，用火赶走盘踞在那里的鬣狗？我们的材料不足以解答这些问题。

我们可以根据龙骨山出土的现有资料，对直立人考古学的一般方面做些合理的推演。遗址从上到下的所有层位都发现有人工制品。遗址中，人工制品看来和烧骨集中堆积在一起，表明用火与石器相伴。还有，也许是最重要的一点，在龙骨山的骨骼化石上可以看到许多石器产生的切痕，使得我们能够将石器与直立人赋予它们的功能联系起来。

工具类型与原始材料

因地下水渗透石灰岩而形成的洞穴被称为"喀斯特"［源自塞尔维亚-克罗地亚语，用以描述达尔马提亚沿海（the Dalmatian coast）这类地区］，那里几乎不产出制作优质石器所需的结晶岩。龙骨山古人类因而不得不从远处获取石料，其中大部分似乎是源自坝儿河（周口河）的河流砾石，其他石料则显然需要古人类走更远的路去采集。

经验丰富的学者裴文中和同事张森水，于1985年描述了龙骨山发掘出土的大约17 000件石制品。他们报道了大约44种不同类型的石料，但是绝大多数（89%）是石英。师丹斯基曾在发掘中发现过石英碎片，但是把它们都扔掉了，他认为它们是从洞壁石英矿脉中自然剥落的碎片。裴文中曾在1929年和1930年采集过个别的石英石片，但是一直要到1931年，才确认在龙骨山东部发现了大量石器工具，并将其命名为"石英2层"。在G地，这些人工制品与古人类化石以及类似灰烬的沉积物共出，这些沉积物当时被认为是古人类的用火遗迹[4]。

龙骨山第一件公认的石制品，发现于叫作"鸽子堂"的堆积中。它是由早期龙骨挖掘者开凿的一个朝东的人工空隙，靠近被认为是直立人

图 5.5 龙骨山第一地点出土的脉石英石器

龙骨山第一地点最常见的石器工具是小而锋利的脉石英石片,这里就展示了几件。这些工具被用来把肉从骨头上剔下来,或者用于砍砸器无法做到的、较为精细的切割等其他目的。

仍存活时龙骨山的原始洞口。裴文中1931年发现的许多清楚无疑的人工制品,被一些学者用以表明,老洞口附近的人工制品分布要比洞穴内部的密度更高。尽管这种观点看似合理,因为直立人很可能利用洞前的自然采光来从事与工具有关的活动,但是这很难予以证明。1934年以前的发掘并没有注意寻找人工制品,而且现存的发掘材料太少,无法显示人工制品分布的这种状况。现有比较可靠的材料表明,人工制品相当均匀地散布于龙骨山整个垂直堆积范围之中。

1932年,裴文中开始和德日进合作进行龙骨山的考古研究。德日进是一位德高望重、周游世界的耶稣会地质学家和史前学家,他在天主教会的许可下,在中国进行了20余年的研究。他也参与了英国皮尔唐人的"发现",而此前曾在法国南部著名的考古洞穴工作过。他当时作为一名顾问任职于中国地质调查所。裴文中和德日进考察了当时洞内出土的所有考古发现物,认为龙骨山保存有三个"文化区"[5]。最古老和最原始的是"C区",位于发掘的最底部。"B区"位于发掘的上部,特别在H地,特点表现为古人类采用较好的石料如燧石(火石)制作工具,并采用较好的技术来打制和修整工具。发掘的最上层"A区"保存不多,

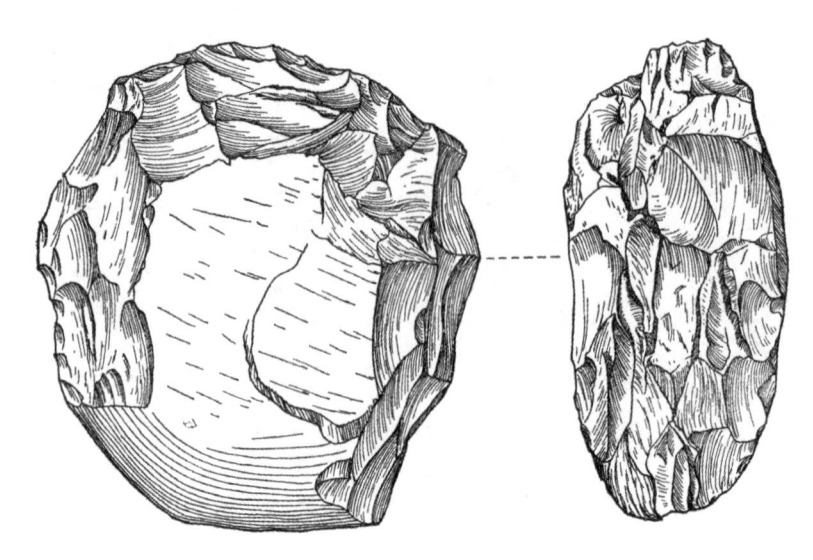

图 5.6　脉石英砍斫器

利用河流磨圆的脉石英卵石制作的一件大型砍斫器，于龙骨山第一地点出土。这种重型工具可能被直立人用于肢解动物尸体。

但是被认为是最进步的。该工作为一系列发掘打下了基础，而现在有了更多的考古发现，即裴文中于 1933—1938 年间对龙骨山第四、第十三、第十五地点以及山顶洞的发掘。

1941 年，德日进在一篇考古概述中写道，"周口店丰富的石工业"可以分为两部分：较大一部分是小型的脉石英石片，他描述为"破碎脉石英的小裂片"；另一部分是数量较少的大型工具，许多是以质地较差的砂岩为原料制成——"整块卵石或漂砾，仅做初步的修整"。[6]我们可以把这些工具有些看作是铅笔刀、解剖刀和削皮刀的前身，有些则是砍刀、斧和薄刃斧的祖型。有趣的是，后者并不包含欧洲最早考古学层位中常见的泪滴形、两面剥片的手斧。而所有工具根本不含任何类似欧洲考古学家发现的与早期智人共生的精致的刮削器、石锥、雕刻器和石叶。德日进总结道："与已经'蒸蒸日上'的西方相反，亚洲更新世早期似乎代表了（从其边缘的地理位置而言）快速进化的古人类世界中平静而保守的一角。"[7]下面，我们将讨论这两组石器打制的重要行为意义。

石器？骨器？

德日进的环球旅行以及与同行大量的书信往来，保证了诸多顶尖学者从最直接的渠道来了解中国的新发现。德日进在法国的一位老友兼同事、杰出的考古学家步日耶（Breuil），通过书信了解到裴文中和德日进的发现。步日耶为此深深着迷。1931年秋，步达生邀请步日耶来华，帮助鉴定当时所发现的石制品。步日耶认为，"这些标本的人工（文化）性质已非常清楚"[8]。但是比石制品更加引起步日耶想象的是——以他欧洲人的眼光看来，它们是极其原始的，因此这种早期古人类有可能是用骨器作为文化适应的基本方式[9]。步日耶最初是因德日进1930年带到巴黎的一块龙骨山鹿角化石底部而产生这种想法的。他"立即看出该鹿角被烧过，并被用石器打制成了工具"[10]。在他1931年的中国之行中，步日耶见到了更多他认为可能是北京人制作的骨角器。

步日耶的创见并没有得到其他龙骨山研究人员的认可。他的观点备受争议，然而单就他的声望而言，他应该有拥护者。他的话有人听的证据是，1934年，步日耶收到正式邀请再次访华，与裴文中一起详细研究骨器。步日耶的观点并没能让裴文中信服，这次合作没能让裴文中成为论文的共同作者。1939年出版的关于龙骨山骨器的专著是步日耶单独署名的。

步日耶关于龙骨山骨工业的假说，总体来说已被遗忘。他假设，北京人将动物下颌骨和单个的食肉类动物牙齿用作武器，并振振有词地发问："有什么能比以其人之道还治其人之身更加自然的呢？"[11]他把许多骨骼化石碎块和牙齿的破损方式归因于古人类的活动。然而根据对现代鬣狗巢穴的比较研究，我们现在知道，龙骨山动物化石的许多破损类型很可能是动物所为。例如，有许多曾被步日耶以为是古人类打制骨器而

图 5.7　步日耶和德日进

考古学家亨利·步日耶（中）通过德日进（左）参与到龙骨山研究中来。照片显示 1935 年 5 月 4 日，他们与另一位无名氏在遗址。虽然步日耶提出的有关周口店古人类广泛使用骨器的假说如今已被摒弃，但是他促进了对遗址采取有序的发掘和记录。

产生的骨片和尖状骨头，与今天鬣狗造成的弃骨类型吻合。还有，步日耶误判了一件犀牛前肢骨（肱骨）化石，上面有多条斜向的、表现为清晰 U 形横截面的动物牙痕，他把它说成是直立人的"砧板"。但是，步日耶的工作依然是了解遗址散失骨骼的极佳信息来源，而他一些正确的观察已被没道理地摒弃了。

步日耶是第一位注意到骨头上疑似石器切痕的学者。步日耶拍摄的一张羚羊腿骨化石的照片，显示有"石器造成的细微切痕"[12]。他进而指出，骨头未经啃咬。

步日耶先驱性观察的重要性在于，它提供了一种潜在的可能性，将确实由古人类制作的石器与动物骨骼联系起来。这不仅在直立人和某种动物之间建立起直接的关联，而且骨头上切痕的方向和位置可以告诉我们许多有关直立人如何使用工具，以及他们在干什么和想干什么的信息。骨骼证据并没有显示步日耶起先的主张——骨头本身就是工具，刚好相反，骨头是石器使用的对象。因此，有关古人类，所有人类学家想揭示其中极重要的一项内容——他们的行为。

考古学家路易斯·宾福德（Lewis Binford）与其同事重新观察了龙骨山早期出土并保存至今的许多化石，以及部分新近由中方发掘到的化石。得益于他分辨考古遗址出土骨骼上石器切痕和动物啃咬痕迹的丰富经验，他见到了大量的切痕，其中有些切痕位于动物咬痕之上（因而意味着直立人有食尸行为)。古人类用锋利的小石片从动物尸体的腰腿部切肉,从头部割下舌头。宾福德从未发现带有石器切痕的骨头再被食肉动物啃咬的情况,这意味着直立人并非自己猎食,而是吃食肉动物口中的猎物[13]。步日耶也注意到一些用石器砸碎而非被切割的骨头。宾福德的观察也有类似发现。他注意到,古人类可能用两种方式处理骨头:切割和敲斫。龙骨山古人类处理骨头的两种方式,和德日进先前提出的两大类石器形态相符:锋利的小石片工具用于切割,粗钝的大型工具用于砍和斫。龙骨山的石器显然是在进食之前,用来切割或砍斩动物尸体的。

用火证据

火可以自然发生,譬如因雷击点燃干枯的草原(这在撒哈拉以南的非洲依然经常发生);也可以人为点燃和有控制地用火。用火,相比其他文化属性,更加被视作人类的标志。但是,直立人和用火之间的关系看来颇为特殊——既不像其他动物,他们已能部分控制火的力量,但也不像现代人,他们对其仍感到恐惧。

龙骨山是证明直立人用火的最古老遗址之一。1931年,即发现第一件确证石器的同一年,步达生首次发现了用火的证据[14],但是步日耶和德日进很可能是最早对此进行观察的人[15]。步达生列举了四条证据来支持其关于直立人用火的观点:炭堆积、火塘里的灰堆、烧骨和火裂石(据估计在营火附近使用)。最近,一些多学科研究小组对龙骨山用火证据的所有方面进行了重新调查。让我们依次看看各项证据。

在下洞堆积中,发掘者发现了一条黑色沉积层。步达生将沉积样品送给北京大学的一位化学家,经过分析,确认是炭。这个结果非常重要,因为许多元素,包括锰和铁都可以污染沉积物,使之变成黑色。于是步达生推测,炭的残留物来自直立人营火的木炭。

一项最新研究推翻了步达生关于炭层的推断。波士顿大学的一位地质学家保罗·戈德堡（Paul Goldberg）和他的同事，重新分析了洞穴发掘中残留西壁的黑色沉积物[16]。他们确定该沉积物就是炭，但有趣的是，这些炭来自洞穴下层（10层），而沉积物形成的主要原因是流水和积水——并不是古人类生火的地方。该炭层是由积水沉积形成的许多片状地层之一。进一步分析表明，这些炭是被水覆盖的未腐烂植物遗骸的有机残渣，根本不是木炭的遗存。

发掘中最初由德日进和裴文中分辨为浅色淤泥的沉积物，在1931年确认了遗址上曾经用火之后，遂被重新解释为灰烬层。步日耶在法国旧石器时代洞穴的发掘中积累了丰富经验，他总是发现古人类的火塘里有大量的灰烬堆积，这有可能影响到这次再分析。

1998年，魏茨曼科学研究所的地质化学家史蒂夫·韦纳（Steve Weiner）和他的同事，重新审视了龙骨山出土的所谓灰烬[17]。他们用对以色列哈约尼姆洞穴（Hayonim Cave）未经扰动的尼安德特人火塘的深入分析来进行对比。他们发现，中国的沉积物中缺乏哈约尼姆洞穴中数量极多、具有标志性的植硅石。植硅石是少量存在于许多植物组织中的微小方解石，用以支撑茎叶。当常年用火燃烧数吨木头后，灰烬中应该会残留大量的植硅石。韦纳和他的同事并没有在龙骨山的浅色沉积物中发现植硅石。因此，它们不可能是古人类将木头燃烧后形成的灰烬。进一步的分析显示，这些沉积物实际上是所谓的风成"黄土"，经由流水二次作用堆积而成。最初，德日进和裴文中将沉积物看作"淤泥"并非误判。但最重要的是，直立人火塘的证据显然已化为乌有。

经得起推敲的最佳用火证据是烧骨。从人类学角度来看，这类证据无疑十分重要，因为它不仅确证洞穴内用火的存在，而且明显表明了它的用途。宾福德和南希·斯通（Nancy Stone）从龙骨山收藏标本中注意到一颗被火烧裂的马上牙，便推测直立人曾经烧烤过马头。其他许多大型哺乳动物单根的骨头，显示有肉骨新鲜时被烧烤过的痕迹，这有力暗示了古人类烧烤和食用的活动。

遗址出土的一部分烧骨呈蓝色、青绿色或灰蓝色。韦纳和他的同事们做了一些实验，发现只有将骨骼化石加热到 600 摄氏度，才会变成这种颜色（新鲜骨头不是变黑就是变成灰）。从该证据得出的结论是，周口店曾经多次燃火，当时这些骨骼化石就暴露在地表。少量火裂石也支持这一证据，因为这些石头太大，不可能是被水冲入洞中的。即使有大量潜在可燃的鸟粪和蝙蝠粪堆积，但在我们看来，在仍有相当多积水的洞穴内，自然起火的可能性远没有直立人将火引入洞中的可能性大。烧骨的地质学背景表明，有些骨头被烧时是带有皮肉的——与烤肉非常相似——加上火裂石的存在，这些证据都说明古人类在龙骨山用过火。

行为的含义

各种证据显示直立人在周口店究竟做了些什么事呢？一些考古学家提出，从洞穴遗址最下层到顶部，石制品明显的相似性表明，直立人是一类非常愚钝的物种。其他学者则指出，中国从未发现过手斧——一种泪滴形、以典型两面剥片出刃的石器，尽管这种工具是非洲时间更早的直立人遗址中的代表性器物。难道龙骨山的直立人发展特别缓慢，还是另有解释？

龙骨山的石器原料可以提供部分答案。石英是当地一种储备丰富的结晶岩，破碎后可以形成锋利的边缘，但是对于打制大型或复杂工具来说，它是一种质地极差的石料。打击石英时，它会沿其节理面以不可预测的形状破碎，即便技艺高超或身手不凡的石器制作者也会深感沮丧。龙骨山古人类只能无奈地利用石英小石片，将动物骨头上的肉割或刮下来。至于更繁重的工作，例如要剖开鹿的胸腔，他们则使用砂岩制作的重型砍砍器。周口店地区有砂岩，但它不是结晶岩——它不会像厚玻璃那样破碎，或形成锋利的边缘。当用蛮力来劈裂肋骨时，它是有效的。

但砂岩无法用来制作那种公认的两面手斧。因此，对于所见龙骨山石器之粗劣，我们认为无须多言，这是受龙骨山自然地质条件所限。我们认为，龙骨山考古研究反映了直立人改造当地环境的总体能力。

关于中国更新世缺乏两面器，还有其他的解释。古人类学家杰弗里·波普（Geoffrey Pope）提出，竹器很可能被广泛使用[18]，这或许是一种代替手斧的方式，然而在遗址中不大可能找到这个证据。这一解释在龙骨山案例中的问题是，竹子今天只生长在华南，根本不见于龙骨山附近。从动物化石推断，也令华南植物群曾经扩展到华北的看法存在疑问。华北也从未见过华南更新世遗址中常见的、以竹子为食的大熊猫。虽然从龙骨山鉴定出不少树化石，但是竹子或类似的热带物种并不在其中。

20世纪40年代，考古学家哈勒姆·莫维斯（Hallam Movius）首先提出，在欧洲和非洲含手斧的遗址和亚洲不含这类器物的遗址之间存在一条分界线[19]。这条所谓的莫氏线位于中亚，向南延伸至阿拉伯半岛。虽然这条分界线的位置向来经不起合理的推敲，但研究人员一般认为它代表了一条文化分野线或生态界线：西边的直立人使用手斧，而东边的直立人使用砍砸器。然而，近来的考古研究已经证实，中国也有手斧，尽管不如非洲遗址那样丰富[20]。有时和龙骨山的情况一样，是由于矿物学的原因而无法制作手斧。而其他的情况，原因并不清楚。但是整个问题的要点是，我们依然不甚了解手斧的用途。或许亚洲直立人并不欣赏它的优点，而觉得用单刃砍砸器干活足矣。

最近，考古学家戴维·霍普伍德（David Hopwood）分析了直立人的石器以及他们使用的石料[21]。他考察了工具制作的复杂性和遗址的方位，以及石头被搬运来制作工具的距离。他的研究结果表明，非洲和欧亚的早期直立人非常相似。大约80万年前，非洲直立人遗址开始高度群集，霍普伍德认为，这种形态表明了较高程度的社会结构和社会交往。然而亚洲的形态则不同，他发现遗址普遍都呈有规则的间隔分布。

在他看来，大约在 80 万到 60 万年前之间，亚洲直立人没有实质性的社会交流，甚至是回避交流。亚洲的工具比非洲工具显示出更多的地域变异，同时，非洲的工具明显更为复杂，在那里原料搬运的距离也更远。这些饶有趣味的发现还有待进一步调查。

直立人在龙骨山挥舞石器并非其拿手绝技，用火才是。我们想象一下，如果仅凭石器在洞内外与大型掠食动物共度时艰，直立人在冰期的中国似乎毫无存活的希望。但是，有了火的帮助，我们会感到他们的生存机会明显增加了。的确，古人类学家多年来一直相信，当古人类走出非洲，向外扩散，火是他们占据欧亚大陆高纬度寒冷地区的一个先决条件。

这种观点认为，最早的用火证据应该可以在欧亚大陆的早期考古遗址中找到。从 20 世纪 70 年代开始，由 J.D. 克拉克（J. D. Clark）和 J.W.K. 哈里斯（J. W. K. Harris）在非洲早期遗址开展的考古研究，对这种看法提出了挑战[22]。克拉克和哈里斯竟然在肯尼亚库彼福拉（Koobi Fora）和切索旺加（Chesowanja）石化的旷原景观中发现了早达 170 万年前的红烧土，这是直立人刚出现的时期。最近，密苏里大学的拉尔夫·罗利特（Ralph Rowlett）对克拉克和哈里斯的材料做了地球化学方面的研究，为这个有争议的假设提供了支持[23]。我们认为这些材料是可信的，而且我们也同意，火最早是由直立人驯服的。但如果确实如此的话，那么古人类最初用火很可能是有其他目的，而不仅仅是用来取暖以对抗冰期的寒冷或在洞穴内照明。非洲稀树草原上的古人类有可能把火用在物种间对食物和空间的竞争之中，他们的经验完全传给了欧亚大陆上不同环境中的古人类。

龙骨山的证据有力表明，该洞穴原先是鬣狗的巢穴，而直立人和一些食肉类、鸟类、蝙蝠和啮齿类动物不时与其分享。火是直立人能够与其他动物进行有效竞争，并在更新世万物争雄的自然界确立其自身地位的最主要的撒手锏。熟食只是这种适应的一个副产品，可以使某些难以加工的食物，如马头变得更易处理且较美味。但是，古人类也有可能像他们的原始近亲猕猴一样（它们也住在龙骨山），拥有足够多样的食谱，无须依靠用火来维持生存。用火取暖在严酷的环境中应该独具优势，但是抵御更新世严寒的主要适应方式无疑是使用掩体而非用火。也是在非洲，小型掩体的年代很可能上溯到人属用火之前，住在里面不用生火也很受用。事实上，如果没有烟囱，燃火产生的烟灰会令窝棚难以居住。

用火能让直立人在与其他物种的竞争中占有先手——这种竞争因伴随冰期开始的气候巨变而加剧。下一章里，我们将了解全球气候和龙骨山当地条件变化是如何影响直立人生活的。

狩猎者、采集狩猎者，还是食尸者？

直立人以往一直被认为是最早从事大兽狩猎的古人类，他们追赶和捕猎比自己大的动物。这个观点部分植根于西方的文化记忆，即狩猎是原始的、农业之前的，以及远古祖先最初的维生方式。这种生活方式的证据，见于类似西班牙中部托拉尔巴（Torralba）和安布罗纳（Ambrona）考古遗址中发现的大型动物骨骸。20世纪60年代，古人类学家克拉克·豪厄尔（Clark Howell）和莱斯利·弗里曼（Leslie Freeman）对它们进行了研究[24]。他们发现大型哺乳动物的骨骸与直立人时代的石器共生。虽然没有找到古人类的骨骸，但是大兽狩猎显然与直立人密切相关。

新一代考古学家对托拉尔巴-安布罗纳和其他古人类遗址中大兽狩猎的解释进行质疑。这些考古学家指出，大象骨骸和石器只不过显示了古人类曾经宰割过大型动物，而且可能食用它们，但并未透露古人类是如何从第一现场获得这些动物躯体的。这些学者使用的最强大工具就是扫描电镜，用以观察考古遗址出土的骨骸表面。扫描电镜显微照片对于分辨骨骸上遗留的各种痕迹至关重要——从羚羊践踏产生的浅平刮痕、食肉动物啃咬产生的深 U 形牙印、啮齿动物反复啃咬的牙痕，到古人类石器留下的 V 形锐利切痕。对早期古人类遗址的反复分析显示，切痕总是覆盖在咬痕之上，表明是食肉动物吃肉在先，它们应该是最初的捕获者。周口店的遗址符合大兽狩猎的这一重新阐释模式。路易斯·宾福德的骨骼破损研究和我们自己的研究，都支持这种解释：龙骨山直立人是食尸者而非猎人。

支持食尸假说的证据，源自一份不甚相关的资料。美国农业部的寄生虫学家埃里克·霍伯格（Eric Hoberg）及其同事们研究了三种感染人类的绦虫。在将它们与所有已知感染哺乳动物的绦虫进行对比之后，他们发现它们与以鬣狗、猫科动物（狮子和老虎）和犬科动物（狗和狼）为宿主的绦虫最为接近。我们知道，感染人类的主要是一种"猪肉绦虫"（*Taenia solium*），它与感染鬣狗的绦虫拥有共同的近祖。据分子生物学研究，它们在 170 万年前（直立人出现之时）到 78 万年前之间在进化上分道扬镳[25]。牛肉绦虫（*Taenia saginata*）和亚洲绦虫（*Taenia asiatica*）是感染人类的其他寄生虫，令人十分惊讶的是，它们也是在大约同一时间，从感染猫科动物的绦虫分化而来的。霍伯格假设，这些绦虫寄生在其迁移的宿主身上走出非洲（例如猪和羚羊等猎物），而"早期古人类开始像大型猫科动物和鬣狗那样，食用同样含有较多绦虫的肉类时，古人类就首次被这些寄生虫感染了"[26]。从古生物学和考古学证据的观点来看，无论从时间上还是从相关的物种方面，都能合理说明龙骨山人类的食尸现象。而绦虫的材料大大增加了故事的可信度。

如果直立人在 170 万年前开始食用这些种类的哺乳动物，或者开始越来越多地食用它们，那他们很可能仅感染了寄生在不同中间宿主身上的绦虫。事实是，三种不同和独立的绦虫源自三种不同的哺乳动物（可能是猪、牛科的羚羊和一种未知的亚洲哺乳动物），它们同时适应了古人类的消化道，这有力地表明来自不同动物的肉类成了古人类食谱的重要组成部分。这样的推想就能解释上述情况，即古人类食用宿主动物，并感染了这些绦虫，它们分化并适应了生活在人类的消化道中。但是，当我们考虑到食肉动物也以同样的猎物为食，因此也会有这些寄生虫时，这个问题就变成了一个多物种的生态学谜团。不止一个，而是三重。那些起先寄生到古人类身上的绦虫，怎么会与感染食肉动物的绦虫共有相同的祖先呢？

为解开这个谜团，也许要从绦虫的角度来想象这个世界。比如，某只猎物鹿吃了绦虫的卵，然后卵在其消化道里孵化。幼虫通过小肠壁进入猎物的血液中。然后，幼虫进入被称为囊尾幼虫的囊裹休眠状态，并深藏在鹿的肌肉中，它们在那里等待被食肉物种比如鬣狗（终端宿主）吃掉，在鬣狗的消化道内，它们可以最终发威，变为绦虫的成虫。对大多数的绦虫而言，这一定是种孤独而危险的生活，它们中的大多数可能无法被掠食动物从幼虫的休眠状态中激活。而且，即使作为中间宿主的哺乳动物被宰杀食用，当它们最终被从藏身的肌肉中解放出来时，也无法在陌生的终端宿主比如直立人的肠道中存活，足可想见绦虫的失望。自然选择可能会惠及某种绦虫，它适应于各种普通的肠道环境，并能够存活下来。最合理的结论是，原先适应于特定中间宿主和终端宿主的三种不同的绦虫，在大约170万年前特化成能够利用新消化环境——比如直立人——的一般寄生虫。这一独立证据表明，直立人适应了一种比以前含有更多肉类的食谱，所食用的物种也更加多样化，并与食肉哺乳动物之间建立起了一种更密切的生态学关系。

绦虫的证据为我们了解直立人和用火增加了重要的细节。我们从其他证据了解到大型食肉哺乳动物也捕食古人类，它们与直立人之间这种密切的生态学关系，很可能让古人类掌握了用火。用火很可能对古人类通过食尸定向获得肉类至关重要，因为古人类只能用这种办法来压倒更大、更快、更强、长有尖牙利爪的对手。绦虫为了解用火提供了另一条线索。只有当肉食被生吃或半生不熟的食用时，绦虫幼体才能存活并感染人类的消化道。我们可以推测，直立人在许多情况下像食肉动物一样茹毛饮血。如果龙骨山的肉是经过烧烤的,那么直立人可能也很少这样食用,否则绦虫是不可能如此轻而易举地适应了古人类的消化道的。

  龙骨山所保存的直立人文化图景,是和我们自身不同的一个原始世界。不管怎样,直立人的文化在当时来说,是一种有效的适应。使用粗糙的石器、仔细控制用火、与危险的大型食肉动物保持一种依赖性的食尸关系,直立人在更新世的日子过得也很不错。他们繁衍、兴盛并不断扩展其地盘。与这一不确定的进化变迁有关的生态条件,将有助于解释这类适应是为何及如何进化的。接下来,我们将走进直立人的世界。

第六章 /
直立人的年代与气候

粗短头颈和弹丸形脑袋的直立人，其体质方面的原始性足以令人相信他是人类的祖先。虽然，起先由步达生描述、后来由魏敦瑞充分完善了对古人类的解剖学描述，但是，古人类学家仍然希望了解更多的细节（对一般公众而言，"北京人"已经成为家喻户晓的名称）。就像且听下回分解的小说或系列电影的续集，外界也急切盼望着来自中国的最新研究成果。围绕着直立人的许多问题，与其外部环境有关。这些化石到底有多古老？直立人能否熬过冰期的严寒？他们来自哪里？凭借体质人类学和考古学传统领域以外的手段，我们能够拼凑出直立人生活的时代和他们所处的环境。

　　关于直立人的行为问题，首先必须将其置于一种环境的背景之中。这些来自冰期的古人类是否生活在冰雪之中，就像现代北极圈里的因纽特人那样适应着，抑或身处不那么极端的环境中？他们是否整年都待在同一个地方——比如龙骨山附近，抑或他们会做季节性的迁移？他们最需要什么样的掩体和衣物？大部分的紧要问题在第一代研究者的有生之年并未被解答（有些至今仍未解答），因为结论必须有待完善的测年技术和多学科的综合研究。直到最近，为龙骨山的化石人类构思一个有可靠根据的故事才变得可能，而这个故事最基本的部分，就是遗址的地质年代。

龙骨山的年代

大约20世纪30年代初,对于发掘者而言,龙骨山第一地点就是一个被填满的大洞穴。沉积物和骨骼在长达几十万年的时间里,以一种大体连续的过程胶结在一起。然而,龙骨山还分布有一些较小而分散、并与第一地点无关的化石堆积。发掘者对它们也做了调查,并称其为不同"地点"[localities,有别于之前描述的第一地点内部的"地"(loci)]。

这些不同地点的相对年代,是以其中出土的哺乳动物化石为判断依据的。这种确定化石堆积年代的方法叫作生物地层学,从古生物学开启之初就被采用。例如,第十二地点位于第一地点东面半公里处,在其出土动物名单上有比第一地点的硕猕猴(*Macaca robusta*)更原始的一种猴子似狒狒(*Procynocephalus*),因而被认为属于早更新世。另一方面,山顶洞遗址(亦称第二十六地点)出土的动物群基本上与现代华北动物群相似,因而被认为属于更新世末期。龙骨山总共有45个地点,年代从晚近的过去向前跨越整个更新世,甚至进入更早的上新世。这些地点讲述了冰期以及之前的中国气候和生物进化的故事。

第十五地点是龙骨山所知最古老的地点。在诸多地点当中,它有许多方面都是独一无二的。首先,它的沉积物是河流堆积的沙子、淤泥和砾石,而且出土的化石几乎都是淡水鱼。第十五地点记录了龙骨山地表相对低于周口河或坝儿河的时代,因为在河流水位很高或在洪水期间,河水淹没洞穴,鱼被冲进洞内并困死在那里。当水蒸发之后,鱼的骨骼便被封存在河泥里,最终变成了化石。由于发现的这些鱼类与其他亚洲上新世遗址中所见的种类相同,因此第十五地点的年代被定为上新世。该遗址从未做过绝对年代测定(能够确定具体年岁的技术),所以这一年代被称为"相对"年代。我们估计,第十五地点的年代为距今500万年至300万年。

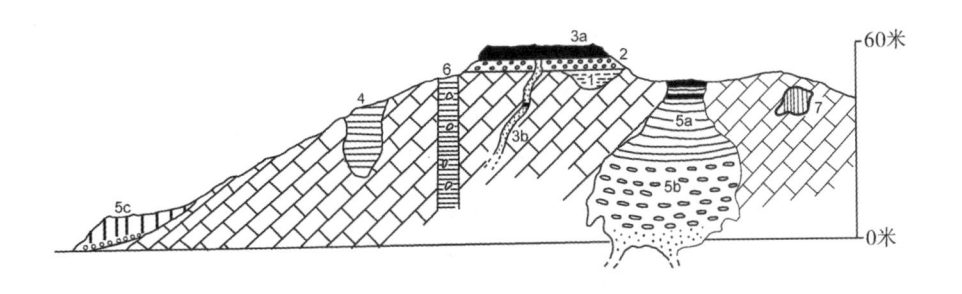

图6.1 龙骨山的各地点

上：德日进绘制的龙骨山各地点及其堆积的地质草图（比例尺不符）。下：龙骨山北视图。龙骨山就像西山的其他部分一样，主要由原来奥陶纪古海洋中的石灰岩堆积而成（大约4亿年之前）。其中更为晚近的沉积物被堆积在这些被抬升的、倾斜和断裂的石灰岩中。龙骨山顶部由晚近堆积中最古老的部分构成——中新世和上新世洞穴系统中的残留物几乎完全被侵蚀殆尽 [1—含鱼骨的"黄砂"；2—砾石；3a—洞穴角砾（石笋）]。第十二地点（3b）是早期洞穴系统充填的裂隙，从其中的"齧猴砾石层"（*Cynocephalus* Gravels）中发现了许多猴子化石。第十三地点（4）是发现了许多鱼化石的早更新世红土堆积，很可能是湖相堆积。第一地点（5a，5b）代表了更新世早中期的堆积，是所知唯一保存直立人化石的沉积。周口河（5c）附近的阶地堆积可能和第一地点时代相当。晚更新世露头的山顶洞（7）可见与第一地点毗邻。第三地点（6）是几乎没有化石的中更新世堆积。

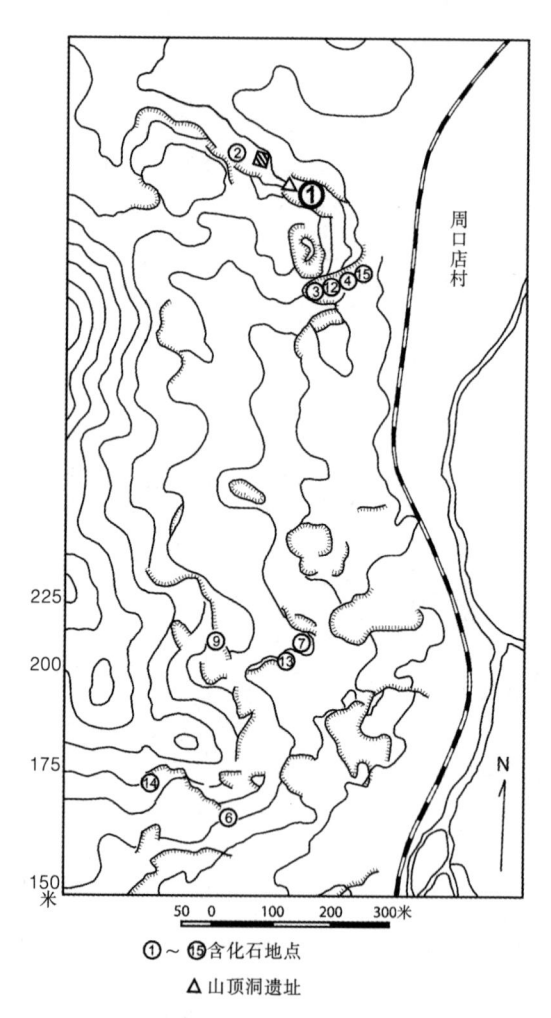

图 6.2 龙骨山最初确立的诸地点地图

龙骨山最初确定的 15 个地点。这张地图上可以辨认出 11 个。只有第一地点（大圈）保存有人类遗存，但是其他地点为重建第一地点直立人出没洞穴前后的古环境提供了有价值的材料。龙骨山现在确定的地点共计 45 个。其他地点参见图 6.1。

在第十五地点沉积后不久，第十二地点形成。这两个地点之间的年代有很长的空缺，因为第十二地点属早更新世，用相对年代测算距今不到200万年。在此期间，周口河河道下切，并呈S形蜿蜒流淌。龙骨山的基岩因受地壳挤压和地壳断层的移动而缓慢抬高。这些地质事件的最终影响是，使得形成中的龙骨山洞穴内部较为干燥。洞穴因而开始适宜陆生动物居住。

德日进首先注意到周口店地区从上新世到现代的平稳抬升[1]，这种抬升解释了化石动物群从鱼到陆生动物的重要变化。他综合了有关龙骨山早期地点的许多信息，并绘制了一张概略图。

从我们关注人类进化的观点出发，龙骨山洞穴抬升并埋入许多陆生动物骨骼是一件好事。但是事实是，洞穴现在位于河流泛滥的平原之上，这意味着河流相沉积无法再进入洞内并掩埋骨骼，使它们石化。现在，只能通过由洞顶或洞壁渗出的地下水，和通过洞穴外露的开口由雨水灌入或由风吹入洞内的沉积物，将骨骼包裹起来——就像钟乳石和石笋的成因。龙骨山洞穴堆积中保存了一些冲入的岩石，但是洞内沉积物的主要类型是角砾岩（意大利语为"碎石"），由洞顶塌落的基岩砾块和石板组成，然后同由水从上面地表冲入的淤泥、沙子和黄土胶结起来。

德日进以一种杰出的推理技巧——考虑到他所拥有的材料——推测，龙骨山堆积的时代很可能与降雨量增加（冰减少）的一段时间有关，因此很可能是相对温暖的一段时期。龙骨山各地点之间的时代空白，可以用沉积周期来加以解释——沉积物和化石仅仅是在更新世的暖湿阶段堆积的。而当冰期将水冻结起来的时候，降雨量很少，没有沉积物被冲入洞内。德日进将龙骨山沉积物（和化石堆积）增加的时期，与更新世"间冰期"这一周期联系起来，即欧洲和北美地质界早就知道的冰期之间的间隔。

尽管受地质学推理的启发，德日进有他的先见之明，但是一直要到对洞穴运用绝对年代测定，沉积史及洞内化石的年代才能得到证实。不

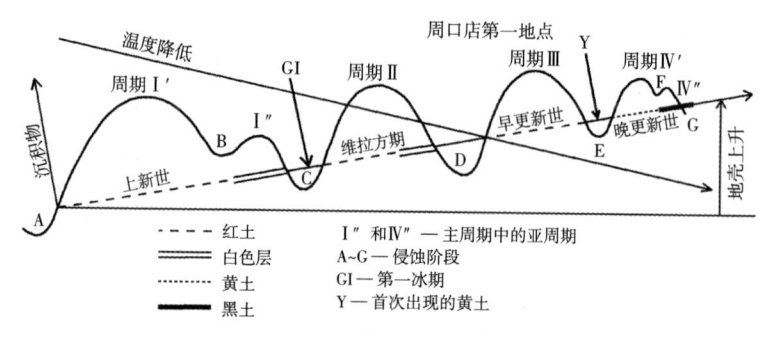

图 6.3 德日进对华北史前气候的设想

Ⅰ至Ⅳ是沉积物增加的温暖期（间冰期），伴随雨量增加和冰川融化。字母A至G，是沉积物减少的冰期。德日进将周口店第一地点定在间冰期Ⅲ（他的周期Ⅲ），这是一段暖湿时期。造成这一气候变化周期的，是沉积物的地质抬升以及随时间推移而发生的变冷的一般趋势。现代研究已经修改并完善了这个框架，但德日进的模型仍旧有效。

过，实际上这听起来容易做起来难。一来，用碳–14 测年，这些材料年代太老，二来又缺乏可用钾氩法测年的富钾火山岩，龙骨山的沉积物只能有待各种绝对测年方法的发展和完善，它们也是近年来才开始取得相同结果的。

锁定时代

人人都知道龙骨山及其化石非常古老。但是到底有多古老呢？魏敦瑞认为，中国直立人比爪哇直立人更进步更像人类，而且他推测中国直立人要更晚近一些。绝对测年帮助解决了北京和爪哇出土的古人类之间的时代关系。此外，随着后来中国有越来越多的古人类化石出土，周口店附近那些洞穴的年代也成了一个问题。中国出土了早期智人化石（较像海德堡人），这与龙骨山化石推断的年龄有所抵牾。这两个物种是同时代的吗？而且，随着非洲发现越来越早的直立人化石，有些甚至可以上溯至150万年前，中国龙骨山直立人的年代看来似乎越来越值得玩味。

中国科学家因而开始认真探寻为龙骨山洞穴沉积物测年的方法。

大部分绝对测年方法的基本前提是，估算一种化学元素的衰变状态。该元素可以是化石本身的一部分，也可以是化石地质背景中的某种成分。地质年代学家——也即研究地球年龄的科学家——已经非常成功地找到了可用测年的元素。许多测年技术采用一种元素的不同形式，这些不同形式被称为同位素，它们原子核中的中子数量彼此不同（根据定义，同一元素的同位素在其原子核中拥有相同数量的质子或"原子质量"）。

碳素测年是绝对测年方法的鼻祖。由威拉德·利比（Willard Libby）于1955年在芝加哥发明，它是测量碳的一种同位素——碳-14（"14"是指原子核中质子与中子的数量）的方法。同位素碳-14是由空气中的氮-14受太阳紫外线辐射而形成。一个中子和氮原子碰撞，将一个质子作为氢释放，并在原子核内增加一个中子，从而变成放射性碳-14。拥有6个质子和8个中子的碳-14，在所有活的生物有机体内的数量是相同的。生物死亡后，不再通过呼吸和消化摄入碳-14，体内的该同位素开始消失。它以标准的速率衰变，随着原子恢复到较为稳定、能量较低的状态而释放额外的中子。绝对测年至关重要的一点是，元素是以可预测的速率衰变的。碳-14的衰变速率是每5700年其核数目减少一半（这段时间即为它的半衰期）。

从地质学的角度而言，碳-14以这样快的速率衰变，大约在5万年后这种同位素的残留就已经过少，不足以再做碳-14的准确断代了。一种新的方法——钾氩法测年，由加尼斯·柯蒂斯（Garniss Curtis）和杰克·埃文登（Jack Evernden）于20世纪60年代在伯克利首创，将绝对测年的时间延长到数百万年前。非洲发现的更早的古人类，它们的时代就是通过钾氩法对埋藏化石的火山岩（富钾）进行校准的。但是反观中国以及世界其他出土古人类的洞穴遗址，却没有一种新的革命性的断代方法。因为非洲的早期人类大放异彩，俗称的"穴居人"便在人类演化新的讲述或是更久远的人类进化故事中备受冷落。

如今，铀系法测年可以将洞穴沉积的绝对年代跨度从 30 万年前推至 100 万年前。铀系法断代的理论从 19 世纪晚期就为人所知，但是，准确判定铀的各种同位素以及在封闭岩石中失去衰变物质的可能，使得该理论应用起来有难度。现在，新的进展使得铀系法测年比较可靠。自然界里存在许多铀同位素，且已知其各自的衰变速率。铀-238 缓慢衰变为铀-234（半衰期为 4.51 亿年），而铀-234 衰变为钍-230 的速率较快（半衰期为 24.5 万年）。铀易溶于水，可以在地下水沉淀的矿物中沉积，例如洞穴钟乳石，亦称石灰华，它们由碳酸钙构成。由于骨头和牙齿具有相同的元素成分，所以可以用铀系法测年来确定骨头和牙齿化石的年龄。

1985 年，以赵树森领衔的中国科学家，能够用质谱仪检测龙骨山出土化石样品中大量的铀-238、铀-234 和钍-230[2]。这是一种通过"捕获"并计算具体能量的电子来准确确定样品中同位素数量的仪器。知道了各同位素的数量及其衰变速率，我们就可以计算出样品的年龄。科学家们对龙骨山洞穴 1 至 3 层确定了两个年龄：23 万年和 25.6 万年，但是一些个别测年的结果偏差比预期的要大。这意味着，有些标本失去了它们的衰变同位素，大概是由于骨骼的风化或其他一些"成岩"变化，因而显得太年轻。在六年后的一项研究中，原思训和他的同事们对第二层精心选样，处理骨骼，进行了更深入的研究，得出了更老、显然更准确的年代数据（数据不太分散）——29 万年[3]。大量数据的平均值相近，他们希望这意味着年代更加准确，但是这也可能仅仅意味着，所有样品在同一沉积中埋藏了几十万年，同位素衰变物丢失的程度相当——这种看法并非没有道理。后来在 1996 年，沈冠军与他的同事们采用更新、更准确的测年技术——热电离质谱法，一种"分段加热"样品来释放其同位素的方法[4]。结果，他们从第二层的石灰华中确认了最古老的铀同位素衰变物。他们认定，岩石的实际年龄要比先前对骨化石的测定更古老——41 万年。新的测年数据，将北京人的年龄前推了大约 20 万年。

新测年数据非常古老，而且是来自龙骨山堆积的上部。其他绝对测年技术也被试图用来确认这一古老年代,并设法确定洞穴堆积最底部沉积物的年代。古地磁测年法,一种根据地球南北磁场在地质史上倒转的奇特现象进行测年的方法,被证明在确定龙骨山洞穴底部堆积的年代上非常重要。沉积物从显微结构上记录了沉积颗粒地磁北极的方位。1985年,钱方和他的同事们对龙骨山沉积物的研究,揭示了龙骨山第十四层存在布容期("正向"极性,其间磁针指向北)和较老的松山期("反向"极性,其间磁针指向南)之间的界限[5]。这个界限作为一个世界性事件发生于78万年前,因此龙骨山第十三层含化石的第一层位年代几乎也有这么古老。最古老的古人类化石出现在第十层,其中的 E 地发现了第一个完整的头骨(Ⅲ号头骨),年代大约晚11万年。这个估算以洞穴堆积的沉积速率为基础。可以确定,龙骨山最古老的直立人距今大约67万年。

龙骨山的准确断代,有可能将中国直立人的气候史和生态学拼合起来。直立人大约从67万年前到41万年前之间,断断续续地占据过龙骨山的洞穴[6]。这一时间段正是我们现在能够确证的中更新世——冰期中气候波动、介于极冷与像今天这样温暖之间的一个时期。

龙骨山的天气报告

德日进有关龙骨山的沉积理论经受住了时间的考验,并且大体上仍然被在该遗址工作的现代地质学家所接受[7]。德日进注意到与该地区地质抬升以及气候日趋寒冷相关的沉积物和动物群的变化。但是,还有一些沉积物和化石的其他变化,是无法单凭高程变化和日益逼近的冰期予以解释的。日渐寒冷的一般趋势中,发生过小规模的冷暖波动。这种记录对于了解直立人的行为意味深长。

2000年,在对龙骨山洞穴所有古气候材料进行的一项出色的综合研究中,中国地质学家周春林和他的同事们将德日进首次发现的气候波动

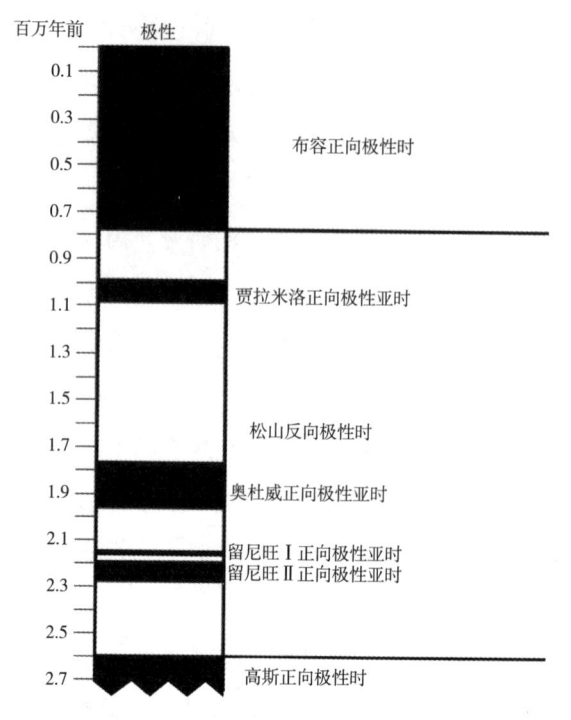

图 6.4 过去 250 万年的全球性古地磁地层

龙骨山沉积物中古地磁的印记有助于对堆积的测年。"正向"是指地球历史中磁极朝北时期,和今天一样。"反向"指磁极朝南的时期。布容正向极性时和松山反向极性时之间的界限发生在第一地点第 14 层,表明遗址含古人类化石的堆积距今超过 78 万年。

与更新世全球气候变化曲线联系起来[8]。现在,他们第一次有可能将洞穴特殊层位(以及它们所含的人类化石与石器)与详细重建当时华北局部环境的状况联系起来。对他们的"综合气候参数",周春林和他的同事们收入了诸如每个地层沉积物风化的测量数据。对于这个参数,他们计算了标准样品中石英砂的单独颗粒数量,并将其数量与矿物长石的颗粒数量进行对比。高百分比的石英显示,从地表冲刷进来的沙子要比源自基岩的长石数量多得多,而且参数的峰值恰与温湿气候状况相对应。在石英少于长石的阶段里,可见有高比例的喜寒植物,如蒿(*Artemesia*)和卷柏(*Selaginella*)。

同位素也在重建古气候中起到了部分作用。1985年，谢又予和他的同事们分析了第一地点沉积物中钡和锶元素的相对数量[9]。当钡相对于锶的比例较高时，可以推断气候较为温湿，因为当沉积物风化时，锶会渗出，并从土壤中流失。这些数据也被周春林和他的同事们用来与他们的气候参数相结合。所绘的锶/钡比率的历时峰值，与龙骨山气候的其他测量数据，如黄土的记录非常吻合。第八章里，当我们把中国直立人和全球格局变化及人类迁徙的方式联系起来时，我们将再谈同位素透露出的气候故事。

在相对"美好的时光"——间冰期，降雨丰沛，温度宜人，可食用的动植物丰富，直立人生活在龙骨山洞穴周围，甚至在洞中居住。我们是从洞穴中的石制品和动物骨头上遗留的切痕等记录中了解到这个情况的。在寒冷的"冰期"，蒙古高原刮来的寒风携带着冰原上干燥的黄土，致使大型哺乳动物南迁。在这一时期，龙骨山的沉积显示只有极地特征的小型哺乳动物和喜寒的植物。在寒冷阶段几乎不见古人类化石。他们去了哪里？

龙骨山的古气候记录意味着，直立人大体上仍是一类热带物种，气候变冷时，他们会迁徙到南方，与喜暖的华南动植物群（例如大熊猫和竹子等物种）相伴，在温暖时期又返回华北。秦岭像是横亘东西的一堵墙将南北隔开，甚至在当时就构成了一道重要的自然及气候屏障。这些山脉很可能充分阻挡了更新世寒冷时期从北方冰原吹来的冷风。当华北太冷而不宜居住时，华南很可能为直立人提供了庇护所。

我们推断的直立人大规模迁徙模式，强调了这类物种与现代人相比所存在的适应局限。诸如因纽特人、萨米人（Saami）①、古印第安人和古西伯利亚人等智人群体，他们都适应于极地附近的严酷气候，建造有效的掩体，通过狩猎、畜牧、采集来成功获取食物，还会用火和制作不

---

① 生活在北欧瑞典、挪威和冰岛北部的土著，以捕鱼和放牧驯鹿与绵羊为生。

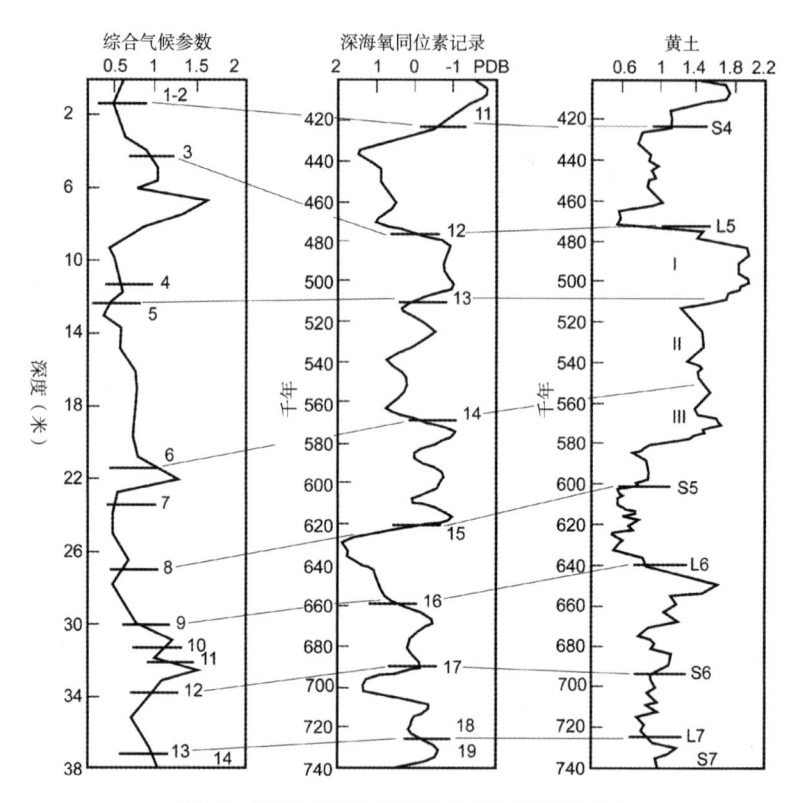

图 6.5 周春林及其同事绘制的更新世古气候波动图

更新世时期，俗称"冰河时代"，实际上是一段从严寒到十分温暖的气候波动时期。这些图表是由古气候学家周春林及其同事绘制（2000年），记录了直立人生活在龙骨山时期的华北气候。综合气候参数结合了来自沉积物风化的数据。深海岩芯记录了氧同位素作用的温度变化。"黄土"是在寒冷的冰期阶段堆积的。综合到一起，这些数据显示，直立人适应于变化的状况，在温暖的间冰期条件下生活在龙骨山附近，而很可能在冰期时迁移到南方去。

错的衣服来保暖。最近有人指出，狗被驯化以帮助智人狩猎并防卫掠食的鬣狗[10]。我们只能得出结论，在直立人身上基本看不到这几项重要的适应能力。

直立人究竟住在哪里？

如果直立人的生活不同于住在极地附近的现代人的生活，那么他们的生活又是何种景象？这些古人类是否住在洞穴之中？如果是，他们如何防卫显然也住在那里的大型食肉动物？如果他们无法有效控制用火，那么他们与火又是怎样一种关系？

我们前面看到，龙骨山直立人在洞内显然并不围绕在一个中心点聚集、吃饭和睡觉，也没有从洞外拿来木头添火。否则，我们会在洞穴沉积中发现标志火塘的植硅石和富硅残留物。我们现在也知道，在更新世的寒冷时期，直立人显然迁徙到较为温暖的南方。从这两条证据我们也能推测，直立人采取了其非洲祖先典型的土地使用方式——露天宿营，可能用树枝搭建轻巧的掩体，周边在地上用石块固定。但迄今为止，尚未在龙骨山内外发现这种营地遗址，但我们可以比较肯定的是，古人类曾在弃有他们遗骸的洞穴中度过了大部分的时间。

龙骨山洞穴的沉积物，没有为我们提供任何有关古人类在那里宿营和长期生活的线索。那里有石器和留在骨骼化石上的切痕，那里还有偶尔用火的证据——这些都证明直立人的存在。但是从考古学的迹象推测，该洞穴并非像过去理论家所想象的那样是一个舒适之家，而更像是一处"打家劫舍"之地。我们认为，古人类有石器和其他武器装备，但当时他们仍不能操控自如地用火。他们闯入龙骨山洞穴，从居住在那里的食肉动物口中窃取肉食。也许，他们从外面带入干柴，用火把照亮洞内，把干燥的鸟粪点燃，吓跑鬣狗、狮子、狼和熊等，以便有充分的时间享用这些猛兽的猎获。

一项对非洲更新世遗址古生态学的有趣研究，为直立人的生态行为模式提供了间接而重要的证据。位于丹佛的科罗拉多大学的莉莲·M.斯宾塞（Lillian M. Spencer）研究了直立人进化初期适于生活在旷原上的羚羊[11]。她发现，适于次生草原的食草物种大约在200万年前数量变得非常多。次生草原是由于气候干旱加剧而起火所造成，或者是人为纵火，至少在今天如此。我们假设，对于直立人而言，火成了一种重要的生态工具，利用这种手段，他们就能拓展其最佳生存环境，并控制其他的物种。当这种适应慢慢变得强大，便足以使他们最终走出非洲，扩散到欧亚大陆。

体质变化伴随着直立人穿越旧大陆的迁徙。体量增加，双腿也相应变长，较长的下肢意味着步伐明显变大，在空旷、被火烧过的草原上觅食，一天里可以走更多的地方[12]。虽然龙骨山的化石保存不够完整，不足以令我们做出直接推断，但是肯尼亚出土的"图卡纳男孩"较为完整的骨架，证实了直立人确有这个解剖学特点[13]。因此，解剖学特点的变化总是与生态相关。在一篇有趣的论文中，琳恩·伊斯贝尔（Lynne Isbell）和她的同事们将长腿赤猴与它的近亲短腿的长尾猴做了比较，认为快速占领大片区域并获取食物，是影响这一解剖学变化的关键因素[14]。将赤猴与直立人做比较，作者认为，是相同的生态和进化动力使古人类的腿变长。直立人确实是为觅食而奔波的。

北京人食谱的证据：脑子和朴树籽，或其他？

生态学可以告诉我们直立人的许多行为，特别是他们的饮食行为。植物性食物对于这种亚热带物种来说无疑仍然非常重要，但是动物蛋白也被证明是直立人食谱的一个重要组成部分。因此，用火很可能十分重要。正如我们从考古材料中所知，直立人从洞内搜寻到的一些肉，以及从食肉动物猎获的残留尸体上割下来的肉并不新鲜，而当时的自然选择很可能偏好烧烤的口味。确实，我们从遗传学研究中知道，食肉动物的绦虫已经寄生到古人类的消化道中。任何能够减少此类寄生虫的行为，都应该对直立人有利。

那么直立人还吃哪些食物呢？宾福德和斯通在第一地点发现的烧烤马头的残迹十分重要，因为它显示了器官肉类——这里是指脑子——也被直立人食用。脑子是食肉动物喜欢的一种含脂丰富的器官。我们也见到，龙骨山的鬣狗费劲地获取落入它们口中的古人类的脑子。

拉尔夫·钱尼（Ralph Chaney）是加州大学伯克利分校的一名古植物学家，曾于20世纪30年代在周口店工作。他发现并鉴定出了大量朴树籽，朴树果实被古人类拿来生吃[15]。钱尼还推测，洞内发现的朴树籽是直立人吃剩的食物残留。但是同样可能的另外情况是，朴树生长在落水洞的垂直开口处，果实成熟后很容易落入洞内。另一种可能性是，栖息在洞内的鸟类吃了果实，种子就随鸟粪留在洞穴的地面上。所以，可惜的是，我们无法从化石证据断言直立人以朴树籽为食，即便它们很可能是直立人食

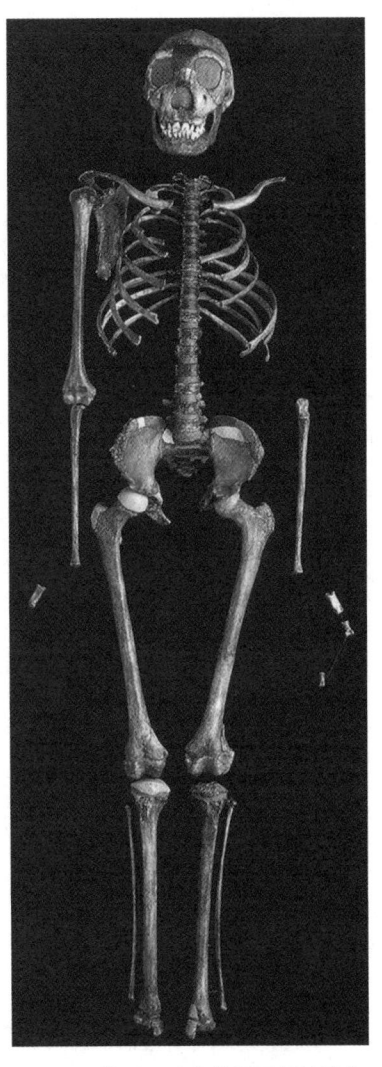

图 6.6 肯尼亚图卡纳湖西部纳里奥克托姆（Nariokotome）出土的直立人，绰号"图卡纳男孩"

这具几近完整的骨架可上溯至 155 万年前，是该物种最完整的早期证据。我们将"图卡纳男孩"的物种命名为匠人（*Homo eretus ergaster*），以区别于较晚的龙骨山和爪哇的直立人。

谱中经常或季节性的食物。

另一个估计龙骨山直立人食谱的方法，是复原当时他们生活区内的植物。通过鉴定沉积物中的孢粉，能够大致了解那里生长着哪些植物。中国现生灵长类所吃的植物性食物，目前只生长在华南，而可能只是在温暖的间冰期才会出现在龙骨山周围。冰期阶段，木本植物和适于森林环境的物种被草原和苔原物种所取代，这很可能是促使直立人迁徙的一个重要动因。

和其他动物的生态学关系

龙骨山的洞穴保存了古人类与大量其他动物物种共生的证据。大型食肉哺乳动物、大量食草哺乳动物和许多鸟类，都是这个生态群落的重要成员。

有蹄类动物骨骼上的切痕，清楚表明了古人类与鹿类的生态关系，比如葛氏斑鹿（*Pseudaxis grayi*）和肿骨大角鹿（*Megalocerus pachyosteus*）。舌头显然是经常被食用的身体部位。而且我们注意到马被食用和明显烧烤过的现象。在那些发表过但现已丢失的化石照片上，犀牛、大象和猪的骨头上显示有切痕。较小的动物包括乌龟和鸟类也被食用。过去一些学者提出的理论是，直立人捕猎这些动物。但是直立人真的能捕获这些食物吗？

考古学显示，直立人的石器技术微不足道。没有长矛这种远距离狩猎工具，或者更先进的梭镖投掷器和弓箭，直立人游群可能很难杀死像披毛犀这样的大型动物。像乌龟这样小型和移动缓慢的动物，很可能是首选的猎物。大型猎物很可能采取尸食的办法。

我们提出了直立人冰期—间冰期群体迁移的设想，认为古人类很可能跟随季节性迁徙的食草动物而移动。早在几年前，生态学家诺顿·格里菲斯（Norton Griffiths）和考古学家玛丽·利基（Mary Leakey）就针对非洲早期古人类提出了这个想法，这很可能也是中国直立人所表现的生态学行为模式。第七章里，在论及全球人群移动和直立人起源时，我们将再谈更新世古人类扩散的这一重要模式。

环境和生态学为我们考察冰期中国直立人的行为特点以及生存方式——智能、手艺和语言——提供了良好的基础。下一章我们将讨论直立人特征中这些最具人类特点的方面。

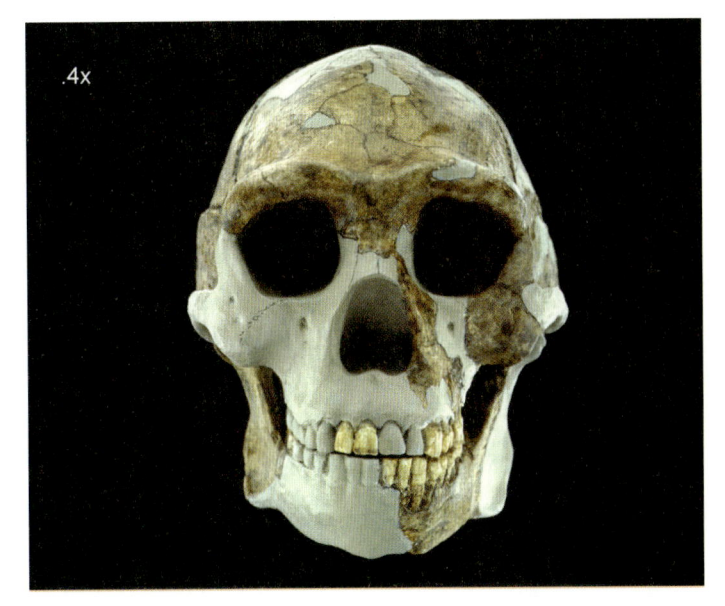

彩图 1　由伊恩·塔特索尔和加里·索耶复原的龙骨山直立人

该头骨的样子与魏敦瑞早先的解剖学复原有所不同，它融入了较为粗硕、可能是男性的化石特点。

彩图 2　第一地点出土的直立人制作的石器

除一件砍砸器外（第一行右），其他所有工具皆为刮削器。

彩图 3　从鸽子堂看龙骨山第一地点的发掘西壁

鸽子堂最初是被传统的龙骨挖掘者开凿的，后来被科学发掘进一步拓展。

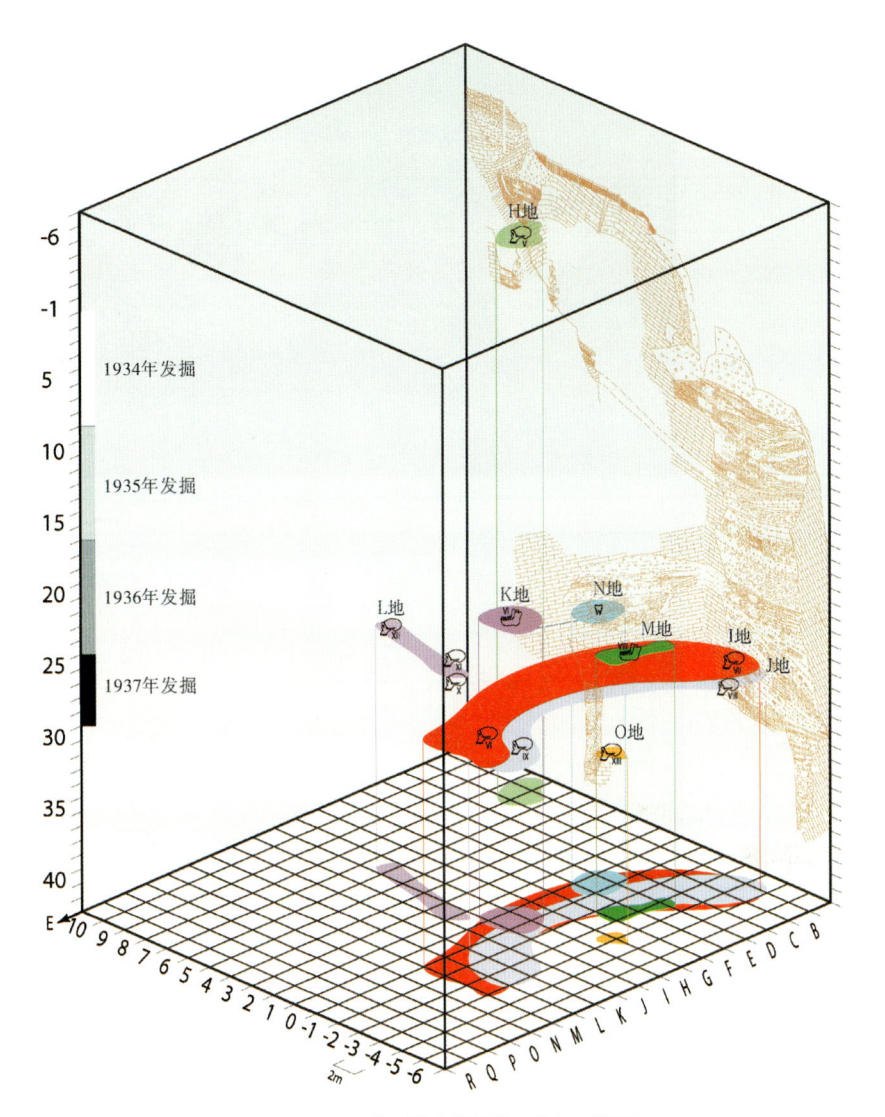

彩图 4　第一地点发掘的三维复原地图

这张三维图显示各"地"（直立人头骨化石的发现区域）的空间范围和层位。数字化处理的资料来自贾兰坡原先的发掘平面图，1941年被他抢救出来。这是一幅发掘的西南向视图，显示了西壁的地层剖面，由中国古脊椎动物和古人类研究所的地质小组于1985年发表。当1934年开始有计划发掘时，探方就被扩大，以涵盖更早的地点。水平是1米×1米的方格。垂直层位也以1米相间，在Z轴上显示的是发掘年份。垂直的比例尺放大2倍，原因之一是为了更好看清地层和地。这幅周口店遗址的数字化视图可以在计算机中进行旋转，得以全面审视遗址的空间关系，为发掘的老照片确定方位，并指导未来的研究。

彩图5　更新世的洞穴鬣狗

更新世的洞穴鬣狗，是龙骨山洞穴的主要居民。按相同比例复制，其头骨如右所示，使左边的直立人相形见绌。

彩图6　龙骨山洞穴的白天

大量的石器证明，直立人曾占据过遗址，很可能是在白天，位于采光良好的洞口附近。火很可能被古人类用来将鬣狗从它们的猎物边赶走，很有效。

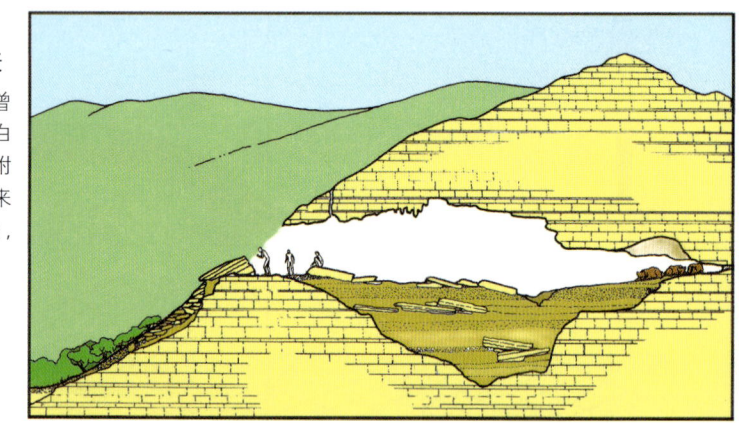

彩图7　龙骨山洞穴的夜晚

夜幕降临，古人类吃完了腐肉，就把洞穴让给了鬣狗。

彩图 8 古人类头骨上的咬痕

这些咬痕表明，鬣狗先啃去脸部，随后咬住颅盖来打开颅腔。阴影的轮廓图显示了第二次"头骨破碎"之咬，显露出鲜美多汁的大脑。直立人头骨上成对的磕痕恰好与其他食肉动物的犬齿相合，比如这头大型猫科动物（中左）。头骨底部被扩大的孔洞（中中）是鬣狗前肢所为，并非古人类的食人之风所致。一件古人类头骨碎片显示有鬣狗的咬痕（中右），另外，古人类股骨（下）显示的表面损伤，与非洲鬣狗反刍出来的现代骨骼完全吻合。

彩图 9 北京人的洞穴之家——北京人的洞穴之家。我们认为，证据不再支持这一假说。

彩图 10　鬣狗的巢穴

新的阐释——龙骨山是灭绝鬣狗的巢穴。北京人（在远处扎营）是洞穴里忙来匆匆的食尸者，而有许多则是身不由己被鬣狗作为猎物拖进洞穴之中的。

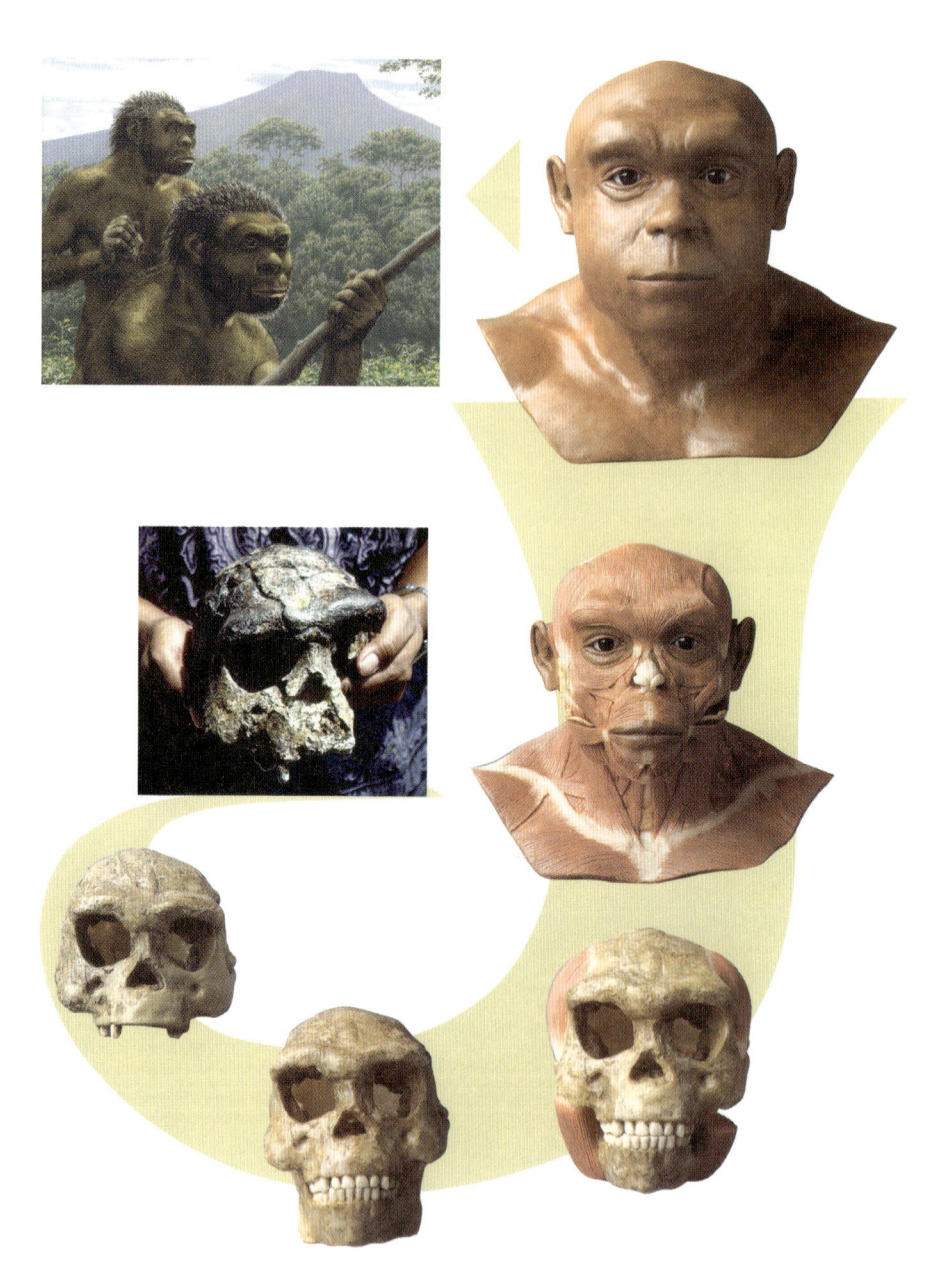

彩图 11　马场悠男复原的爪哇直立人

将骨骼附上皮肉。爪哇直立人阶段的复原，由日本人类学家马场悠男教授根据 125 万年前的桑吉兰头骨完成。左上角以火山为背景的爪哇直立人最终艺术画由画家杰伊·马特恩斯所绘。"爪哇人"生活在热带河流边的低地环境中，四周火山环绕，而"北京人"则住在北方温带的喀斯特地区，气候因冰期而波动。

第七章 /
龙骨山人类的性质：大脑、语言、用火和食人之风

第七章 龙骨山人类的性质：大脑、语言、用火和食人之风

1934 年 3 月 15 日，步达生死在了实验室的工作台上，他双眼的最后凝视，停留在直立人向智人的演化序列上——这些从龙骨山出土的头骨就放在他的面前。然而，步达生从洞穴中得到的古人类，并非他所想象的那种样子。是啊，因为这些古人类要比 20 世纪 20 年代的人类学家们所设想的人类祖先在解剖学上更加原始。虽然步达生的中国猿人没有智人或伪造的皮尔唐人的那种大脑壳和球状头颅，但是他仍旧坚信这是人类的祖先。或许这是他留给我们的遗言的象征意义——在此，我死在了我祖先的骨骸面前。

龙骨山山顶洞出土了解剖学上的现代智人骨骼，这表明直立人应该后继有人，并令人惊讶地被发现在同一个遗址之中，而考古学也提供了更多直立人行为进化的证据——使用工具和用火等似人类的进步行为。直立人的其他一些行为是否具有人的特质则难以解释并颇具争议。现在，让我们考察一些材料，看看直立人是否能用语言交流，以及他们是否同类相食。

言语解剖学

人类说话是大脑、嘴巴、舌头、喉部和呼吸器官极其复杂的协同作用。大部分研究人类言语及其起源的解剖学家和古人类学家一直关注脑。毕竟,人类脑部的显著增大,预示着人类用语言进行交流能力的进化。智人的脑很大,可以说话,而猿脑较小,我们知道它们不会说话(尽管它们能够进行某种象征性的沟通)。直立人的脑量介于两者之间。那么,更新世生活在龙骨山周围的直立人群会说话吗?

据人类学家估算,直立人的脑量在950~1200毫升之间。某些现代人,如所知的小脑人,也有这么小的脑量。他们会说话吗?答案各不相同。许多婴儿期存活下来的小脑人,精神极度呆滞,并且不会说话[1]。其他一些人则正常,极少数甚至高于正常人。19世纪法国作家和剧作家阿纳托尔·弗朗士(Anatole France)的脑子很小(据说只有1040克,大致相当于1040毫升,处于直立人脑量分布的中间值)[2],但是这个事实不知怎么并没有影响到他对语言的熟练运用。他在1921年获得诺贝尔文学奖。就脑量本身而言,并不能为我们提供直立人能否说话的铁证。

步达生首次表达了他的看法,认为直立人脑的解剖学结构而非大小,才是该物种能否说话的证据。在大约1933年发表这一观点时[3],步达生和他的同事收集了所有显示直立人狩猎、用火、制作各种石器的资料——这些行为和考古学时代较晚的人类如尼安德特人的行为相仿。步达生指出,根据龙骨山出土的头骨化石内壁的印痕,可以推测直立人脑的形状和模样。他特别注意到,直立人的脑很可能在额叶和颞叶区有所增大,这很像晚期人类,而和猿类不同。我们脑的这一区域包括语言中枢(称为"布洛卡区"或额下回,以及"韦尼克区"或颞上回)。当它们随着人类的演化而不断拓展,这些脑回之间就会形成明显的褶皱,即

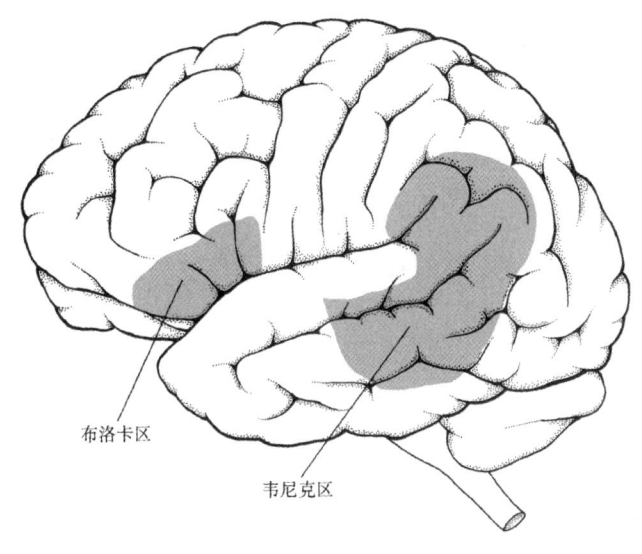

图 7.1　智人脑部的语言区域

人大脑半球的外层叫作大脑皮质。根据对现代脑损伤病人的研究来看,两个区域——额叶的"布洛卡区"和颞叶的"韦尼克区"——被认为是产生和理解语言的基本区域。直立人脑比现代人脑小而低,表明"布洛卡区"和"韦尼克区"还尚未发展到能以人类方式说话的程度。

所谓的塞尔维氏裂(亦称侧脑沟,将大脑的顶叶和颞叶分开)。步达生于1933年指出,直立人显示有类似人的塞尔维氏裂,因此可以说话。自那时以来,许多人类学家一直表示同意[4],尽管他们对从双重间接证据来推断这一重要的行为仍持保留意见——不仅因为头骨内壁并不能很好地反映脑外表,而且脑也会因人而异。有可能的是,一个黑猩猩脑拥有部分类似人类的塞尔维氏裂,而一个能说会道、讲话流利的人的脑部却显示有一种原始的、类似猿类的塞尔维氏裂。我们无法从龙骨山及其他遗址出土的直立人脑颅内模来断定语言能力。有没有其他可以告诉我们有关这类人群语言能力的解剖学线索呢?

大脑之外与语言相关的解剖学

猿脑能够进行复杂的交流，但其表面解剖学结构还不足以令它们说话，大量的猿类符号语言研究大都以此见解为基础。例如黑猩猩沃肖（Washoe）和大猩猩柯柯（Koko），两者都会通过手势表达的简单句子进行交流，但它们无法口吐一词。通过考察人猿之间的解剖学区别，并将这些成果与化石材料进行比较，古人类学家总结出了某些关于发声语言演化的有趣洞见。

喉部的解剖学位置，与古人类能否说话有很大关系。纽约西奈山医学院的杰弗里·莱特曼（Jeffrey Laitman）和他的同事表示，猿类和现代婴儿的喉部位置较高，接近颅底[5]。成人的喉部下降，使得能够操纵其上的空气柱，产生受控的语言表述。莱特曼检视了人类化石，以确定在人类进化中语言大概是从何时开始的。他根据颅底弯曲度来推测喉部的位置——猿类脸下与颅后底部之间弯曲呈钝角张开，而现代人的则呈锐角。在莱特曼的分析中，所有最早的古人类，颅底弯曲度像猿类，因此不会说话。早期智人，现在被叫作海德堡人（*Homo heidelbergensis*），是莱特曼认为其颅底弯曲度足以令其说话的最早古人类。这一分析将龙骨山直立人置于人类进化中不会说话的一类。

舌头也和语言的产生有很大关系。杜克大学的理查德·凯（Richard Kay）和他的同事们检视了猿类和现代人群中支配舌头神经（舌下神经或第 12 对脑神经）的粗细，发现人类的舌神经相对较粗大[6]。如果舌肌的运动神经相对较粗大，那么更多的神经纤维能够通过它支配舌头，控制其细腻的运动。由于猿和人的舌头大小几乎相同，而舌头的其他运动——咀嚼时帮助搅拌食物、吞咽时闭合喉咙和屏住呼吸等——对于人猿超科的所有成员来说都是一样的，凯和他的同事们因此认为，人类舌下神经相对变粗，必定与语言所需的细腻运动控制有关。在化石中，颅底一定保存着骨化的舌下神经管以供分析这项特征。凯和他的同事们认为，非洲南猿和最早的人属拥有细小、似猿的舌下神经，因此不会说话。最早的智人拥有现代人特征的增大了的舌下神经，据此分析，他们应该是最早会说话的人类。就如我们所见，龙骨山的所有头骨都缺失颅底，不见舌下神经管，因此无法包括在凯的研究中，但是其他直立人化石的舌下神经管，都和他们祖先的一样细小。1998年，戴维·德古斯塔（David DeGusta）和他的同事们进行的一项研究对凯的结论进行了质疑。他们声称，从南猿向人属的进化中，他们并没有发现舌下神经管尺寸的相应增大[7]。但是，这类样本数量太少，设想的神经管直径变化难以准确测量。虽然还有待深入研究，但是就眼下而言，有关舌头的一些解剖学特点倾向于与喉部的解剖学证据吻合，表明直立人不会说话。

语言解剖学最终而意外的贡献，来自对肯尼亚北部纳里奥克托姆（Nariokotome）遗址早期直立人骨架的发现和分析。解剖学家安·麦克拉农（Ann MacLarnon）的研究令人惊讶，他揭示出，这个年轻男性的椎管仅有现代同龄正常男性椎管的四分之三[8]。椎管是由脊椎骨从上到下依次整齐堆叠的孔道构成，活人的椎管中包着脊髓。但是，其整体身体尺寸落在现代人范围之内。麦克拉农具有争议的解释是，直立人不具备语言所需的对胸腔呼吸肌的精微控制。虽然这项研究与其他直立人语言能力的解剖学指标相合，但是，还有许多其他神经细胞通过脊髓上部，比如控制手和胳膊运动的神经。就像肋骨之间被用作呼吸辅助肌的运动肌肉的神经偏少那样，直立人脊髓上部狭小的直径，可能与手和胳膊的运动神经偏少有关。需要记住的重要一点是，作为呼吸主要肌肉的膈肌，是受分布在第三和第五颈椎骨之间脊髓的神经支配，因此比纳里奥克托姆化石所保存脊柱的位置要高（它始于第七颈椎骨）。所以我们认为，引证直立人狭窄的椎管尚不足以作为龙骨山人不会说话的证据，而它也许（或反而）指向我们即将讨论的另一个话题——直立人手艺的欠缺。

手艺、工具制作和语言

古人类学家多年来一直在制作石器、脑侧偏化和语言使用能力之间寻求联系。直立人显然已能制作并使用石器,因此该物种许多年来一直被认为具有语言能力,尽管功能水平可能不高。例如,人类学家格罗弗·克兰茨(Grover Krantz)提出了一个吸引人但根本无法验证的观点,即直立人很可能要到青春期才学会说话[9]。

关于语言是人类典型特征的想法也在发展。长年来,人类学家一直或多或少地受到一种"全或无"的文化观的影响。20世纪许多主要的文化人类学家,如艾尔弗雷德·克罗伯(Alfred Kroeber)和克莱德·克拉克洪(Clyde Kluckhohn)就坚信,文化起源就像水的沸点,发生在某个特殊的关键点上,而不是随时间而逐渐演进的。"关键点"观点近来被考古学家理查德·克莱因(Richard Klein)再次提出,他设想有一个基因在5万年前发生突变,突然使得语言成为可能,即语言学上所谓的"有希望的怪物"(hopeful monster)[10]。考古学家论证,工具的使用一直被普遍认为是文化出现的标志。几十年来,他们发现直立人拥有大量石器(早期南猿没有石器),因此根据这一观点,直立人便被誉为人类文化最早的拥有者。随后再加推演,他们便成了最早能够说话的古人类。现已了解的许多方面,对这个观点提出了异议。

黑猩猩的语言能力已经出色地显示,象征性交流无须借助说话。例如,黑猩猩可以用一个红色的三角形塑料片来表示"水",而无须口吐一词,当然,它们也做不到。随着在实验室里和野外对黑猩猩研究的日益增加,人猿之间在交流方面的鸿沟显著缩小。黑猩猩可能形象地代表了古人类一种几近哑巴的交流方式——有象征能力却不会说话。有些灵长类学家甚至坚称,黑猩猩拥有"文化",但如果确实如此,那它一定是非常原始的形式——没有语言。

最早的工具也表明，文化的发展并非一蹴而就。目前在印第安纳大学的塞勒希·塞茂（Sileshi Semaw）与罗格斯大学的杰克·哈里斯（Jack Harris）及其同事一起，在埃塞俄比亚发现了260万年前非常古老的石器，而它们只不过是些砸碎的、带有锋利刃缘的石英片。我们只知道它们是工具，因为共生的化石骨骼上有切痕。无须借助刻意剥片来解释这些工具，古人类很可能只是简单地将石英块用力摔在地上或其他岩石上以制作这些石器。我们可以想象，黑猩猩也有这样的行为。确实，最近黑猩猩石制品的一项发现表明，它们和古人类最早的石器没有什么区别[11]。

直立人是在自然选择下，脑量增长日益显著的物种。这是我们从这样一个事实推导出来的，即头骨化石随时间推移而脑量增大。我们推测，脑量的日益增大，应该反映了内部更多的神经细胞及彼此联系的脑的不断发展，以应对生存面临的环境和物种间的挑战。语言、手艺及脑的日益侧偏化功能很可能都包括在内。但同时，就如第三章所设想的，由于直立人进化出不断隆起的头部来容纳更大的脑，因此自然选择也赋予该物种一种防卫性的头部护壳。这两种适应趋势，在某种意义上是相互对抗着发挥作用的，很可能共同成为直立人复合适应进化生物学的一部分。

我们极佳的化石和考古记录清楚表明，工具制作能力、用火、语言就其出现时间而言肯定并不同步，也许只是在功能上彼此关联。直立人会制作石器，这是毫无疑问的。他们在最早的火塘出现之前就会用火或取火——在欧洲的时间是23万年前——但仍受到一些考古学家的质疑。另一方面，早期的用火证据令我们相信，作为直立人适应重要部分的用火，不一定非要有火塘的存在。石器和用火是重要的文化进步，而我们认为，此二者相结合对于脑量和智力的增长至关重要。另一方面，直立人不大可能以现代人的方式说话，因为我们从其头骨获得的解剖学参数表明，其整体形态和会说话的智人不同。和其他高等灵长类相似，直立人肯定采用丰富的口头交流，如果我们对此能有更多了解的话，我们也许可以称之为"原始语言"。这很可能是一种发声和手势混合的语言，类似美式手势语，甚至唱歌，但是目前我们尚不清楚。不幸的是，我们尚未发现能够证明它的途径。

总之，我们相信，我们对直立人的行为能力有所了解。我们可以说，他们制作石器，把用火作为一种生态工具——如果还不是家庭聚居方式的话（以缺乏火塘为证），而且还没有人类语言。下面我们将讨论直立人行为中最具争议的一个假设——食人之风。

食人之风再受青睐，但龙骨山有证据吗？

就如希罗多德所记载，古希腊人有被称为"嗜食人肉"（anthropophagy）的吃人实践。但是我们知道，这种行为有种更加普通的叫法是"食人之风"（cannibalism）。克里斯托弗·哥伦布（Christopher Columbus）最早用"食人生番"（cannibals）这个词，他从新大陆带回几名"加勒比"（Carib）印第安人到西班牙皇宫展示。虽然以这片海域来命名那里的部落颇为贴切，但是哥伦布在转述"加勒比"一词时将"r"变成了两个"n"（Cannib）。加勒比人是一个高度流动性和好战的社群，他们攻击整个加勒比海岛屿上的所有阿拉瓦克人（Arawak）的村庄。当时的记载报道，加勒比交战的各方会烹食他们死去敌人的心脏，对于欧洲人来说，这是一种令人厌恶的怪异行为。在随后的4个世纪里，更多食人之风的例子被发现和报道，但是很少被可靠的编年史所记载。这些报告中只是穿插了一些案例，因此很难令人信服。后来的民族史学家对许多这类记叙进行质疑，包括加勒比人是否真的从事这种冠以他们名义的实践。不管怎样，用骨头穿过鼻中隔的暗肤色土著人，聚集在一人高的炊煮陶釜周围，挥舞高高举起的长矛的画面，成为普通人脑子里挥之不去的印象。

我们故事中鲜为人知但同样重要的是，在整个20世纪上半叶，考

第七章 龙骨山人类的性质：大脑、语言、用火和食人之风 153

用火的证据——第10层

上部

烧骨和石器共生

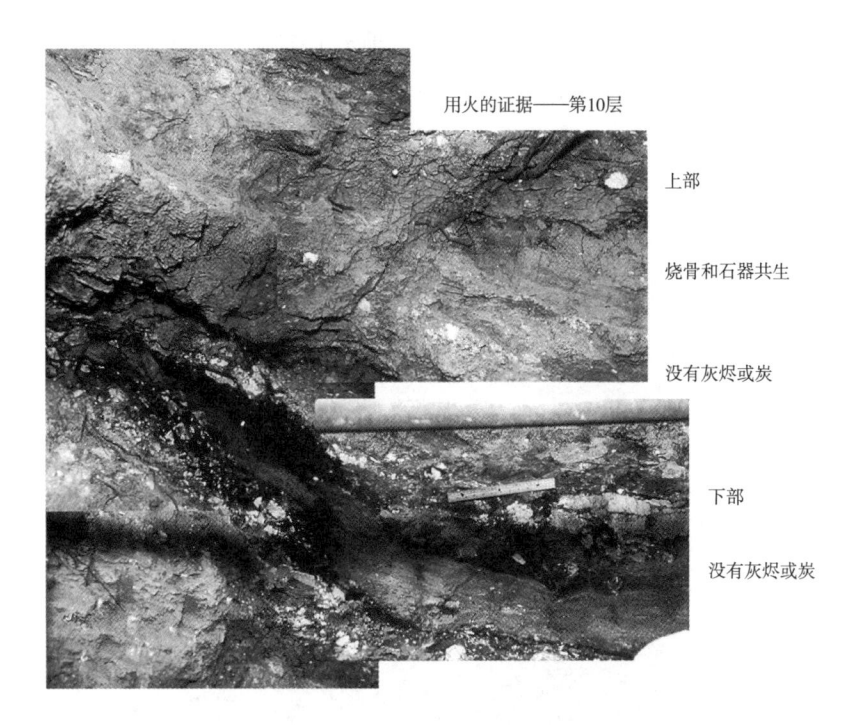

没有灰烬或炭

下部

没有灰烬或炭

图 7.2 龙骨山的用火证据

上图：第一地点西壁第 10 层沉积物的细观，显示烧骨和石器的共生。下图：第 10 层出土的哺乳动物烧骨（可能是一段鹿的肋骨）。此烧骨与古人类活动之间的关系尚不明确，但是遗址内的其他骨骸遗存表明了直立人刻意的烧烤行为。

古发现显示欧洲过去存在食人之风的确凿证据。欧洲最早发现这些证据，是因为这里考古学家的数量要比其他地方多，而他们帮助确证了食人之风是世界性的人类现象。在欧洲，是魏敦瑞首先发现了食人之风的考古证据。德国埃林斯多夫（Ehringsdorf）遗址、克罗地亚克拉皮纳（Krapina）遗址和意大利奇尔切奥山（Monte Circeo）遗址出土的尼安德特人骨骼，上面都有被屠宰的痕迹，考古学家将其解释为食人之风。其中的主要证据，是枕骨大孔周围的骨骼破损，枕骨大孔即位于颅底的圆孔，脊髓由此进入大脑。早期人类显然曾是"猎头者"——将他们的俘

图 7.3　龙骨山出土的巨型穴居鬣狗头骨

许多直立人骨骼带有食肉动物啃咬的痕迹，它们可能是鬣狗的食物残留。龙骨山是中国鬣狗（*Pachycrocuta brevirostris*）的巢穴，中国鬣狗是一种大小相当于现代非洲狮的动物。在更新世，它们遍布欧亚大陆，并在洞穴中筑巢。这类动物被认为以大型草食动物为猎取和腐食的对象。这具保存完好的中国鬣狗头骨，是龙骨山发掘出土的一具几乎完整的骨架的一部分，现展示于中国周口店北京人遗址博物馆。

房斩首，并食用他们的脑子。民族志中有关当代新几内亚部落食人和吃人脑的记录，为这一情景提供了可靠说明。20世纪20年代发现，这种做法与神经系统疾病"库鲁"（kuru）[①]有关，被当地的殖民政府所禁止。

法国考古学家步日耶声称，龙骨山肢骨相对较少，意味着北京人可能是猎头者[12]。现在我们认为，这种现象是由鬣狗啃食并破坏古人类的肢骨所造成的。作为一个解剖学家，魏敦瑞也敏锐地注意到直立人部分骨架的缺失。毕竟，缺失的骨骼令他无法达到他所宣称的目标——完整描述该物种的解剖学特点。魏敦瑞起初认可步日耶基于肢骨缺失所提出的食人见解，但后来又予以否定。他觉得，头骨遗骸的依据更加可靠。这些头骨大部分面骨缺失，颅底围绕枕骨大孔的部分全都不见了，而且，颅底均为大而不规则的破损大窟窿。魏敦瑞借助于他对欧洲尼安德特人材料的知识，将这种一致的破损现象解释为食人之风的证据。

我们认为，魏敦瑞根据枕骨大孔破损而提出的直立人食人之风的说法并不成立。在前面章节里我们已提到，这种破损方式确实是由于弄破头骨获取脑子所致——这是巨型鬣狗而非古人类自己所为[13]。头骨化石的顶部有鬣狗的咬痕——鬣狗巨大下颌的证据——而头骨底部周围却没有石器留下的任何痕迹。

但是，魏敦瑞从龙骨山出土的直立人头骨上注意到的其他破损证据，直到现在都没有被认真考察。在他1943年那本直立人头骨的专著中，他察觉V号头骨上有块地方有些异样，说是有石器反复切割的痕迹。我们重新观察了现存于纽约美国自然历史博物馆第一批标本模型上的这块地方。就我们所知，此前没有学者从龙骨山模型上寻找过石器切痕，而且我们也为自己的发现感到吃惊。在低倍放大镜下，骨骼化石的表面借由石膏模型得以十分完美而真实的显现，表面可以见到许多方向

---

① 一种震颤性急性神经中枢疾病。

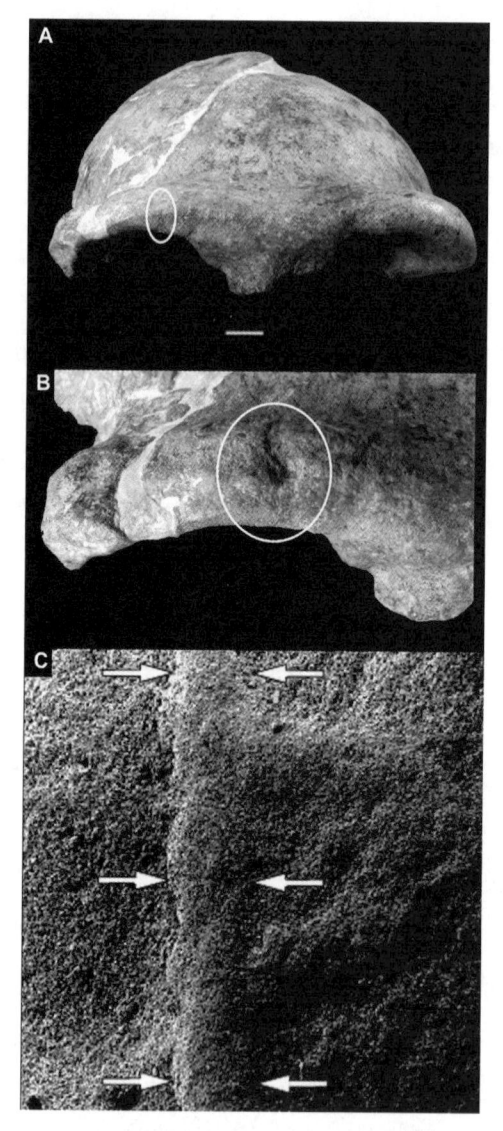

图 7.4 鬣狗在直立人头骨上留下的破损

上图（A）和中图（B）：白色圆圈指出龙骨山直立人 V 号头骨右侧眉脊上疑似鬣狗的咬痕。这件标本于 1966 年由中国发掘者发现。不可思议的是，该标本正好能和 V 号头骨石膏模型的后面几块拼合，后者发现于 1934 年和 1936 年（随后在二战期间丢失）。V 号头骨的额骨（PA 109）是现存唯一的北京人原始头骨化石，因而有助于详细研究其表面破损。下图（C）：V 号头骨右侧眉脊的扫描电镜照片。咬痕部分显示出一个截面呈 U 形的凹槽，为典型的大型食肉类动物咬痕（相对的箭头表示凹槽）。

平行、典型的石器切痕，破损形态与用石片来回锯切腐骨实验所产生的结果相符。因此，我们同意魏敦瑞关于 V 号头骨上存在石器切痕的观点。这些切痕位于头骨左侧颞肌附着部位下方的骨壁上。在解剖学实验室里，我们用手术刀多次对这块肌肉进行解剖与观察——这是用来闭合嘴巴、控制牙齿碾磨时用到的最大一块颌肌。我们猜想，也许直立人用石片工具来从死去的同胞身上割下颞肌，并非为了研究其解剖学特点，或是为了埋葬而去掉他身体上的皮肉（我们并没有直立人这方面的证据），而是为了食用。

在中国，我们观察了 1996 年发掘出土的一件化石标本原件的表面，这件标本与 1936 年出土的 V 号头骨属于同一个体。我们推测，如果颞骨的模型上有切痕，那么化石原件上应该也会很好地显示切痕，而且保存情况更可靠。我们在 V 号头骨的额骨上发现了石器切痕的证据，确认了魏敦瑞对该标本的最初观察。我们认为，V 号头骨显示直立人曾割下其上的肌肉，因此龙骨山极有可能存在食人之风。

现代考古学分析了世界各地许多遗址——北美印第安人和欧洲尼安德特人及其他古人类等——现已明确表明，古代智人或他们的祖先宰杀、烹煮并吃掉他们的同类[14]。食人之风的事实现在已被广泛接受。有关波利尼西亚和新几内亚食人之风的民族志报告被认为最为可靠，这些报告表明，历史上的食人之风与祭祀活动关系密切，被赋予了浓厚的象征意义。另一方面，历史也明确记载有食人遗风，这对身处绝境的人们来说是不争的事实。这里没有象征意义，只是为了应付极度饥饿。那么，对于直立人的食人之风，在上述两种情况里，哪种解释才更有可能呢？

大量可信的证据表明，早至 250 万年前，像晚期南猿这些早期人科动物，就会用锋利的石片把肉从骨头上割下来[15]。没有理由认为，如果不吃从骨头上割下来的这点肉，他们就活不下去。也无须过于惊讶的是，有些被剔除了肉的骨头恰好是古人类的。西班牙大凹陷遗址（Gran

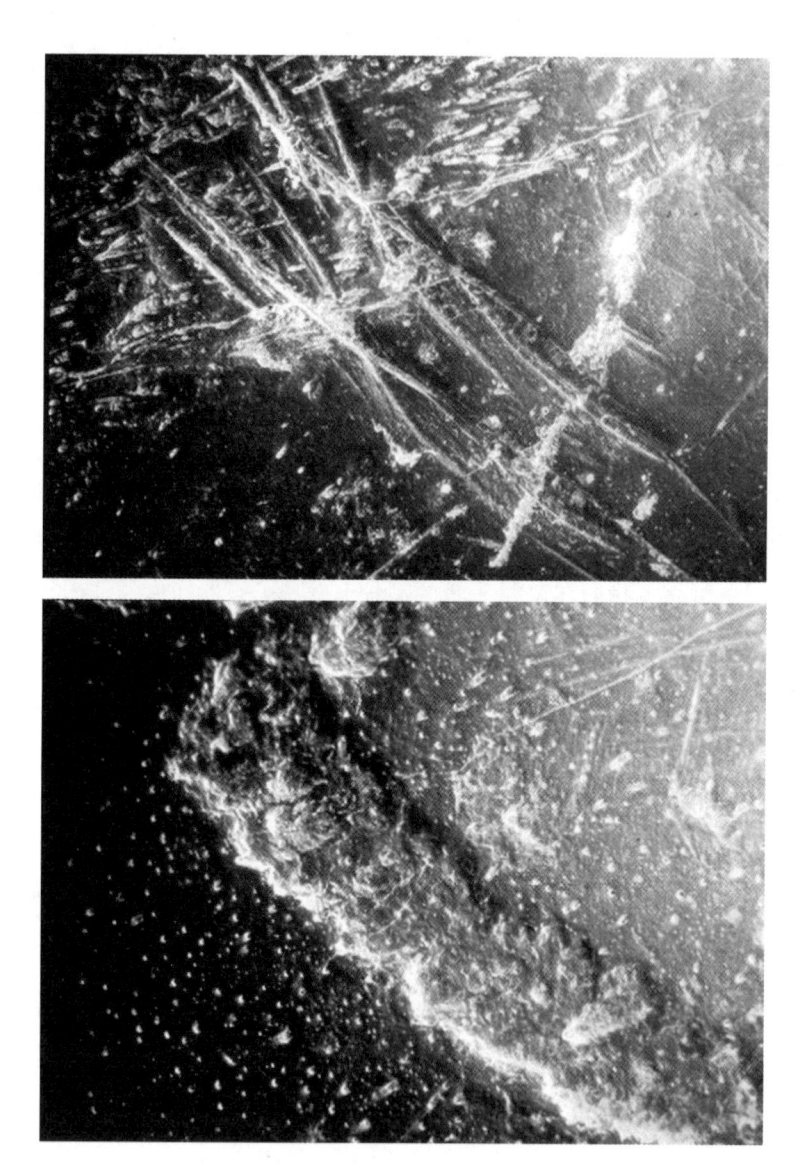

图 7.5 食肉动物咬痕与石器切痕的区别

上图：华北泥河湾遗址出土的哺乳动物骨骼上石器切痕的扫描电镜照片。石器在骨头上留下很浅的、几近平行的、截面呈 V 形的切痕。下图：泥河湾遗址出土的带有食肉类动物齿痕的另一块哺乳动物骨骼。食肉类动物的咬痕较宽，截面呈 U 形。图片放大约 14 倍。

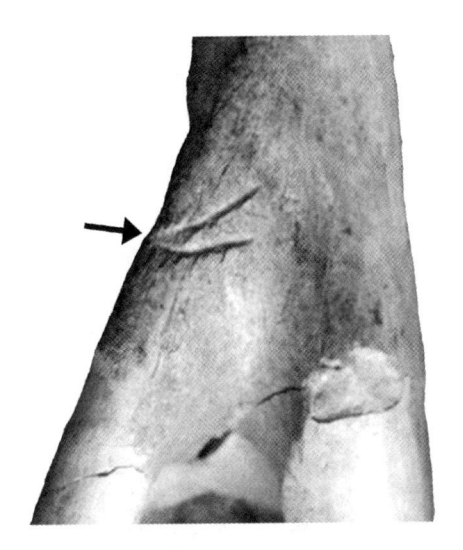

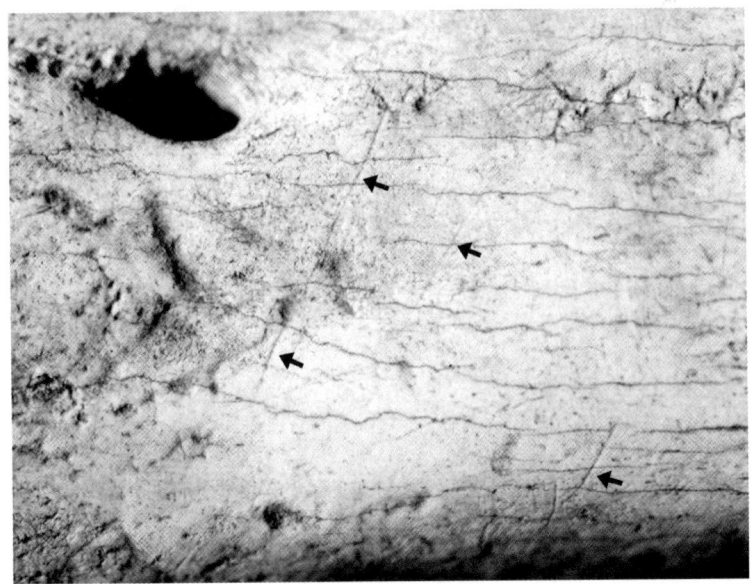

第七章 龙骨山人类的性质：大脑、语言、用火和食人之风　159

图 7.6　直立人的印记

上图：龙骨山第一地点出土的分属于不同有蹄类动物的上前肢骨（肱骨，左）和趾骨（右）上的食肉类动物咬痕。下图：第一地点带有直立人石器切痕的哺乳动物骨骼，为龙骨山洞穴古人类的存在提供了明证。石器切痕往往覆盖在食肉类动物的咬痕之上，意味着大型食肉类动物杀死猎物在先，直立人食尸在后。

Dolina)出土的早期直立人——年代大约在 78 万年前,比龙骨山直立人早一些——也显示了同类相残的屠宰切痕[16]。

不会说话的食人族,以及对直立人思维的推测

根据各种调查方法,我们在本章可以得出结论,有关早期人类最流行、历史最悠久、最久盛不衰的两个概念——不会说话和食人——对于直立人来说都是事实。的确,不会说话是最初给一类原始人命名的一部分原因,"*Pithecanthropus alalus*"(意思就是"没有语言的猿人"),是由恩斯特·海克尔(Ernst Haeckel)于 1868 年首创[17]。25 年后,尤金·杜布瓦借用海克尔的术语,将他在爪哇发现的头盖骨和股骨化石命名为直立猿人(*Pithecanthropus erectus*)。事实证明,海克尔所假设的物种名称,对于直立人来说仍很贴切。不过,这种不会说话的古人类会制造和使用石器。从龙骨山出土的直立人化石上的石器切痕来看,我们可以说,某些原始人从同伴的身上割肉。我们推测,他们这样做,和从其他动物尸体上割肉并食用的目的并无二致。在龙骨山及其他地方,我们发现石器切痕覆盖在食肉类动物咬痕上叠加的次序,表明肉类多数被尸食,它们是由食肉类动物而非直立人猎获的。

只能用咕哝或手势交流,食用半腐的尸体,同类相食并经常猛击别人的脑袋,这是一种令我们感到极其怪异的人类。但是,直立人也是这样的物种,他们会不时释放一种强大的自然力量——火——迫使所有其他动物闻风而逃或甘拜下风,并使他们具有足够的应变能力,扩散到并生活在从热带炎热到冰期严寒等各种栖息地中。直立人,一种成功生活在 100 万年前的物种,展现了一幅另类人性魅力的奇特图景。除此之外,我们还能对其生活做哪些推断呢?

从肯尼亚出土的一件直立人化石(ER 1808)显示,其骨骼中有过量维生素 A、非常痛苦并最终死亡的证据[18]。这很可能是食用太多肉

第七章 龙骨山人类的性质：大脑、语言、用火和食人之风 161

图 7.7 食肉类动物咬痕和直立人石器切痕的扫描电镜显微照片
食肉类动物和直立人在同一件骨骼上留下的破损。这是龙骨山第一地点出土的一件普通鹿类下颌骨化石表面凹痕的扫描电镜照片。骨头上的一个大圆圈凹痕记录了鬣狗一枚犬齿的磕痕，上面紧挨的是直立人用石器造成的很细的线状切痕。图片放大约 17 倍。

食类动物的肝脏所致。理论家们指出，一个人摄入过量的维生素A，在几周或几个月内就会死亡，而且他们认为，当时1808号人的存活，很可能意味着其群体的成员曾照料过她。如果这个推论属实[19]，那么这将是首例化石证据，表明直立人拥有人类一样的同情心。集体凝聚力和合作，可能是该物种能在恶劣环境中生存下来的一个重要因素。

食用一头带有大型肝脏的食肉动物，或食用许多小型食肉类动物的肝脏，足以使维生素A过量，这也许意味着直立人成功或熟练的狩猎行为。老一代古人类学家很可能乐意接受这样的推论，但是今天围绕着狩猎，特别是大兽狩猎的看法[20]，仍然疑云重重。大量现有的考古证据表明，直立人熟练宰割大型动物的尸体——肯尼亚恐象和西班牙猛犸这

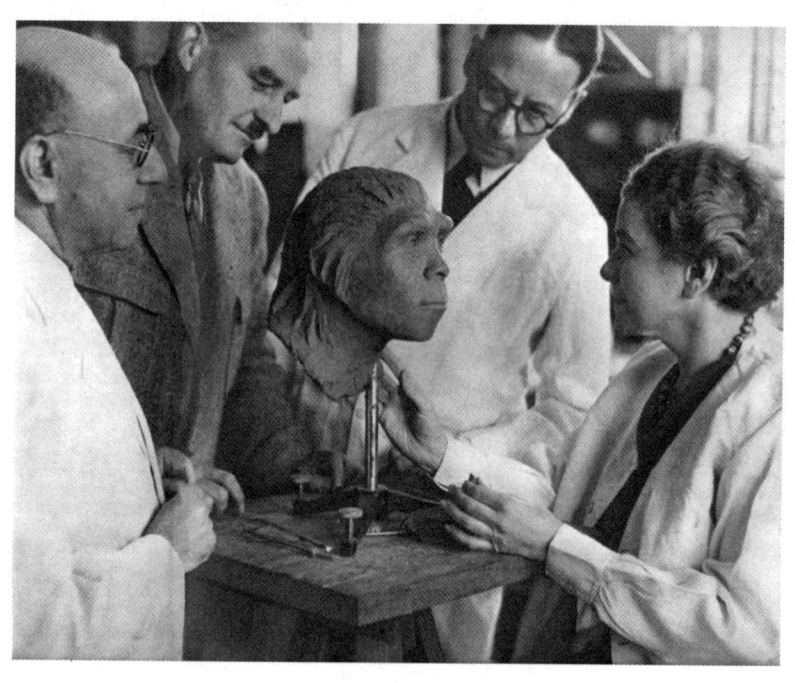

图7.8 为直立人塑像

露西尔·斯旺（右）是20世纪30年代生活在北京的美国雕塑家。1937年，她在魏敦瑞（左）的科学指导下，对一具直立人头骨的组合重建做了软组织部分的复原，昵称"内莉"，因为它被认为是一个女性。二战后，魏敦瑞最初是从中国同事处得知北京人化石失踪的，他们寄给他一张带有询问暗示的明信片："内莉在哪里？"

些象类动物——但是仍不足以证明，古人类是在第一现场猎杀了这些兽类。我们的早期直立人祖先很可能善于捕获小型、相对无防卫能力的猎物，而无法驱赶比自己大的动物。鲁莽——高等灵长类的一种特征，有可能在压倒生态对手，并窃取它们放弃的猎获中发挥了重要作用。火很可能起到虚张声势的作用，即使古人类并不能像现代人那样对它操控自如，但是食肉类只要从用火的直立人那里吃过一次亏，就会学会退避三舍。

食人之风是由现代人从文化上加以渲染的一种行为。实践食人之风的社群举行仪式，并有强大的信仰系统，以决定何时及如何吃人。"人"对于智人而言，不只是菜谱上的另一道佳肴，但直立人则很可能拿它来果腹。古人类骨骼上的切痕，看上去就像其他动物骨骼上的切痕，而且它们在龙骨山和其他遗址人骨上的分布，也和其他动物骨骼上的一样。智人处理食人活动中的人类遗体与动物的不同，因为人类遗体具有象征意义，其重要性远远超过其作为食物的价值。作为仪式和象征性的证据，以及埋葬人类遗体的证据，首次见于尼安德特人群。在此，"人类"对待食人的态度，可能非同寻常；而直立人的食人之风很可能与其他食肉哺乳动物的做法无异。多数习惯吃肉的物种，会吃死去同伴的尸体[21]。对于以食腐为主的某些物种来说，如猪、鬣狗和直立人，这种行为十分普遍。尚无证据表明或无法想象，龙骨山那位将V号头骨上的肉割下来的直立人个体，会认识到他（或她）在搜刮人肉时的人性。

想象直立人会如何看待世界，这既奇妙又困难。考古学家托马斯·温（Thomas Wynn）试图将直立人制作的石器类型与从发展心理学借鉴的概念结合起来，以推测"直立人思维"的某些方面[22]。温认为，最早人属成员制作石器的复杂性，从某种意义而言和猿类制作的相同——是可以切割的、锋利的、随意形成的一些岩石碎片。温认为，直立人及其标志性工具两面"手斧"，表明其认知进化已经发展到一个新的水平。在直立人阶段，一种椭圆形工具形状的概念已经成型——对称和体量("空间尺寸")——这是能人和猿类所没有的。温相信,这一证据表明,直立人的思维能够"构建一个比较复杂的外部世界",而且一个直立人能够"同时协调许多不同的概念"。我们同意发生在直立人身上的某种认知进步,但是同样耐人寻味的是,无论这种进步代表着什么,它看来似乎停滞不前,在几百万年的漫长岁月里,两面器和相同的砍斫器一直主宰着直立人的石器文化。如果肯尼亚出土的图卡纳男孩上部脊髓过小是该物种的特点,那么这种停滞不前,或许与直立人缺少手眼协调的配合有关。虽然许多细节仍不清楚,但是我们认同托马斯·温的观点,他说:"直立人从某种行为意义而言,既非猿亦非人,而正是这个中间地位,使得对其的了解是如此重要。"[23]

第八章 /
始与终：解答直立人出现与消失的根本问题

中国拥有世界上最长的文献历史，有大量重要考古遗址（包括龙骨山）的悠久史前史，还有证明人类演化历程的无数重要化石发现。但是，中国似乎并未保存有古人类[1]起源的证据。更加原始的古人类祖先、这些遗址更早的绝对年代数据，以及分子进化材料，都指向非洲是人类的摇篮。确实，在人属出现之前，中国和远东有非人科动物祖先的高等灵长类，但是在过去的2000万年里，至少有两次重要的走出非洲的群体迁移与这些物种有关。一些早期的群体扩散，可以在中国发现的，被称为醉猿（*Dionysopithecus*）、池猿（*Laccopithecus*）和宽齿猿（*Platodontopithecus*）等的旧大陆猿猴（狭鼻猿猴类）为证。这些小体型的灵长类曾一度被认为是现代长臂猿甚至人类的祖先，但近期研究表明，它们的解剖学特点过于原始，无法被归入人猿超科（包括猿和人在内的总科）之中。它们与现生物种的相似性，不得不归因于平行进化。后来走出非洲的真正人猿超科成员，很可能就成为亚洲那些次要猿类（长臂猿和合趾猿）以及西瓦古猿（*Sivapithecus*）的祖先，其在印巴次大陆可上溯至1200万年前，并可能后来成为亚洲大猿即现生猩猩的祖先[2]。

古人类，我们双腿直立行走的人猿超科各类成员，约在1500

万年前和欧亚大陆的猿类仍然同祖，也许就是形态像肯尼亚古猿（*Kenyapithecus*）的一类物种。非洲，被达尔文认为是古人类先后与其最接近的现生猿类近亲大猩猩和黑猩猩最初分道扬镳的地方。迄今为止，能论证这一进化分道扬镳的化石仍令我们感到困惑。最近的一种观点是，欧亚大陆西部的猿类，如希腊的欧兰古猿（*Ouranopithecus*）和土耳其的安卡拉古猿（*Ankarapithecus*），很可能是非洲猿类的祖先，但是它们如何穿越原始撒哈拉旷原抵达今天它们热带森林的栖息地仍是一个谜。然而，大约在600万到500万年前，古人类的祖先已经出现在肯尼亚和乍得，而发现于埃塞俄比亚、肯尼亚、坦桑尼亚和南非的化石，可追溯至500万到200万年前，这证明了古人类的持续分化是唯独发生在非洲的现象。在这一时段中，欧亚大陆尚未发现古人类直系祖先的化石证据。

现在从古生物学和地质学的证据来看，能够使人猿群体在非洲和欧亚大陆之间来回迁徙的林地和森林走廊，从中新世后期开始就被切断了。非洲和亚洲之间持续了约1000万年的阻断，与广袤无垠且无法居住的撒哈拉沙漠的蔓延密不可分。非洲大陆北部三分之一地区的干旱环境，很可能与喜马拉雅山隆起，以及季风降雨模式大规模变化所造成的集中降雨带西移有关。[3] 基于这些原因，唯一在亚洲进化的人猿超科成员是猿类。在中新世和上新世的大部分时间里，亚洲的化石材料中明显没有人类的直系祖先。

直到现在，龙骨山出土的直立人是欧亚大陆古人类最早的确证。早年解释化石材料进化意义的尝试，因缺乏对时间尺度、物种地理分布范围和标志人类进化的解剖学变化总体背景的了解而受挫。今天，我们有幸能够更好地回答这些问题。现在我们已经知道，直立人来自何方，以及他们是何时进化的。

非洲起源

将亚洲古人类化石与非洲材料联系起来的最初尝试，是孔尼华和菲利普·托拜厄斯（Phillip Tobias）所做的一项研究[4]，后者是南非金山大学雷蒙德·达特原来的一名学生。二战后，孔尼华成为荷兰乌得勒支大学的教授，从爪哇带来一些化石，将他们定名为直立人和莫佐克托人（*Homo modjokertensis*）。为了进行比较，托拜厄斯拿来了奥杜威峡谷出土的化石，他、路易斯·利基和约翰·内皮尔（John Napier）将其命名为能人。他们认为，这两个化石种群之间存在明显的解剖学相似性，他们还推测两者有一种密切的进化关系。他们的结论具有相当的先见之明，但一直要到后来化石的发现，这些结论才获得可靠材料的支持。有些材料就是在最近几年里发现的，两个化石种群的关系也得以梳理清楚。

能人，最早是通过发现在埃塞俄比亚南部和肯尼亚北部图卡纳湖盆地奥杜威峡谷以北大约1100公里的一个地区的化石而逐渐为人所熟知的。本书作者之一（博阿兹）与克拉克·豪厄尔一起在奥莫河堆积中发现了一个带有牙齿的部分头骨，年代在200万年前，我们意识到，这是在奥杜威峡谷之外发现的第一具能人化石[5]。理查德·利基及其同事们在图卡纳湖（当时叫卢多尔夫湖）东部附近的沉积中，发现了一些较为完整的早期人属头骨（虽然起初发现的头骨多数没有牙齿）。专家们对这批早期人属是否代表一个、两个、三个甚至四个物种，仍然存在分歧。博阿兹和他的同事们研究了这批早期人属材料，并认为从能人向早期直立人的进化，是渐进演变模式的一个很好的例子[6]。托拜厄斯在他后来撰写的、能与魏敦瑞直立人专著比肩的能人专著中，得出了相同的解释[7]。图卡纳古人类成为能人向直立人进化过渡在断代上最可靠、论证最有力的一批化石组合[8]。在图卡纳，最早的人属化石出现于240万年前，这是已知人属在地球上最早出现的化石。

170　龙骨山

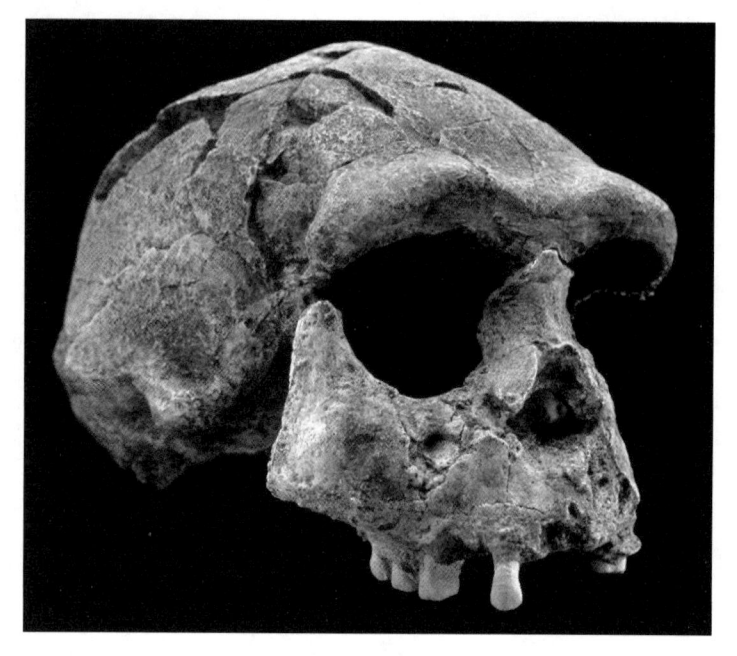

图 8.1　爪哇直立人头骨，桑吉兰 17 号

中国直立人显示出与爪哇直立人相似的解剖学结构，因此关系密切。这是爪哇出土的该物种最完整的一件标本——桑吉兰 17 号——的照片。该头骨的放射性测年数据为 125 万年前，大约是龙骨山最古老的直立人年龄的两倍。

在亚洲，直立人的进一步发现是在爪哇[9]，即孔尼华原来考察化石的佩尔宁遗址，这里曾出土了早期人属的莫佐克托人头骨[10]，年代再次测定为 180 万年前[11]。迄今为止，亚洲大陆发现的最古老的早期人属在中国龙骨坡，由中国同行与本书作者之一（乔昆）为其测年，大约为 190 万年前[12]。它的充分意义尚不清楚，因为这只是一块带牙齿的部分下颌骨，但是却见证了中国在直立人时代之前已有人属的存在。龙骨坡的早期人属，看上去很像格鲁吉亚共和国内距其西部边境 4800 多公里处德马尼西（Dmanisi）遗址出土的轰动发现[13]。该遗址目前出土了早期人属几块下颌骨和三个不完整的头骨，年代在 170 万年前。这些头骨的年代非常接近，其解剖学结构与图卡纳出土的其中一具头骨（ER 1813）非常相似，图卡纳遗址在其南面约 12870 公里处。我们认为德马尼西人属匠人，而 ER 1813 是能人。非洲早期直立人也被一些学者归入匠人，该物种是由人类学家科林·格罗夫斯（Colin Groves）和马扎克于 1975 年为肯尼亚出土的一具早期人属下颌骨（ER 992）所起的名字[14]。

如果我们对化石材料的解读是正确的，那么大约 170 万年前，最早的直立人（匠人亚种）就应该已经出现在非洲和欧亚大陆了。他们的直系祖先可能是 240 万年前的能人，而当时仅限于非洲。然而，这批古人类群体从何而来？我们认为，答案非常明确，他们源自南猿非洲种，由雷蒙德·达特在 1924 年发现于南非，正好是在龙骨山出土第一颗北京人牙齿的三年之后。直立人的祖先是否就是达特最初提名的南猿非洲种，还是比较晚近发现的几类古猿中的另一种，还需拭目以待。但是，

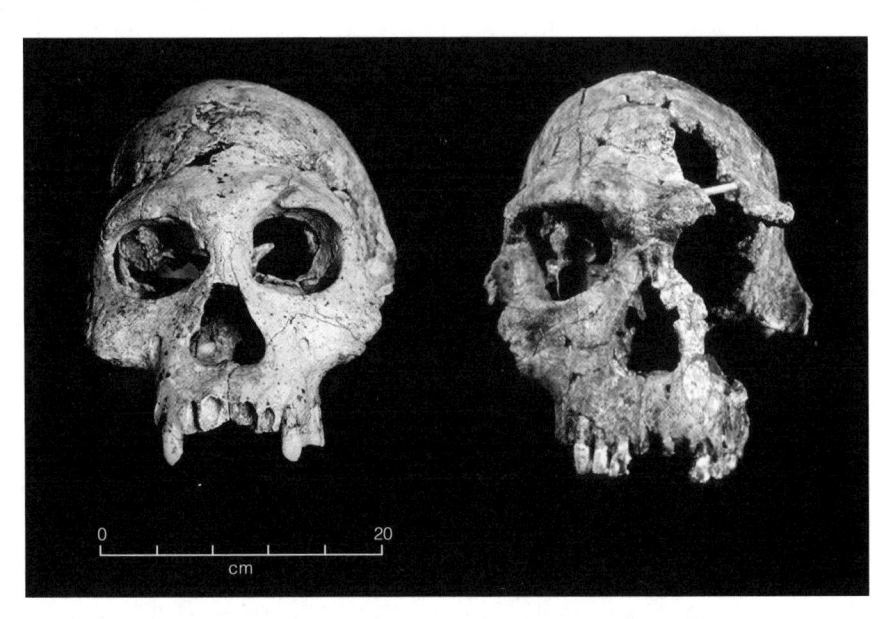

图 8.2　德马尼西遗址的直立人头骨和德马尼西人头骨

迁移到欧亚大陆的最早直立人。最近发现于格鲁吉亚德马尼西遗址的直立人头骨化石（标本编号 D2700，左），是非洲以外这类物种最早的记录。定年在大约 170 万年前，是与德马尼西人相似的一些群体，很可能是较晚的龙骨山中国直立人的祖先。德马尼西人本身很可能是非洲能人——可以肯尼亚图卡纳湖东部出土的化石 ER 1813（右）为代表的后代。

欧亚大陆没有任何早于 200 万年的化石证据（即使有大量的化石遗址），并几乎没有人属祖先渊源的可能性。北京人和其他欧亚大陆的早期人属群体，根本上都来自非洲。

非洲：泄漏的熔炉

如果确如我们所认为的那样，古人类起源于非洲，那么确定数百万年前有关他们扩散的情况就非常重要。非洲一直是人类起源的熔炉，但由于某种原因，它大约在 200 万年前开始外泄。我们认为，第一次外泄始于原始撒哈拉沙漠干旱区扩张之时，面对干旱，古人类被迫向北迁徙，并走出非洲[15]。

迄今为止，下面有关直立人进化的假设最为合理：大约 150 万年前，能人（或匠人）在非洲进化为直立人，然后该物种扩散到欧亚大陆。但是，欧亚大陆三个不同地区的古人类遗址年代测定（爪哇的莫佐克托/桑吉兰、格鲁吉亚的德马尼西、中国的龙骨坡）都明显早于 150 万年，显然古人类在此之前就已存在于非洲以外的地区。在发现德马尼西头骨化石之前，这些古人类的身份仍不确定。现在清楚的是，该物种的解剖学特征与非洲晚期能人和最早的直立人非常相似。托拜厄斯和孔尼华最初关于非洲和欧亚之间存在密切联系的推论被证明是正确的。

利用这些新材料，本书作者之一（乔昆）提出假设，匠人［这里是指直立人属匠人种（Homo erectus ergaster）］来自非洲，并在亚洲进化，发展成我们正式定名为直立人属直立人种（Homo erectus erectus）的一类亚种[16]。对于源自同一物种的非洲直立人属直立人种的进化，也可以做出同样有说服力的解释[17]。我们相信，我们能够协调假说与观察，并将它们建立在一种新的古人类进化阐释之上。

首先，如果在非洲和亚洲发生过相同的进化变迁——相同时间里发生相同物种的过渡——它们必定相互关联。190 万年前的非洲直立匠人群体，很可能与亚洲直立匠人群体有遗传上的联系。这听起来很像魏敦瑞 1947 年提出的古人类演化观和它的现代版本，多地区进化说——有许多群体广泛分布的一类物种，通过宽泛的基因交流联系到一起。尽管大体相同，但是新的遗传学材料和阐释，与该模式的一些细节有所抵牾。

来自现生人类的大量分子材料表明，我们能在人群中进行比较的生物分子的进化支脉都很短。那些特殊分子快速进化，它们会汇聚成一个共同祖先的分子结构，但不会早于 20 万年前[18]。分子遗传学家将这种典型人类基因组的生化起源，与论证大约同一时间非洲智人的化石证据联系起来。许多古人类学家同意，这些材料确证了智人在这一时段出现于非洲，然后扩散到欧亚大陆。不过，我们认为，分子材料一直被大多数分子遗传学家和古人类学家普遍误读。缺失的视野，源自较老的一个遗传学分支——群体遗传学（population genetics），它在 20 世纪上半叶才崭露头角。

许多分子遗传学家持有的人类走出非洲的想法——我们要记住，他们的主要材料来自实验室的试管和电泳凝胶——围绕着一名非洲古代女性的抽象古人类群体，当然，出于营销目的，她被命名为"夏娃"，而古人类学家的主要材料只是零散破碎的骨骼化石和打制石器，他们想象的古人类向欧亚大陆的扩散，类似于一支手持长矛的褴褛游群，步行至小亚细亚，目光越过地平线，眺望着欧亚大陆这片乐土。由于我们拥有的材料太少，也许我们能够容忍这种类似 B 级片的短镜头。我们几乎可以耳闻，游群领袖正在激励人群前行，不断繁衍壮大。

群体遗传学是这样一个研究领域，它运用数学方法和现代物种的野外分析方法，其结论既可以避免研究兴趣集中在过去的古人类学家的观点，也可以摆脱只关注实验室研究的分子生物学家的看法。然而，群体遗传学的统计表明，单一的古人类游群不可能，而且肯定也没有某个绰号叫"夏娃"的妇女，曾经穿越并走出非洲，"取代"了所有的古人类群体。但同样不可能的是，欧亚大陆不同地区的古人类群体，简单地就将非洲来的新移民全部融入他们的基因库。那些居民是被作为遗传学物种所取代的。这只能随时间推移而在许多人群中发生——故事情节的戏剧性不强，但结局比较引人注目，因为实际情况可能正是如此。

一种新的进化模式：渐变取代

群体遗传学已经论证，在生物群体内部进化的物种称为种群。种群里的基因并非在从父母向子女的传递当中杂乱无章地漂移。在诸如群体规模和自然选择这些决定该群体实际上如何进化的事情之间，有着特定的法则和规律。比如，当种群繁殖个体的数量减少到非常少时，大量的遗传多样性就会消失，而种群会经过一个所谓的瓶颈。许多物种已经得出了种群规模与遗传多样性的数学关系。计算发现，以古人类一个奠基游群的简单模式来解释所有现生人类，以我们在智人中所见的分子变化的层次而言，世界人口很可能只有大约1万人。这显然数量过少，而且它强烈显示，人类进化的种群模式存在某种重大错误。

科罗拉多大学的遗传学家埃莉斯·埃勒（Elise Eller）提出假设，认为一种前后相继的种群绝灭和再移入的模式，能够解释人类进化中的这种分子形态[19]。她的研究结果并不支持由多地区进化假说所做的推测，但却提供了一个基础，以期了解早期人属很可能有较大的人口规模（我们根据化石地理分布所做的推断）与很小的"实际人口规模"（由遗传学材料显示）之间的显著差异。由快速进化的生物分子来判断的遗传多样性，会随局部种群的绝灭而消失，导致对过去的种群规模得出很低的不实估算。一个相邻且有关的种群，携带着一批通过渐变遗传获得的该绝灭种群的基因，后来移入这一地区，并居住下来。如果这样一种进化变迁的模式发生过成千上万次，那么经过千百万年，我们会见到快速进化的分子变化的短支脉。

埃勒的观察极其重要，但也令我们陷入窘境。我们如何使新的、令人信服的种群遗传学讲得通，而同时又能说明从化石所见的进化变迁的显著同步性？我们需要一种模式，既能解释过去广布的古人类群体的相互关系，就像我们在非洲和欧亚大陆190万年前所见的那样，又能解释人类祖系很短的生物分子历史。

我们提出一个假说，它既能解释我们基于古人类化石的独立观察，又能解释许多遗传学家对分子进化材料的观察。在亚洲和非洲，直立人属匠人种同时向直立人属直立人种进化，是因为种群之间的遗传关系，但是研究现代人群的快速进化的生物分子材料并没有记录下这一相对较早的事件。智人快速的分子进化变迁模式，被用来叠印（overprint）[①] 到以前的遗传变化中。我们认为，这种叠印与人类进化晚段时间里较为完整的化石记录共同作用，造成了物种整体取代的印象，就如"最近的非洲起源""走出非洲"和"线粒体夏娃"取代说理论家们假设的那样[20]。我们相信，我们的模式同时解释了取代说和多地区说两大阵营的观察，并使化石证据在靠得住的遗传学和种群模式中也讲得通。

现生的人类物种，是以渐变群存在的——也就是以地理范围定义的、拥有不同基因频率（和体质特征）的群体，他们在边缘地带融合过渡。在过去，这种体质特点和基因频率在地理分布上的聚集被称为"人种"。人种的叫法已不大流行，因为长期以来它与践踏人权和种族灭绝相伴（就像纳粹时代的"种族纯洁性"、美国的"种族分离"、南非的"种族隔离"和塞尔维亚-克罗地亚的"种族清洗"，这只是几个例子）。但是，在一个半世纪以来，生物人类学家分辨和研究地理隔离所形成的人类差异发现，它确实存在。遗传学家对其进行测量，而法医人类学家能够从谋杀受害者的骨骼上将其辨认出来。"人种"是一种地理位置意义上的生物学差异，它常常与"族群"（ethnic）相混淆，实则两者截然

[①] 该英文术语没有恰当的中译，其意思是后来的分子变化会叠加到以前的变化之上并加以覆盖，使得以前的印记变淡，后来的印记比较明显。

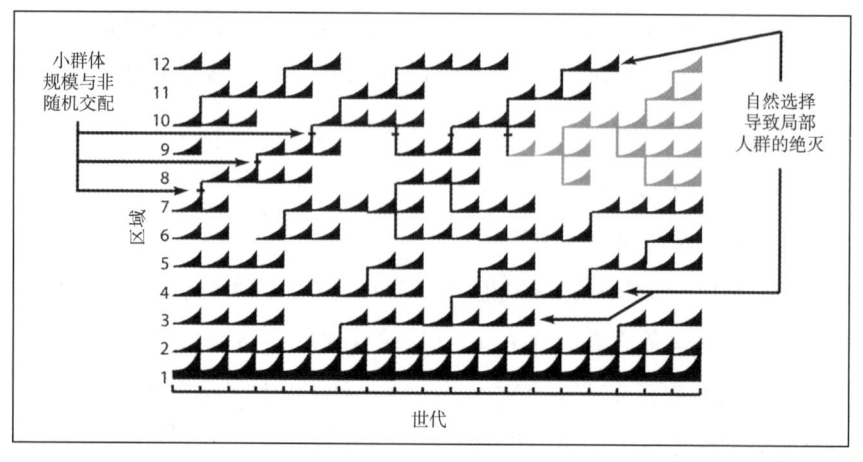

图 8.3 渐变取代的人类进化模式，根据遗传学家休厄尔·赖特的图改制

渐变取代，群体遗传学家休厄尔·赖特（Sewall Wright）于1940年提出。指一批理想化群体跨越12个区域，历经19代演化的模式。程式化的人口增长曲线上扬，然后与新一代人相联，或通过基因交流与一个邻近地区相联。一个渐变群是一个物种内部一批彼此相关的人群，沿地理分布的梯度显示特征的差异。如果我们在本图中，第九代从区域1走到区域12，我们便横贯了一个渐变群。当从区域5跨到区域6，并从区域8跨到区域9，会有稍大的遗传学不连续性，因为这些区域之间基因交流较少。在某些时段，诸如区域12中的第六代，一个渐变群绝灭。然后，一些有点关系但并不相同的群体就会移入，重新占据这个区域。这就是我们假设的、最终以说明人类进化中新物种出现的动力机制，就如直立人从能人、或智人从海德堡人进化而来的情况。渐变取代解释了这些物种转变如何能够显示区域内特征的连续性，而同时又解释了进化中新物种出现的原因。

不同。一类"族群"是文化上定义的单位，虽然起先也是由地理范围划分，但是它基本上是根据语言、宗教、习俗、服饰和其他习得行为来定义。族群认同和文化是相互交织的，并对人群的遗传学产生许多重要影响，但是它们不是一码事。

今天遗传学家乐意说人种并不存在，因为一个群体内部的差异，甚至超过了不同群体之间的差异。这种说法对从人群来了解基因交流的立场而言极其重要，但是对我们是否用"人种"这个词的立场而言则毫无意义。它之所以重要，是因为人类群体倾向于与自己群体以外的成员进行繁殖，也即从临近群体中选择心仪者作为配偶。这种外部通婚的倾向被叫作"族外婚"。族外婚是一种文化调节的行为，它会模糊不同人群地理分布差异的界线。族外婚会受地理上的距离和自然屏障的阻碍。两批相隔很远的人群凑到一起繁衍子女的机会就比较小。同样，如果山脉、河流、峡谷、沙漠、海洋、冰川或其他自然屏障将他们分开，他们可能也不会有相遇的机会。当我们讨论基于一种政治的、部落的或语言标准的"人群"，而他们又涵盖很大的地域并穿越各种自然屏障时，那么上面的说法就变得没有意义了。但是，我们会发现这样设定的一批人群，会比地理变化和地理障碍较少的相邻群体，显示更多的生物性差异。而我们还没有将大规模的迁移考虑在内，它会严重混淆生物性差异的形态。但是，我们在此的目的是要了解人群是如何组织起来及如何进化的，并不想纠缠于术语。我们只说，总体而言，我们可以在一批人群中发现生物学特征的地理分布，而且这些特征常常呈现为一种向周边群体延伸的梯度变化。这就是"渐变群"的定义。

人类遗传和体质特征的渐变群有许多例子。例如，一种产生干耳垢的基因在远东非常普遍，当我们向西移动，它就会变得越来越少，到英伦诸岛的人群中几乎完全消失。渐变群确实存在，因为无数小群体在几千年里的族外婚——这些人群传递基因，就像接力赛中的运动员传递接力棒一样。此外，这一基因的扩散很可能因人群从东向西的大规模移动而加剧。显示人类渐变差异的体质特征还包括肤色，它倾向于在高纬度地区较白，靠近赤道较黑；还有体型，在赤道附近倾向于苗条和纤细，而在寒冷气候中比较矮小和圆胖。虽然在这些一般性中有许多例外，但是它们大体上是如此。我们知道，纳里奥克托姆出土的早期非洲直立人（图卡纳男孩），就像现在生活在那里的赤道附近的非洲人一样，有着同样苗条的四肢和身躯比例[21]。我们猜想，但是我们还无法证实，居住在高纬度地区的古人类群体很可能拥有较短的四肢和矮短的身材。这些身体特点很可能随着人们从赤道地区外移而逐渐发生变化，就像渐变取代模式所预测的那样。

就如分子进化论者在研究人类起源、讨论遗传变迁时所考量的那样，需记住的重要一点是，他们着眼于进化很快的基因及其蛋白质产品，也就是说，它们的变迁常是以每几千年为一进阶。而我们大部分的其他基因则进化缓慢，由于它们无法衡量人类进化中最近事件的时间框架，所以它们在讨论中不被考虑。但是，在我们对渐变群的讨论中，人类基因组的绝大部分才是重要的，而非仅仅少数快速进化的部分。我们必须了解，当一个渐变邻居取代了一批绝灭群体时，其大部分基因是相同的。而这只在瞬间映像上才十分明显。从单细胞动物到灵长类，我们在生活方式上有许多相似特点，而所有这些体质和生理上的特征都是由同类基因所控制。当物种的一个渐变群取代另一个群体时，这些控制着我们大部分生物学构造的基础框架编码的基因并不被取代。大部分基因关系是连续的，我们常常从解剖学上看到这种特征的连续性。以分子为基础的理论家与以化石为基础的理论家之间一直聚讼不断，在快速进化的基因或生物分子谱系与一个种群谱系之间，画上了一个错误的等号。事实上，它们是非常不同的。

在人类进化中，围绕着分子和化石材料解释而出现的某些困扰，很可能源于遗传学本身，并为生化遗传学家和群体遗传学家之间的歧异和悬而未决的观点所加深。20世纪70年代，当我们在伯克利的研究生同窗丽贝卡·卡恩（Rebecca Cann）构建"线粒体夏娃"假说的时候，她是与一位生物化学教授艾伦·威尔逊（Allan Wilson）合作的。威尔逊早年与人类学教授文森特·萨里其合作，后者是一位接受过人类学训练的生化学家，主攻人猿的分化。这一革命性的了解人类进化方法的理论基础，来自对生化学家埃米尔·朱克堪德尔（Emile Zuckerkandl）和莱纳斯·波林（Linus Pauling）发现的"分子钟"胚胎学的了解[22]。就像萨里其先她所做的那样，卡恩采纳其内在的一致性，坚持分子结论，并将其直接用来解释化石材料。大部分古人类学家并不接受他们肉眼看不见的材料，只得勉强应付来下结论。我们认为，卡恩缺失的是群体遗传学视角，她先与魏敦瑞进化假说中的古人类化石相结合，再通过他接触与引证前面提及的遗传学家杜布赞斯基的工作。

总的来说，群体遗传学是由许多很不相同的科学家而非单由分子遗传学家来从事的。数学在群体遗传学的理论表述中发挥着重要作用；同样，诸如对果蝇等现生生物及其繁殖的研究，已经从传统上成为这门学科实验工作的核心。杜布赞斯基、休厄尔·赖特、霍尔丹、罗纳德·费希尔（Ronald Fisher）和梅纳德·史密斯（Maynard Smith）都是伟大的群体遗传学家。但是，在最近的人类起源取代模式的生化遗传学系统陈述中，他们的工作或观点无足轻重。然而，群体遗传学在"进化综合理论"中占据着中心地位——这是二战后出现的观点，并通过舍伍德·沃什伯恩的"新体质人类学"深刻影响到古人类学[23]。我们提出的渐变取代的群体视角将使分子、基因和体质特征之间的差别能够加以比较，而它将促进确定合适的时间框架和地理范围，以讨论人类进化的动力。埃勒在最近的文章中谈到了上面的看法，这是个很好的开始。

如果我们要解决过去古人类群体之间是否存在渐变联系的问题，那么了解他们过去的结构就至关重要。哺乳动物的种群密度与它们的体型有关。从能人到直立人，随着体型增大，群体的密度和分布的范围也会扩大。这种现象的发生，是因为较大的体型需要更多的食物来源[24]。如果该物种是一种杂食或肉食物种，那么它们的分布范围就会比食草物种更广。当它们扩散开去寻找更多食物时，将会与邻近的群体接触，并很可能发生冲突。我们相信，这一模式解释了早期直立人跨地域的迁移。但是，一旦人类到达欧亚大陆，诸如水体等地理屏障会影响到人群如何及向何方迁移，这会对以后的进化产生重要的影响。

直立人在东南亚的扩散和进化

因为早期人类并没有船只和穿越大片水域的能力，他们必须依赖陆路或很浅的水体从一个地方移往另一处。冰川锁住大量水体所造成的全球海平面下降,产生了人类扩散所需的走廊。当连接亚洲大陆的较浅大陆架暴露出来,东南亚的岛屿便向早期直立人开放。所谓巽他陆架的出露,很可能形成了"巽他大陆",成为马来半岛的一大片延伸,将今天印尼群岛(包括爪哇和婆罗洲)这些岛屿与东南亚大陆联系起来。就目前海底情况而言,海平面要下降30米才能使爪哇与东南亚大陆相连。

爪哇是东南亚半岛延伸的一部分,出土了丰富的直立人化石。巽他的亚洲直立人地点与非洲和欧亚大陆的直立人地点,在三个重要方面有所不同。在非洲和欧亚大陆被视为直立人标志的石器,在巽他大陆很少见。这表明,巽他直立人使用的工具组合很可能主要是易朽的材料,并与非洲和欧亚大陆使用的工具不同。第二,在巽他大陆上,直立人捕猎或尸食的大型哺乳动物比较单调,与东非直立人共生的、种类繁多的大

图8.4 爪哇与亚洲大陆古代的地理联系

左图:"巽他大陆"或巽他,是东南亚大陆沿海很浅的海床,大约180万年前,当海平面下降之时,它们很可能出露为陆地。箭头表明直立人和其他陆生动物可能的迁移路线。右图:现代的东南亚。大部分巽他,今天都位于东南亚岛屿的浅海之下。

型哺乳动物形成鲜明的反差。最后,巽他大陆是一片平坦海滨和有着泥泞海岸线的地势,拥有与非洲和欧亚大陆直立人栖居的内陆地区十分不同的栖息地和资源[25]。中爪哇的那些地点,如桑吉兰(Sangiran)、特里尼尔(Trinil)、肯登布鲁布斯(Kendungbrubus)和佩尔宁(莫佐克托),保存有各种低地港湾、三角洲和河流相的环境。火山岩的分布也表明,附近存在火山喷发的高地。很可能的是,当海平面比今天低75米甚至更低时,如果直立人到达这一地区,一片向东奔流的河系——东巽他河系,从巽他大陆通向南部沿海地区,很可能为他们提供了一条资源丰富的走廊。这样一种多样性的自然地理,很可能维持着植物和小动物群落的多样性系统,为爪哇直立人提供了各种生态机会。

随着更新世的推移,有证据表明,东南亚的直立人变得比较独特,并与西面和北面的群体隔离开来。在大约100万年中,他们很可能因海平面变化而不时与全球古人类切断基因联系[26]。这种隔离可能正好促使了爪哇直立人或其变异不大的后代群体幸存下来,而且时间比亚洲大陆或其他地方长得多[27]。在非洲—欧亚大陆西部较大的古人类群体中,进化出一类新的古人类物种——海德堡人。大约在50万年前,这批物种穿越整个亚洲大陆,取代了直立人。这就是用在直立人身上取代理论的"走出非洲"假说[28]。在爪哇,直立人很可能持续了更长的时间,晚至5万年前,昂栋人还生活在那里[29]。

气候变迁与直立人的绝灭

我们认为,化石证据现在已充分显示,在物种层面具有解剖学差异的古人类群体取代了亚洲的直立人。亚洲大陆的取代发生在东南亚隔离之前,并由海德堡人参与取代了直立人。爪哇的进化转变,则由智人取代了直立人,这一差别是由于其为相对孤立的群体,在进化中没有来自大陆种群的基因流。此项观察迫使我们否定多地区说的信条,以及亚洲直立人是在当地逐渐演化且只有少量基因来自外部的观点。

明显发生在爪哇的向智人的突然转变，也许是群体绝灭和取代的例子，而非渐变取代的例子。就像"走出非洲"的模式那样，取代模式与渐变取代的不同之处，在于它假设原住古人类被"完全"取代。渐变取代设想一种人口的逐渐转变，而非这种完全取代（但是要比多地区说更快）。化石证据也许太少，目前还不足以解决这个问题，但是完全有可能的是，基因的连续性，甚至可以在爪哇这种迅速的、明显是突然向智人的转变中看出来。

另一方面，大陆直立人的绝灭看来并非那么突然，并与渐变取代模式所假设的情况比较吻合。由于海德堡人是一支非洲—欧洲的不同物种，因此在与当地群体交配后无法产生有繁殖力的后代。他们移入，占领了直立人的全部地盘，将他们逼上了绝路。我们在亚洲化石记录中所见的直立人取代，是一批带有大量西方基因的海德堡人群体，而非不同物种的整体取代。这种渐进从地质时代而言相对较快，该过程一直持续到亚洲直立人这个从地理上定义的和在解剖学上离散的基因群不再存在为止。这一情景与取代的化石证据吻合，并解释了多地区说学者一直举证的特征连续性。在我们看来，遗传学证据也同样支持这一过程。全部取代无法满足群体遗传学家的预期，它无法解决整个人口规模（全球古人类人口）和有效人口规模之间的不一致，前者一定数量很多，而后者的模式所需人口较少。渐变取代确实解决了这个问题，即有许多小的人群迁移并取代了其他的群体。

渐变取代的模式，在某种意义上是一种"微进化"过程，也就是说，是人群的一种小规模变迁。整个进化生物学中的一个最大的挑战，是要将一个层面上的情况与其他更高层面上的观察联系起来。在东南亚直立人地方进化以及接下来的取代案例中，必须有一种微进化变迁的加速，以解释我们在化石记录中所见的大进化变迁。为了使解释令人信服，渐变取代必须阐述这一基因和解剖学变迁的加速。

一类物种也许因进化而绝灭，因此其基因大体完全消失，但是那些变更了的基因足以为其后继者提供一种重要的不同适应。进化生物学家将其称之为"再生"。直立人作为一类物种绝灭了，但是通过再生，他们进化成了一类后继的物种——海德堡人[30]。

对于走出非洲的直立人祖先而言，既要有一条协助扩散的开阔地理通道，又要有一种动机的刺激。我们不仅根据环境变迁提供了一种类似旷野的环境，而且从干旱蔓延而将人群赶出非洲的背景来讨论这些问题。过去25年里积累的古气候证据显示，就在更新世开始前不久，大约200万年前，旧大陆就处于这样一种气候变迁的时期，它也和第一批古人类走出非洲，出现在亚洲和欧洲最东部的时间吻合。干旱蔓延区的一个"古气候泵"，很可能迫使人群移动，将他们推出了非洲[31]。

为了检验直立人绝灭渐变取代模式的设想，现在我们必须留意后来150万年里欧亚大陆的古气候记录。在真实世界里，是什么推动了我们所假设的进化变迁？

中国更新世的气候历史，显示为一种上下反复波动的态势。记录着过去150万年全球气温持续变化的深海岩芯所显示的氧同位素曲线，显示出一条锯齿状的起伏。出现这样的起伏，是因为较重的氧同位素18比较容易被锁定在冰里，而较轻的氧同位素16在环境里数量相对较多。于是，过去某特定时段里氧同位素18与16的比值，提供了该时段全球冰量相对值的记录。冰的体积与全球气候关系密切。在中国，大气沉降的黄土堆积被雨水固结起来。它们的厚度及颗粒大小，被发现与深海岩芯非常吻合，都在寒冷的时段里增加。荷兰学者赫斯洛普和他的同事们的研究显示，华北黄土的厚度与颗粒大小记录了冰期阶段从青藏高原刮来的干冷季风的相对强度[32]。检测显示，风成积淀的黄土中，磁铁元素的含量与降雨量的增加以及从太平洋刮来的夏季季风力度增强的时段吻合。

从龙骨山所做的古气候研究以及第六章的讨论中，我们拥有的证据

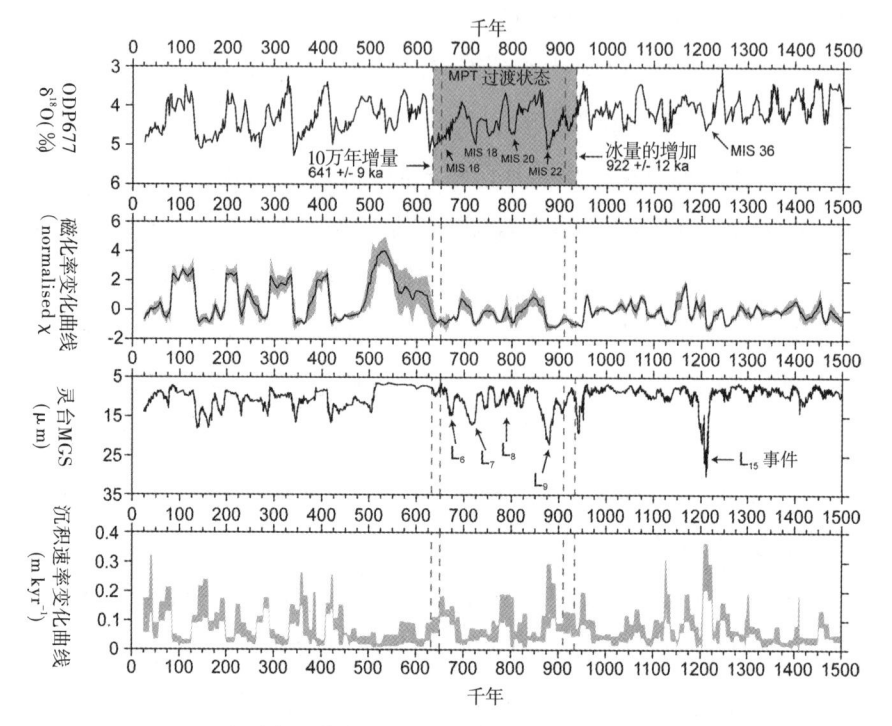

图 8.5 深海氧同位素、华北夏季季风降雨和冬季季风的关系

最上图描绘过过去 150 万年里深海的氧同位素记录，显示了全球冰量的显著波动（图中的尖峰代表了极地冰盖和冰川的巨大冰期量，主要是在北半球）。第二幅图记录了华北夏季季风降雨量的相对强度，是根据与降雨有关的土壤堆积形成的含铁元素磁性活力的相对值测定的。再下面两幅图记录了冬季季风的活动，是从西面刮来的内陆干冷空气。在第三幅图中，较大的风成沉积颗粒（MGS 或"平均颗粒大小"）表明较强的冬季季风（曲线的低谷），因此在华北是比较干冷的状况。最下面这张图，冬季季风给华北刮来更多的黄土，因此造成了较厚的沉积，沉积率达峰值。本图中使用的缩写：MIS 是指"主要同位素阶段"；MPT 是指"中更新世过渡"。L 是指古土壤剖面中的黄土层数；MGS 是指黄土剖面的平均粒径；ODP677 是深海钻探计划的 677 孔。这个模式是基于赫斯洛普及其同事 2002 年的研究。

显示,在更新世严酷的冰期,大型有蹄类以及直立人从龙骨山消失,并迁移到南方。要了解更新世中这种气候变迁和迁移方式是如何普遍,我们可以将龙骨山保存的这一时期,与赫斯洛普及其同事发现的气候变迁整体形态做一比较。我们发现,龙骨山第一地点沉积所反映的直立人时代——67万到41万年前——其前半段比较温暖,有日益增强的夏季温暖季风,以及持续强度较低的冬季季风。从50万年前开始,冬季季风的强度开始增加,但是即便如此,它们一直要到龙骨山堆积的最后阶段,正好是在40万年前,才开始对风成堆积的数量产生重要影响。在冰期这一最为干冷的时间段之后,直立人从亚洲大陆的记录中消失。在此后的一段时间里,该物种可能在东南亚一些相对温暖的地区延续。昂栋(或梭罗)化石看来证实了较晚直立人群体这种残存的隔绝状态[33]。

全球同位素古气候曲线和华北的黄土记录表明,在中更新世之后,大约每隔10万年便会发生冷暖期的重大交替。在92.2万至64.1万年前发生的由冷向暖的波动,其强度甚于以往。这一气候史中的转折点,被称为"中更新世过渡"(the Mid-Pleistocene Transition)。这些周期中的每一次,都见证了亚洲季风态势的重大变迁,它改变了降雨、植被和动物的生息。我们可以想见,在气候变化剧烈的这些时段里,渐变取代会力度更大,而物种的取代也更加明显。

遗传学家艾伦·坦普尔顿(Alan Templeton)最近设想了一种"走出非洲"的迁移事件。他根据分子钟材料的估算,推测该事件发生在84万至42万年前[34]。这些遗传学的变迁,与中更新世气候变迁日益加剧的时间几乎不谋而合。也许从人类演化角度看来更为重要的是,更大的变迁幅度——更寒冷的冰期和更温暖的间冰期——成为晚更新世的特点,并直接始于龙骨山第一地点化石堆积年代之后。

随着更新世的推进,很可能高纬度地区更加寒冷,而热带地区更加干旱,导致了直立人的绝灭,并促使现代人群的演化。但是,也可能仅仅是因为人类的生物性进化难以应对速度过快的环境变迁和过强的变迁力度。直立人很可能是我们谱系中，主要靠生物方式来适应环境变迁的最后一类物种，而其适应方式被证明难以适应更新世的严酷条件。

直立人的解剖学特征及消失

我们提出了一个假设模式，用来解释直立人进化和最终绝灭的动力机制。我们认为，该模式与化石及遗传学证据是吻合的。但是，直立人在解剖学、功能和整体适应上向智人的进化变迁还有待于解释。就我们所知，这些变迁中有许多方面与头部有关。

从理论上说，一个物种的头骨可以既宽敞够装增大的脑子，又坚固厚重足为防护之用，但当这种结构的重量必须被支撑在脊柱顶端并保持平衡时，就会遇到现实问题。许多大体型的物种，它们的头骨相应一定很大，其骨头内部会呈蜂窝状结构以减轻其重量。大象和长颈鹿的头骨截面令人惊讶，因为它里面有如此多的空气被纸样薄的骨骼所包裹，形成被称为"板障"的构造。进化中的直立人，对于头骨重量也会有相同的问题。如果脑量不断增大，包容的骨骼也必须增大，但是头骨重量则必须减轻。当直立人进化到海德堡人时，头骨重量已因颅骨壁变薄而减轻。还有，就如我们在前面谈到的，很可能有一种"第四功能"有助于说明头骨壁的变薄——靠头皮和颅腔之间有效的静脉血流动来为脑降温。

直立人厚头骨的防护功能，随智人进化出较大、较圆和骨壁较薄的颅骨而消失。这并不意味着人类种内暴力的消失，而是因为直立人的后继者进化出其他办法来防护自己免受损伤和攻击。几乎可以肯定，这些已不再是生物性的适应，而是作为智人标志的文化适应了。

第九章 /
检验新假说

第九章 检验新假说

在过去的 75 年里，龙骨山及其出土的古人类代表了许多古人类学重要争论的起点。遗址的许多发现，一直处于有关用火、人类语言的肇始、脑的进化、狩猎、食人之风、石器与骨器的使用和人类的食谱等假设的中心。自其发现以来，古人类本身在大部分时间里一直占据着舞台的中心，而古人类学家们一直刻板地将他们置于人类进化的直接谱系之上，也即智人的直系祖先。尽管有这样的事实，即直立人被认为具有许多异常和不甚像人的解剖学特征，但是大家却一直认为这并无不当。在这本书里，我们试图将解剖学、考古学、地质学、古生物学和古生态学的证据拼合起来，以提供有关这类有趣物种的一系列新假说，特别是中国直立人及其发现的主要遗址——龙骨山。我们认为，这一新的综合观点符合现有的证据，但是所有的科学假设都应该是可验证的。这意味着，它们可以被证伪，也就是说这些假设可以被证明是错的。在本章中，我们提出了一系列的检验方法，来看看我们的假说是否能被证伪，或得到进一步的支持。

重新审视亚洲直立人的起源

我们已经假设，中国的直立人是来自非洲比较晚近的移民。现在的证据表明，从能人向直立人进化的转变是在一条非常广阔的进化道路上发生的——从非洲到欧亚大陆。需要有比龙骨山第一地点更早的、有确切断代遗址出土的更多化石证据来检验这一假说。我们的假设与某些中国古人类学家的观点有所抵牾，他们认为直立人是在远东本地演化的，并完全是地区性分化的产物。中国在300万至200万年前出土的化石证据，能够帮助解决这个问题。

龙骨山本身也许已提供了晚期直立人祖先的证据，在龙骨山最早含化石的层位中（第十一到第十七层）尚未发现古人类化石。我们的假设是，大约100万年前洞穴中不见古人类的踪迹，并不表明这样的可能，即当时中国不存在古人类，而是该洞穴当时的沉积环境和生活环境还不宜于古人类。我们对龙骨山最早的那些层位还所知甚微。挖掘者曾经发掘过一个探坑（下洞），并发现古人类见于下面的第十层，而这是在1929年。我们猜测，最下层不会发现类似上面堆积的那种相同的埋藏状况，因为洞穴太潮湿并接近河流的水平面。虽然陆生脊椎动物也许会被发现冲入洞穴之中，并被水流冲积物所覆盖，但是这些层位中所保存的大部分动物群可能都是水生的。龙骨山最下层的发掘，伴以地质学和地球化学的研究，能够用来检验这一看法。

我们认可龙骨山出土的直立人年代在67万至41万年前，这些年代从最新及最精确的铀系法、电子自旋共振法和古地磁分析，以及从古环境同位素和黄土沉积记录曲线的年代学来说，是令人信服的。这些年代学数据要比传统认可的龙骨山年代还要古老，并涵盖了漫长的时间跨度。这些新的年代学数据较之许多遗址，特别是非洲的遗址而言不太牢靠，后者有许多很好的钾氩法年代数据，因此对龙骨山的断代数据还需

第九章　检验新假说　191

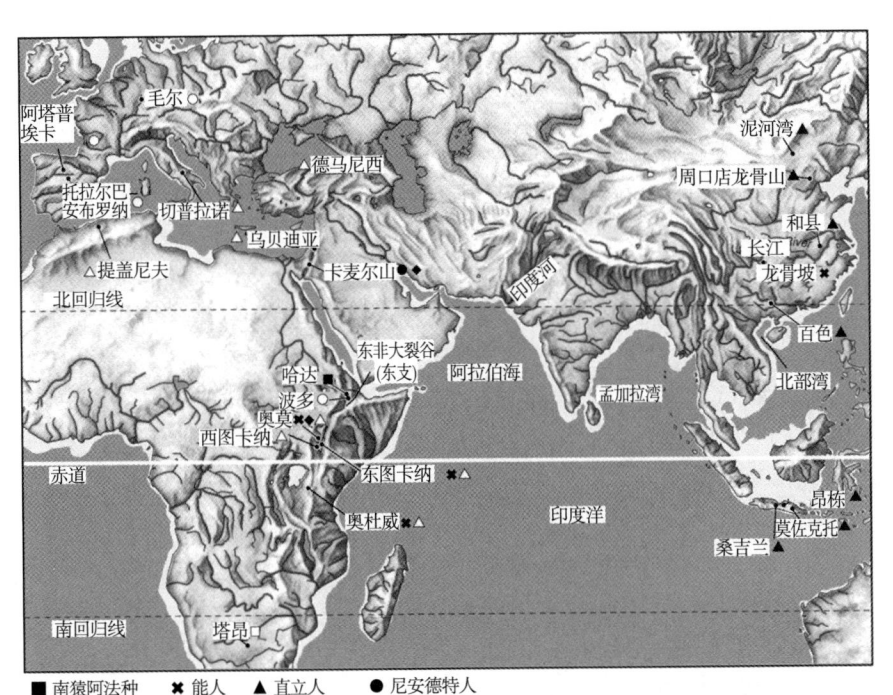

图 9.1　距今 300 万年到 10 万年间主要人科化石遗址分布图

■ 南猿阿法种　✱ 能人　▲ 直立人　● 尼安德特人
□ 南猿非洲种　△ 匠人　○ 海德堡人　◆ 智人

200 万年前，古人类局限于非洲。但是，大约 180 万年前，直立人到达了爪哇（在莫佐克托发现了一个孩子的头骨）；大约在 170 万年前，该物种到达了西亚，在格鲁吉亚的德马尼西发现了三具头骨。这幅旧大陆地图显示了本书中所讨论的主要古人类化石地点。这不是一份含所有遗址的完整名录，而是本书中所讨论的关键古人类遗址的路线图。围绕大陆边缘的白色区域，表明了今天已被淹没的大陆架，但是在过去海平面较低时，成为古人类迁徙的陆桥。每个古人类遗址的位置，由一个小黑点标示。在每个名称的后面（或前面），是一个指明该遗址出土的不同古人类物种的符号。

要更多的支持。人类进化的模式有赖于确凿的年代学框架,而对龙骨山出土的特别重要的古人类化石标本做有效阐释要求我们的年代学数据经受得起持续的详察。不断发展的地质年代学研究,应该与该遗址的所有地质学和地球化学的研究结合起来。

直立人的起源,现在从时间上来看要比龙骨山第一地点沉积物所显示的要早。当我们假设人属在中国扩散和演化的时候,不管是在龙骨山还是在中国其他地方的古人类遗址,应当可以为我们提供200万至100万年前这一时间段的消息。就目前为止,只有三处遗址——190万年前的龙骨坡、170万年前的元谋和110万年前的蓝田——为我们提供了牙齿和下颌骨化石的碎片,证实了最早的古人类移民的存在[①]。其他的遗址和沉积还有待发现和探索。华北泥河湾很有可能令人惊喜,那里出土了136万年前的石制品[1]。完全有可能的是,在龙骨山已知但尚未很好调查的其他地点,也许有正好属于这一时期的,那里会藏有重要的答案。这一探索的成果,有望为我们所提出的人类进化的渐变取代模式提供洞见。

渐变取代设想,在人类的进化中,有一种从一类物种向另一类物种显著地逐渐进化演变的模式。虽然发生人口取代,但是取代的规模很小,并且是那些关系密切的人群参与其中。当我们追溯最早的古人类物种匠人进入亚洲及其以后的进化演变,就有可能搞清楚这一模式是否与事实很好契合。20多年前,本书的作者之一博阿兹和几位同事提出,化石和地质年代证据支持非洲从能人向直立人的逐渐进化转变[2]。我们相信,这一说法仍然成立,而自那时以来所发现的化石也证实了我们的结论。如果渐变取代是正确的,那么在欧亚的匠人与直立人之间,应该能发现一种同样的渐进转变。如果在欧亚,发现从匠人向直立人的物种层

---

① 蓝田位于陕西,公王岭出土了1具直立人头骨,而陈家窝出土了1具直立人的下颌骨;安徽和县出土了1具直立人头骨化石,年代距今约20万年;湖北郧县出土了3具直立人头骨,年代距今约90万至80万年;南京汤山出土了2具直立人头骨,年代距今约35万年。

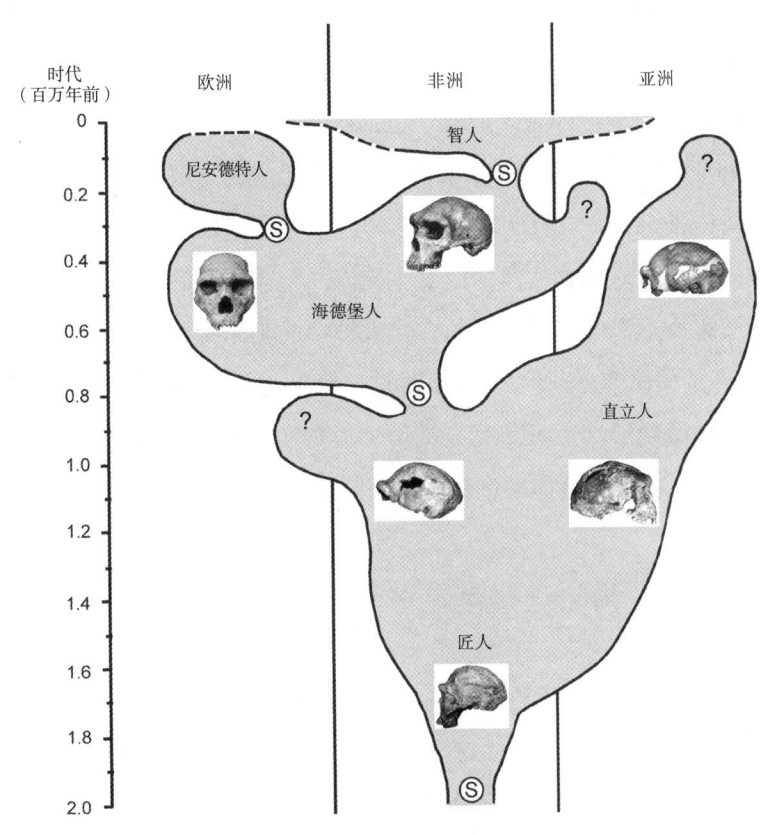

图 9.2 直立人进化和时空关系的一种观点

采自菲利普·赖特迈尔（Philip Rightmire, 2001）。"S"是指物种形成的事件。直立人在亚洲延续的时间要比世界其他地方长得多，最终被海德堡人或他的后裔——智人取代。

次转变是突然的，那么这一阶段为亚洲人类进化所提出的渐变取代模式就将被证伪。

一旦古人类群体在欧亚大陆站稳脚跟，那么进化的变迁就会潜在分成两路。基因也可能从欧亚回流到非洲，即便途经中东的走廊很狭窄。对沿交流走廊和对古人类全方位占据的、有精确年代测定的遗址做进一步的古生物学研究，对检验这一观点至关重要。200万至100万年时间范围内的这类遗址已经为人所知，包括约旦河谷的乌贝迪亚（Ubediy）、阿尔及利亚的提盖尼夫（Tighenif）、格鲁吉亚的德马尼西、意大利的切普拉诺（Ceprano），以及印度次大陆的许多考古遗址，那里目前仅发现了石制品。这些基因如何及何时发生交流，是需要回答的重要问题。我们将继续采用形态学案例来评估古代人群中的基因交流，但是我们也能寄希望于古DNA的发现，来直接对这些推断进行评估，这在尼安德特人身上已经做到了[3]。环境变迁的历史也有助于我们重建许多场景，并确定在更新世古人类群体的进化动力上究竟发生了什么。

描绘进化海洋中的波浪与潮流

基因"池"被隐喻为存在于人群中的遗传物质，但是，对于广泛分布于各大陆的人群比如直立人来说，也许用"基因海洋"更为合适。我们对造成演变的潮流、波浪和漩涡之动力甚感兴趣，因为它们可以告诉我们演变的原因，以及我们所见的化石记录中的各种反常情况。但是，我们如何来描绘它们？虽然通过求助于化石记录断断续续的材料来推断连续的人群变迁形式总是非常的困难，但是我们觉得这并非不可能。化石遗址代表着地理和时间上标示的分散点位，从时间和古环境变迁的一种连续印记而言它们一定彼此关联。对于古人类来说，当这些印记日益清晰，我们就有望发现快速渐进和突然渐变的梯度［采用乔治·盖洛德·辛普森（George Gaylord Simpson）的术语来说就是"快速演化"][4]，以及缓慢的渐进和平缓的渐变梯度（缓速进化）。

　　我们和其他的学者采用了欧洲的一种古生态学重建方法，来确定过去很可能孤立了尼安德特人群、之后又促进了现代智人进入欧洲取代他们的气候与地理条件[5]。我们的想法是，了解人类进化中一场相对较为晚近的转变——大约30万至15万年前——应该有助于我们了解曾经发生在过去200万年中，整个人属历史上许多更为久远的转变。我们收集了过去气候所有已知的记录，包括化石孢粉和动物化石，冰期冰川极盛期的地质记录，以及过去水体的位置。根据这些材料，我们构建了一幅带有植被区和主要自然特征的欧洲古地图。我们将当时所有已知的古人类化石点都放到了图版上。该组合图显示，尼安德特人（被认为要么是一个不同的物种，人属尼安德特种；要么是一个亚种，智人尼安德特亚种）占据着一片围绕着欧洲和中东的区域（不包括北非），大体上被山脉、冰川、河流及海洋与世界其他地方隔开。

　　自这项研究展开以来，人们发现在欧洲的化石已经显示，尼安德特人是源自名为海德堡人的一支更为古老的人属群体，他们的起源仍被极为保守地说成是本质缓慢而累进的。最近在西班牙布尔戈斯附近阿塔普埃卡（Atapuerca）遗址出土的令人瞩目的早期尼安德特人骨架，是最为激动人心的发现[6]。尼安德特人是在冰期生活在欧洲和附近区域的人群。他们从海德堡人演化而来，并变得相对孤立于全球的人类渐变群，成为一批较为异化的种群。他们四肢的比例、脸部的结构（脸面中部凸出，有个大鼻子）以及比较进步的文化都说明对寒冷气候的成功适应。我们知道，尼安德特人是如何经由一种渐变取代的进化过程，从他们的祖先逐渐分化而来。

　　但是，另一批新发现对我们的渐变取代模式是一个不小的挑战，这次是在以色列卡麦尔山一处最令人神往的尼安德特人遗址。该遗址出土的人类化石，由加州大学伯克利分校的西奥多·麦考恩（Theodore McCown）和英国解剖学家亚瑟·基思爵士（Sir Arthur Keith）在1939年出版的一本里程碑式的专著中做了研究[7]。卡麦尔山的两处洞穴出土的化石，被麦考恩和基思归为解剖学上的现代智人［斯虎尔（Skhul）洞穴出土］和尼安德特人［塔邦（Tabun）洞穴出土］。在碳-14和钾氩法测年技术问世之前，他们推测，塔邦要比斯虎尔古老。由于解剖学的相似性，他们提出从尼安德特人到现代智人的一种祖裔关系。但是对卡麦尔山骨骼化石的绝对年代测定数据显示，卡麦尔山出土的一些尼安德特人实际上在时间上要晚于解剖学上的现代智人化石，而有些解剖学上的现代智人化石要比尼安德特人古老。哈佛大学的考古学家奥弗·巴尔-约瑟夫（Ofer Bar-Yosef）和他的同事们得出这样的结论，大约7万年前，这里是人类交换取代的一个地区[8]。要弄清楚是什么原因导致人类进化的波浪在古以色列这段潮间带前后重叠至关重要，因为不管怎样，这很可能是了解人类进化大规模变迁动力的一个关键因素。

更新世围绕着北半球所谓"冰河时代"的冰川扩展，是一段气候波动日益剧烈的时期。就如我们所见，有时气候会变得更加干冷（冰期），但是有时则会变得较为温湿（间冰期）。这些气候的波动，可以最终追溯到太阳光照射到地表的量变，也即所谓的"米兰科维奇周期"（Milankovich cycles），其由太阳系的动力所驱动。就我们身边来看，南极冰量的变化、全球海洋温度的变化，以及非洲和亚洲季风降雨方式的变化，一直显示出对动植物群及其进化产生着重要的影响。大约从25万年前开始，也即北半球冰期开始的时间，气候从寒冷向温暖日趋广泛的变换方式随时间的推进而日渐显著。但是，局部地区应对全球气温变化的反应方式则各有不同，而这正是为何古环境研究对于每处个别遗址如此重要的原因。就如我们在华北案例中所见的那样，无法或难以精确地从全球气候方式来加以预见的局部影响，会受到冬天带有干冷黄土沉降的季风的严重干扰。有必要对所有古人类遗址继续进行野外和实验室研究，以评估进化事件中气候变迁的局部影响。

更新世严酷的环境挑战，长期以来被认为是锻造人类物种的"冰砧"[9]。我们认为，对卡麦尔山和以色列其他地点更新世人群重新测年的序列，为这一比喻提供了细节。当气候变冷，更大的可栖息地区向喜寒的尼安德特人开放，他们扩散到新的区域。虽然有人推测，在某些地区发生过尼安德特人向现代智人的渐变取代［例如克罗地亚的温迪加洞穴（Vindija Cave）[10]］，甚或解剖学上的现代智人与尼安德特人之间的杂交［在葡萄牙的拉加·维尔赫（Lagar Velho）[11]］，但是卡麦尔山看来并不是这样一个地方。在合适的时候，尼安德特人涌入这一地区，取代了东面和南面的现代智人。即使发生过任何杂交，但是从他们留下的骨骼来看并不明显。几千年后，气候再度变暖，当卡麦尔山满头大汗的尼安德特人开始带着妒羡遥望凉爽北方气候的时候，解剖学上的现代智人又再次在黎凡特现身。尼安德特人要么撤退到北方，要么死在了当地。大约 4 万年前，他们因粮尽而亡。我们认为，得到了古生物学和地质学材料有力支持的、对这一细节层面上的古人类学重建，提供了一个有助于在其他遗址进行研究的模式。大量有关这方面的调查，将最终检验更为清晰的渐变取代假说。卡麦尔山是更新世的一处"砧板"——在这里，更新世气候变迁的大锤锻造了现代物种。在这样一个地方，我们有望见到更加迅速的渐变取代，不同人群之间的一种"边缘效应"。

晚更新世，在某个地区，如黎凡特，被有力证明的、从一类早期人群向另一类人群的进化转变情节，能为我们解释仍然所知甚少的人类进化较早阶段提供信息。例如，在尼安德特人和东亚直立人之间具有一些重要的共性。两者都是沿一条渐变轨迹从分布很广的较早人群演化而来——在中国直立人的例子中是匠人，而尼安德特人的例子中是海德堡人；两者都生活在地理上受到限制的区域——在亚洲，青藏高原南侧和东侧、戈壁沙漠和喜马拉雅山限制着东亚直立人，而由地中海、北部冰川和东部乌拉尔和高加索山脉形成的圈子，限制了尼安德特人；两者都显示出地理性的典型考古学特点——在"莫氏线"以东的亚洲直立人遗址缺乏阿舍利式的砍斫器，以及尼安德特人所特有的大型勒瓦娄哇矛状石叶。最后，两者都在他们的中心地区分化和繁衍，后来被其他地方演化而成的现代人群所取代。

也可以这样来解释这些材料，即直立人和尼安德特人各自的兴衰是物种间的转变，而许多古人类学家正是这样认为的[12]。对于前者，直立人源自匠人，后来被智人所取代；对于后者，海德堡人进化到尼安德特人，后来被智人所取代。这样的解释很得体，但是它们却难以解释某些关键材料。我们认为，显示有各人群边缘某些解剖学特征梯度的化石证据，那些看似跨越"物种"界限的特征区域性集中、尼安德特人种内杂交的可能证据，以及在人类物种内部显示人群关系较为密切的遗传学证据，则与这一解释不合。虽然我们认可化石证据显示了一种从尼安德特人向现代智人比较突然和迅速的转变，但是我们的渐变取代阐释模式认为，这很可能就是快速进化的例子。因此，这种时间跨度有限的快速进化，是很难用化石记录来予以清楚证明的。

我们预测，随着古人类化石记录的不断增加，假定的物种间的界限会变得越发模糊，对更新世古人类的物种名称慢慢会采取"合并"的方式。渐进取代的模式能够说明直立人和尼安德特人的渐进起源——通过局部人群小规模的绝灭过程，并被有关的相邻人群所取代。正当这些人群在"砧板遗址"上绝灭之时，那里的变化就显得比较突然，使得进化变迁的模式中出现一些不协调。当地理和气候随时间对人群发生隔离作用之后，就像发生在亚洲直立人和尼安德特人身上的那样，人群之间会出现更加明显的界限。如果在这种情况下生态群进一步强化壮大，会有更多的证据显示存在模糊的人群边缘，因而表明是渐变群而非物种的边界。

任何单一的遗址，比如龙骨山，都不足以检验类似完全取代这种大型假设。但是重新研究能将对龙骨山保存的所有阶段沉积所做的多学科细致研究，与这一时间段华北整个古环境的指标结合到一起，那么这批极佳的材料就能与我们模式的预测进行比较。

最近的考古研究提出，现代人之前古人类有三波走出非洲的浪潮——170万至160万年前，以大型的石核砍砸器为证；大约在140万年前，以阿舍利两面手斧为证；还有约40万年前，以进步的阿舍利式剥片的平刃斧为代表[13]。我们所勾勒的古环境情形，以及渐进取代的模式认为，可能还会有更多的浪潮。而且，我们预计很可能有基因回流到非洲。这需要未来进一步的研究对这些有趣的可能性进行调查，并为检验我们的假说而对它们进行准确的断代。

考察直立人的生活方式

我们曾经提出一种非凡的行为适应，以解释直立人极度增厚的颅骨解剖学特点。我们假设，头骨的重击是如此常见，并是这类物种根深蒂固的行为，以至于它导致了头骨形态的多种变化。这是一种假说，首先由彼得·布朗所提出[14]，不过还需要进一步的检验。也应对其他直立人颅骨做埋藏学研究，来看看他们的颅骨上是否也能见到凹陷骨折。其他解剖学专家应该思考并加以验证，我们是否没有考虑到骨骼的其他生物学功能，而这些功能很可能导致这种厚颅骨物种的形成。考古学家应该调查直立人的这一行为模式，来看看它是否能够得到化石材料的支持。围绕着我们的"保护性厚骨"假说和迪安·福尔克的"脑散热"假说的交会点，有许多有趣的问题。一种增厚了的头骨如何能够为直立人增大的脑降温，特别是因为该物种也是在炎热的热带地区演化起来的？是否是智人非常大的脑需要降温，让头骨的这些厚骨特征最终消失？从直立人头骨解剖学特征向智人头骨解剖学特征的进化，一定发生过一些重要的事件，但是我们对这些事件仍然不甚了解。

如果我们提出的对直立人颅骨解剖学特征的功能性解释正确的话，那么这将对人类的行为有重大的意义，因为毕竟直立人是我们经由海德堡人而来的祖先。我们曾经提出，该物种个体之间暴力的盛行是如此长久（大约 150 万年），结果导致了头骨的重大变化，而它在进化过程中对我们现代人的影响很可能非同寻常。如果我们的模式是正确的，这就意味着直立人甚至要比南猿更像是"嗜血杀手"，后者的发现者和其他学者就是这样形容它们的[15]。如果我们再想到，直立人文化的变迁是何等缓慢，在漫长时间里是何等的刻板和缺少变化，思忖一下，如果一个人可以愚昧地、心安理得地、毫不犹豫地和毫不怜悯地杀死自己小群体以外的人，真是令人不寒而栗。从波斯尼亚到卢旺达，再到东帝汶，我们脑子里会蹦出相同的词汇来形容我们今天所见的所有种族屠杀，难道这只是巧合？我们预想，未来的直立人遗址会有甚至比龙骨山头骨愈合凹陷骨折更加直截了当的证据，来显示过去物种内部的冲突和攻击性。群体之间的攻击性，可能是人群范围和领地持续扩张及缩小的结果，受到更新世气候变迁的左右，构成了直立人行为进化的生态背景。作为更新世文化遗产的成功子遗，现代智人中仍然保留了这种远古残忍的行为特征，并通过运用我们这个物种其他方面的主要特征——文化与智慧，改头换面地存在于现代世界中。

但是，直立人不仅仅是杀手。从 ER1809 号直立人身上获知，这具肯尼亚出土的直立人有维生素 A 过量的证据，尽管比较罕见，然而却是直立人群体相互照料的直接证据。但是，即使没有这个证据，仅凭他们所处的环境挑战，我们也能合理推断，在直立人当中有一种高度的团结。还有，如果我们对于直立人文化的构思是正确的话，那么我们能将他们的群体团结形容为坚定不移的忠诚、全面和终生相伴。在直立人当中，很可能有无数为集体而献身和自我奉献的案例，他们的基因通过他们存活下来的孩子和亲属而得到复制和传承。激励大部分现代智人行事高风亮节的无声献身精神——从拯救溺水的陌生人到全球的慈善家——很可能就是源自我们直立人的遗传。我们从更新世祖先那里继承了强大的情感，很难把其中的许多情感变成语汇，因为它们是在我们脑子形成语言之前就已进化而成的。面对彼此依存的全球变迁，现代智人拥有将这些远古的有益情感加以发扬光大和向全人类推广的文化选择，要么就维持直立人的原始状态。

现代智人大部分的行为是习得的，而这种学习是在文化之中，并在较长的儿童期里进行的。直立人被认为是具备了儿童期延长的最早先祖，以婴儿期和少年期的加速生长来补偿中间期发育成长的放缓。对古人类化石牙齿釉质的生长率分析，基本证实了这一重要的推断，而这项结论还需其他的证据及更多的材料做进一步的检验。我们对直立人文化演变的序列和速率仍然所知甚微，未来的一个研究目标就是要将它与进化中的体质成长变化联系起来。

为了研究直立人的文化和生物性适应变迁，以及他们后来是如何进化的，我们必须将各种假说建立在人群生态学的坚实基础之上。这些参数是任何物种适应的基本原则——如何维生，每天在何处度过时光，吃些什么东西，又有谁会吃他，如何繁衍。龙骨山为古生物学研究的这些方面，提供了一些初步的尝试。

龙骨山的食谱、疾病和生态

上溯到18世纪，欧洲最初研究的那些遗址都是从大兽狩猎的背景来做解释的。德日进和步日耶是周口店考古学阐释的构建者，他们就深受这种传统的影响，并最早沿这条思路来解释龙骨山的直立人。确实，将欧洲地质时期晚近遗址中驯鹿狩猎和其他大型哺乳动物的明确考古证据，沿用到龙骨山这种缺乏反证材料的更古老遗址上去还是说得通的。就如我们所见，20世纪30年代，中国学者裴文中首次提出证据，反驳声名显赫的步日耶提出的龙骨山发现骨制武器及其他工具的看法。多年后，宾福德和我们自己的研究已经确认，步日耶认作是古人类工具的骨头，实际上是鬣狗食物的残留物。而洞穴中虽然发现了大量的石器，但它们没有一件被认为足以或适于杀死大型有蹄类哺乳动物。切痕证明,直立人从大型哺乳动物的尸体上割肉,但是这些动物并不是他们猎获的。

虽然我们为直立人描述的觅食场景,支持了提出早期古人类是尸食或腐食者假说的学者[16],但是围绕这个耸人听闻并有点恶心的觅食适应——就现在挑剔的口味而言——仍有许多问题。这些问题中的主要一点是,被我们认为属于直立人行为组成部分的火是否经常被用来煮熟肉食和其他食物,抑或火只是被当作一种生态工具来驱赶其他动物和放火烧荒。

在他们对龙骨山用火的开创性研究中,史蒂夫·韦纳和他的同事们结论性地确认,只是已经变了色的骨骼化石,曾被洞中肆虐的火炙烧。步达生假设为燃烧证据的碳化骨头,被发现是水下积淀的细微片状的有机物沉积的遮盖物,很可能是在洞内的水塘中。被宾福德认为是因烧烤马头而留下的骨骼碎块,仍然是龙骨山刻意烧烤的最好证据。遗址中直立人、用火和动物遗骸之间的确凿关系,是需要在未来加以深入探讨的悬而未决的问题。

有关直立人适应的一般性说法,使得这类物种食肉成为顺理成章的事。该物种体量的增加,与卡路里摄入需求的增加息息相关,这需要他们走更多的路来寻找食物,因为从理论上设想,较大的动物会占据较大的栖息范围。此外,莱斯莉·艾洛(Leslie Aiello)和她的同事们提出了可信的说法,认为当直立人脑增大时,肠胃会变小[17],即所谓的"耗能组织假说"。这种观点看来得到了直立人骨架解剖学变化的支持,这种变化显示,当牙齿和咀嚼肌变小时,腹部也会变小。由于处理和加工食物的解剖学特征减弱,直立人很可能必须增加更多的高质量食物,也即高蛋白和高能量的食物。骨骼上只有古人类才会留下的切痕确证,肉、器官和动物脂肪是这种新的、高质量食谱的重要组成部分。但是这些食物来自哪些动物,并在一年中何时被食用仍然是个谜。至于他们吃多少肉食,由群体中的哪些个体享用等基本问题,仍然有待未来的研究。龙骨山直立人是否食用骨髓？他们如何防止因吃食肉动物肝脏而摄入过量的维生素A？如果这些古人类吃过多的肉食，包括嘌呤过高的内脏，他们是否会患痛风？单是对直立人食谱的肉类组成，就有许多有待解释的问题。

龙骨山是第一个在其中发现所谓直立人植物性食物证据的古人类遗址。20世纪30年代，加州大学伯克利分校的古生物学家和植物学家拉尔夫·钱尼（Ralph Chaney），研究了龙骨山石化和燃烧过的种子。他确认，这种俗称为朴树籽的种子，在世界上被广泛食用。钱尼假设，朴树籽是直立人食谱的一部分。这种想法也许是可能的，但同样很有可能的是，遗址里朴树籽的存在能够以生长在落水洞附近朴树上的树籽落入洞中来解释，我们现在已经确认，遗址中朴树籽的位置就靠近南部洞穴开口处的堆积上部。被钱尼认为与古人类活动有关的朴树籽烧烤，与遗址中的动物烧骨一样，是一个有待解决的问题。这些问题还需深入的研究。

最近两项研究强调了块茎作为食物对于直立人潜在的重要性。当我们意识到并不存在块茎的化石遗存，或哪怕有间接的考古证据来表明早期古人类曾经食用过块茎（或被专家称为"地下储藏器官"），我们想问，这样的看法是否值得认真考虑？但是，一些有力的说法认为，即使他们无法证实块茎是早期人类食谱的主要部分，关注这样的研究也是有意义的。犹他大学的考古学家詹姆斯·奥康奈尔（James O'Connell）和他的同事们利用非洲现代觅食者（坦桑尼亚的哈德扎人）的材料声称，妇女采集植物性食物，特别是"//ekwa"块茎[18]，对于经常在那种边缘栖息地中生存的哈德扎人至关重要[19]。这些学者将这种可能的觅食适应，特地与直立人以及他们走出非洲联系起来，将其称为"祖母假说"。他们提出，群体中更年期后的妇女能够用她们采集的块茎来帮助喂养儿童，于是促进了她们的女儿们和其他年轻女性亲属的繁殖。以哈佛大学灵长类学家理查德·兰厄姆（Richard Wrangham）领衔的另一项研究基于这样的观察，即雄性黑猩猩会狩猎并分享肉食，但是这些雄性并不像对直立人提出的传统狩猎假设那样，为它们所生活的"家居营地"中的核心家庭提供食物[20]。黑猩猩在许多解剖学和生理学的适应上和直立人并不相同，这使得后者能食用和消化肉食，所以这样的类比有点牵强。例如，黑猩猩有食粪的习性——从它们自己的粪便中拾取未消化的肉食，再吃下去。不管怎样，这两种模式都将他们的假设与直立人扩散到开阔的旷原地带及日益扩大的家居范围，以及古人类走出非洲的扩散联系起来。他们都合理强调直立人食谱中的非肉类成分。确实，这是必须好好加以研究的。

对食谱假说的验证，有可能采用化学元素的同位素，比如从牙齿化石和骨骼中提取锶、碳-13、氧-18和氮-15。牛津大学的迈克尔·理查兹（Michael Richards）最近领衔的一项研究显示，克罗地亚的尼安德特人经常吃很多的动物蛋白，其数量居然与大型食肉哺乳动物相当。这项研究分析了一种骨骼蛋白——胶原蛋白，不幸的是，即便有的话，它也很少保存在直立人这样古老的骨骼之中。但是，其他存在于骨骼与牙齿结晶磷灰石结构中的同位素，能够被用于评估食谱[21]，并应该被用来评估直立人的食谱。食谱研究另一令人鼓舞的领域是粪便分析。粪便化石是石化了的粪便[22]，在北京周口店古脊椎动物与古人类研究所的采集品中如果不是几千件的话也有好几百件。从它们的形状判断，大部分是属于鬣狗的，但是如果采集物中哪怕只有一件直立人的粪便化石，就能够提供大量从其他方面无法获知的食谱信息。

食谱和生态自然会引出有关直立人疾病的问题。我们已经讨论过直立人中一种维生素A过量的疾病，还有一种寄生虫疾病（绦虫）。考古学家巴尔-约瑟夫和安·贝尔弗-科恩（Ann Belfer-Cohen）关注最早直立人走出非洲、进入欧亚大陆这种扩散背景中的疾病[23]。他们将非洲称为"细菌园"，认为古人类很可能是逃离寄生虫肆虐和疾病流行的非洲热带地区，扩散到北方比较凉爽和比较健康的环境里。他们提及寄生虫、嗜睡症、疟疾和象皮病是非洲折磨人的流行病，它们很可能促使人群的移动。

大约200万年前的上新世晚期，有几种疾病很可能在非洲变得更加流行，这让巴尔-约瑟夫和贝尔弗-科恩的观点有一定的可信度。大约这个时候或稍早，一种湖泊里的螺蛳——泡螺①首次出现在东非和中非的化石记录中[24]。这种螺蛳是人类血吸虫病最初的传播媒介之一，这种病也许就是从那时开始的。最近的研究表明，疟疾是一种更加晚近的疾病，具有受保护的遗传突变（导致葡萄糖-6-磷酸盐脱氢酶缺乏症），年代只有几千年之久[25]，所以预防疟疾这种寄生虫病，不会在这些推测的动力机制之中。我们已经看到，大约170万年前绦虫似乎已经分开进化，但是向外移出的古人类并没有因进入欧亚大陆而得以幸免，绦虫搭载在古人类和食肉类的肠胃里一起走出非洲。嗜睡病是受采采蝇叮咬而致，由丝虫引起的象皮病起始年代不清，很可能更早就已存在。巴尔-约瑟夫和贝尔弗-科恩没有提及的病毒，在非洲就有许多致命的变异。非洲存在许多影响人类的病毒，特别是在森林地区，其年代可能非常古老，因为它们在那里与我们的祖先和近亲共同进化。艾滋病毒，以及埃博拉病毒、布尼亚病毒、塞姆利基病毒、西尼罗病毒和裂谷热病毒，都是一些非常著名的病毒。逃避非洲的流行病毒，很可能是走出非洲的一个好处，特别是当早期古人类的人口密度已相当高时，这样可以限制病毒从一个人群向另一人群的传播。但是，当直立人离开非洲热带地区，他们很快就扩散到了亚洲的热带地区。这里又有大量和各种潜在的会引起感染的寄生虫病，以及细菌性和病毒性的疾病，存在于当地的猿猴身上，并因那里湿热的森林而十分活跃和猖獗。有人也许会问，如果逃避疾病对于直立人是如此重要，那么为何他们逃离了非洲的"狼窝"，又进入了亚洲的"虎穴"呢？此外，有整整一大批新的疾病产生，

---

① 埃及血吸虫的中间宿主。

图 9.3　山顶洞及从中出土的现代智人头骨

上图：这里显示的是山顶洞，它被发现在第一地点主要发掘区的南面。它在 1931 年至 1933 年被发掘，出土了一批晚更新世动物群化石、大量的石器，以及现代智人的遗骸。

下图：山顶洞出土的一具最完整的现代智人头骨（编号 101）。与直立人不同，该头骨已经完全是现代人的样子。山顶洞人很可能生活在该洞穴之中，证明了在 50 万年间，古人类在龙骨山令人瞩目的连续性。

比如囊胞性纤维症，更容易折磨欧洲和亚洲的人群，这很可能完全抵消了走出非洲的好处。在这一新的研究领域中，仍然存在许多有待说明的问题，而分子学方法也许在调查这些问题上会被证明是最有效的。

检验直立人绝灭的理论

在龙骨山最上层的地层中发现年代大约在41万年前的直立人化石之后，在亚洲大陆已不再见有可靠的直立人记录。在此以后的中国化石古人类，是从金牛山遗址出土的海德堡人头骨，大约28万年前；大荔人，年代大约在20万年前；还有马坝人，距今大约13.2万年。从龙骨山时代之末到最早的海德堡人出现之间大约有13万年的空白，其间中国发生了什么？但是，中国海德堡人具有许多类似直立人的颅骨特征。古人类学家的主流观点是，这些人群是从欧亚大陆西部乃至非洲进入中国的，取代了直立人或与他们共存。但是，中国最晚的直立人与最早的海德堡人在时间上的重叠，事实上从未被论证过。中国古人类学的观点，倾向于直立人向海德堡人的一种就地演化[26]。最近对中国柳江晚期智人遗址的年代测定——距今至少6.8万年，有可能更早——再次坚持了这一观点[27]。据称，该标本和非洲及黎凡特出土的现代智人在解剖学上一样古老，于是支持了中国的就地演化观点。换个角度看，柳江人和他较早的年代，也可以被看作是对我们渐变取代模式的支持，其中我们期望，新物种在世界范围内大致是同时出现的。

龙骨山山顶洞发现的解剖学上的现代智人，时间上要比柳江人晚，但是他们在解剖学特点上相同，并很可能属于关系非常密切的一批人群。这批人群很可能就像"走出非洲"理论所提出的，从非洲迁移到了龙骨山；他们也很可能像多地区说理论家们所坚持的那样，是在当地演化的；或者像我们渐变取代模式所提出的那样，在最后一波取代浪潮中取代了另一批比较原始的人群。在步达生和魏敦瑞看来，如此明显的中国猿人与山顶洞智人之间的进化连续性，远未得到认同。只有更多的研究才能回答这个问题。

我们现代人眺望过去，不只是一种向后的凝视，而且也着眼于我们当下。将直立人视为一种类人的、浓眉凸脊的并最终难免绝灭的远祖似乎过于简单。这种观点忽视了直立人存在的时间长度——150万年，长达现代智人存在时间的15倍，它还忽视了这物种所创造的各种进步。无论如何，这一物种有近似于人类的智慧和文化的适应力。他们改变自己适应环境，而速度显然比北方冰川的定期消融慢很多。直立人属进化出庞大的数量，而且是世界上除其自身后裔外分布最广的灵长类物种。尽管直立人颅骨解剖学特征的独特性——他们的头颅是骨头的护壳，得到巨大眉脊和粗壮圆枕的支撑，以便在攻击性对抗中保护他们的大脑——并且推测他们不会说话，没有现代人水平的那种手艺，但是该物种毕竟发明了两面打制的石器，驯化了火，并学会在冰河时代北半球的气候波动中生存下来。直立人所拥有的各种非凡能力的集合，标志该物种在动物学上的成功。我们从直立人身上继承了许多解剖学和行为上的特征，无论好坏，我们必须牢记在心的是，该物种最终在向我们自身进化的过程中绝灭了。

注　释

第一章　龙骨山之骨

[1]"古人类"（hominid）是指动物学谱系——人猿超科（Hominidae）中的一员，本书使用该术语时包括了人类及其两足行走的祖先。一些作者在使用该术语时统称为猿类与人类，但是本书更偏好使用既成的术语"人科动物"（hominoid）来指这一分类群体。

[2] Schlosser, M. 1903. Die fossilen Säugethiere Chinas. *Abhandlungen der Bayerischen Akademie der Wissenschaften* II, 150: 22.

[3] Osborn, H. F. 1924. American men of the dragon bones. *Natural History*, 24（3）: 350-365.

[4] Ingersoll, E. 1928. *Dragons and Dragon Lore*. Payson & Clarke, New York.

[5] Reader, J. 1981. *Missing Links, the Hunt for Earliest Man*. Little, Brown, Boston.

[6] Andersson, J.G. 1925. Archaeological research in Kansu. *Chinese Geological Survey*, Series A, No. 5.

[7] Andersson, J.G. 1928. *The Dragon and Foreign Devils*. Little, Brown, Boston.

[8] Andersson, J.G. 1934. *Children of the Yellow Earth: Studies in Prehistoric China*. Kegan Paul, Trench, Trubner & Company, London.

[9] Andersson（1934, p. 97）.

[10] Andersson（1934, p. 98）.

[11] Zdansky, O. 1928. Die Säeugetiere der Quatäerfauna von Choukoutien. *Palaeontologia Sinica*, Series C, 5: 1-146.

[12] Andersson（1934, p. 98）.

[13] Andersson（1934, p. 100）.

[14] Reader（1981, p. 104）.

[15] Reader（1981, p. 100）.

[16] Zdansky（1928）.

[17] Andersson（1934, p. 103）.

[18] Hood, D. 1964. *Davidson Black, A Biography*. University of Toronto, Toronto.

[19] Hood（1964）.

[20] Andersson（1934, p. 189）.

[21] Black, D. 1928. A Study of Kansu and Honan Aeneolithic skulls and specimens from Later Kansu prehistoric sites in comparison with North China and other recent crania. I. On measurement and

identification. *Palaeontologica Sinica*, Series D, 6（1）: 1-83.

[22] Black, D. 1926. Tertiary man in Asia: The Choukoutien discovery. *Nature* 118: 733-734.
[23] Andersson（1934, p.1）.
[24] Andersson（1934, pp. 104-105）.
[25] Andersson（1934）.
[26] Hood（1964）.
[27] Black, D. 1927. The lower molar hominid tooth from the Chou Kou Tien deposit. *Palaeontologica Sinica*, Series D, 7（1）: 1-28.
[28] Dart, R.A. 1925. *Autralopithecus africanus*, the man-ape of South Africa. *Nature* 115: 195-199
[29] Andersson（1934）.
[30] Black（1929）.
[31] Andersson（1934, p. 109）.
[32] Spencer, F. 1990. *Piltdown: A Scientific Forgery*. Oxford University Press, New York.
[33] Pei, W. 1929. An account of the discovery of an adult Sinanthropus skull in the Choukoutien cave deposit. *Bulletin of the Geological Society of China* 8: 203-205.
[34] Black, D. 1931a. On the adolescent skull of *Sinathropus pekinensis* in comparison with an adult skull of the same species and with other hominid skulls, recent and fossil. *Palaeontologica Sinica*, Series D, 7（2）: 1-144.
[35] Hood（1964）, P126.
[36] Teilhard de Chardin, P. 1934. Letter to Walter Granger（March 19, 1934）. Granger-Teilhard Collection. Georgetown University Library, letter 1: 11.
[37] Teilhard de Chardin（1934）.
[38] 据说，魏敦瑞不信教，并不认为自己是犹太人，但是德国的"种族主义"政策坚持，任何人只要祖上有犹太人，那他就被认定为犹太人（Wolpoff, M., and R. Caspari. 1997. *Race and Human Evolution*. Simon & Schuster, New York.）。
[39] 古斯塔夫·施瓦博师从伟大的解剖学家和胚胎学家约翰内斯·米勒（Johannes Müller），并与鲁道夫·微耳和同时代。施瓦博是达尔文人类进化论的有力支持者，因而反对微耳和的观点。他当时是尼安德特人解剖学的顶尖专家，并认为尼安德特人是现代人类的祖先。魏敦瑞在他研究和描述杜布瓦的爪哇猿人化石头骨时，就在施瓦博的实验室工作（Wolpof and Casoari, 1997）。
[40] Gregory, W.K. 1949. Franz Weidenreich, 1873-1948. *American Anthropologist* 51: 85-90.
[41] Gregory（1949）.
[42] 贾兰坡主编.《周口店记事（1927—1937）》，上海：上海科学技术出版社，1999.
[43] Teilhard de Chardin, P. 1935a. Letter to Walter Granger（March 27, 1935）. Granger-Teilhard Collection, Georgetown University Library, letter 1: 17.
[44] Teilhard de Chardin, P. 1935b. Letter to Walter Granger（July 25, 1935）. Granger-Teilhard Collection, Georgetown University Library, letter 1: 13.
[45] 贾兰坡（2000）; 另见 Jia, L., and W. Huang. 1990. *The Story of Peking Man, from Archaeology to Mystery*. Oxford University Press, Oxford.
[46] Teilhard de Chardin, P. 1936. Letter to Walter Granger（Fabruary 18, 1936）. Granger-Teilhard Collection, Georgetown University Library.
[47] 虽然位于北平协和医学院的新生代研究室在1941年解散，但是于1949年成立的中国科学院古脊椎动物与古人类研究所继续新生代研究室的工作，一直从事和主持着中国的古人类学研究。步达生和德日进的老同事和老朋友杨钟健博士成为该所的第一任所长。

[48] 根据洛克菲勒自然科学基金会当时的主任沃伦·韦弗（Dr. Warren Weaver）所写的内部报 告（Weaver, W. 1941a. Internal Report ［Friday, June 6, 1941］, Rockefeller Foundation Archives, Sleepy Hollow, N.Y. Record Group 1.1, Series 601D, Box 39, Folder 323）。他写道："魏敦瑞和胡恒德之间对政策的看法存在重大分歧。魏敦瑞认为他根本没有必要离开中国，而他这样做显然是迫不得已，而且是在胡恒德的强制命令下走的。"

[49] 在1941年4月10日写给洛克菲勒基金会中国医学部主任埃德温·洛本斯坦先生（Mr. Edwin Lobenstine）的一封信里，北平协和医学院院长胡恒德写道："几周前，魏敦瑞博士向我提出一个问题，关于是否有可能或可行，并得到中国地质调查所和中国国民政府官员的同意，将人类材料和器物转移到美国的一个大博物馆，以便战时在那里得到照管。在和他及其他相关人士交谈后，其中包括大使馆一秘，我得出结论这样做不妥。"（Houghton, H.S. 1941. Letter to Edwin Lobenstine ［April 10, 1941］. Rockefeller Foundation Archives, Sleepy Hollow, N.Y. Record Group 1.1, Series 601D, Box 39, Folder 323）

第二章　复归龙身

[1] 贾兰坡（1999）。
[2] Jia and Huang（1990, p.152）。
[3] Jia and Huang（1990, p.152）。
[4] Gibney, F. (editor) 1995. *Senso: The Japanese Remember the Pacific War*. M.E. Sharpe, Armonk, NY.
[5] Jia and Huang（1990, p.251）。
[6] Gibney（1995, p. 61）。
[7] 李鸣生、岳南：《寻找"北京人"》，北京：华夏出版社，2000。
[8] Weaver, W. 1941b. Notes on Interview by "WW" with Dr. F. Weidenreich（Friday, June 6, 1941）. Rockefeller Foundation Archives, Sleepy Hollow, N.Y. Record Group 1,1, Series 601D, Box 39, Folder 323.
[9] 自1935年11月起，当纳粹控制的德国通过了《德国公民权法》后，魏敦瑞就失去了德国的正式国籍。该法案规定，德国公民身份根据德国人的"血"而定，也即必须是"雅利安人"祖先的后代（见Proctor, R. 1988. From Anthropologie to Rassenkunde in the German anthropological tradition. In *Bones, Bodies, Behavior. Essays on Biological Anthropology*. History of Anthropology. Vol. 5, Edited by G.W. Stocking, pp. 138–179, University of Wisconsin Press, Madison, p. 160.）魏敦瑞曾申请美国公民，但只是在初步申请阶段（noted in interview transcript by Warren Weaver, see note 8 above）。
[10] Jia and Huang（1990, p.161）。
[11] Wong, W.H.（Weng, W.H.）, and T.H. Yin（翁文灏和尹赞勋）. Letter to Dr. H.S. Houghton（January 10, 1941）. Rockefeller Archives, Sleepy Hollow, N.Y. Record Group 1. 1, Series 601D, Box 39, Folder 323.
[12] Houghton, H.S. 1941. Letter to Edwin Lobenstine（April 10, 1941）. Rockefeller Archives, Sleepy Hollow, N.Y. Record Group 1. 1, Series 601D, Box 39, Folder 323.
[13] Wong（Weng）and Yin（1941）。
[14] Houghton（1941）。
[15] Houghton（1941, p. 2）。
[16] 在他1941年4月的信中，胡恒德写道："如你所知，魏敦瑞博士马上就要前往纽约，我让他捎去这封信。"
[17] 魏敦瑞认为他自己没有祖国。

[18] Weaver(1941b).
[19] Weaver, W., and R.B. Fosdick, 1941. Notes on Interview by "WW" with "RBF" (Friday, June 6, 1941). Rockefeller Archives, Sleepy Hollow, N.Y. Record Group 1. 1, Series 601D, Box 39, Folder 323.
[20] Jia, L., and W. Huang (1990, p.160).
[21] 李鸣生，岳南（2000）。
[22] Jia and Huang (1990, p.160–161).
[23] Jia and Huang (1990).
[24] Shapiro, H. 1974. *Peking Man: The Discovery, Disappearance and Mystery of a Priceless Scientific Treasure*. Simon & Schuster, New York.
[25] 李鸣生，岳南（2000）。
[26] Beeman, C.L. 1959. Peking Man: Letters. *Science* 130：416.
[27] Lin, J. 1999. Mystery of the Missing Ancient Skulls. *Detroit Free Press*, May 17, 1999. (http://www.100megsfree4.com/farshores/skulls.htm)
[28] Jia and Huang (1990, p.161).
[29] Boaz, N.T. 2002a. Personal communication from Martin Taschdjian, son of Claire Taschdjian, by telephone (December 12, 2002).
[30] 李鸣生，岳南（2000, p.367 页）。
[31] Janus, C., and W. Brashler. 1975. *The Search for Peking Man*. Macmillan, New York.
[32] Boaz, N.T. 2002b. 同 Christopher Janus 的私人电话交谈（2002 年 11 月）。
[33] Interview with Mr. James Stewart-Gordon (Rasky, H. [editor] 1977. *The Peking Man Mystery*. Canadian Broadcasting Company, Toronto).
[34] 胡承志 1977 年 3 月 4 日写给贾兰坡的信。重印于 *The Story of Peking Man, from Archaeology to Mystery*. Edited by L. Jia and W. Huang. 1990. Oxford University Press, Oxford, pp. 160–161.
[35] 《采访裴文中》，《大公报》1950 年 3 月，北京。重印于 *The Story of Peking Man, from Archaeology to Mystery*. Edited by L. Jia and W. Huang. 1990. Oxford University Press, Oxford, pp. 171–172.
[36] Jia and Huang (1990, p.172).
[37] Hasebe, K. 1915. Notes on the local customs of the Marshall Island. *Journal of the Anthropological Society of Tokyo* 30(7): 278–279.
[38] Fortuyn, A.B.D. 1942. Excerpt from report of Dr. Foruyn on Department of Anatomy. P.U.M.C.—Part Two, dated December 5, 1941, with cover memorandum from "AMP" [Agnes M. Pearce, Secretary, China Medical Board, Inc.] (Rockefeller Archives, Sleepy Hollow, N.Y. Record Group 1. 1, Series 601D, Box 39, Folder 323.).
[39] Jia and Huang (1990, p.172).
[40] 李鸣生，岳南（2000）。
[41] Jia and Huang (1990, p.167).
[42] Jia and Huang (1990, p.162–165).
[43] Jia and Huang (1990, p.165).
[44] 采访 Dr. Lucian W. Pye (Rasky, 1977).
[45] Taschdjian, C. 1977. *The Peking Man Missing*. Harper & Row, New York, p. 119.
[46] Boaz (2002a).
[47] Tobias, P., W. Qian, and J.L. Cormack. 2000. Davidson Black and Raymond Dart: Asian-African

parallels in paleanthropologiy. *Acta Anthropologica Sinica*, Supplement 19, Institute of Vertebrate Paleontology and Paleoanthropology, Beijing.(《人类学学报》19 卷增刊，2000 年).

第三章　巨人与基因：北京人进化意义的观念流变

[1] Jia and Huang（1990）.

[2] Weidenreich, F. 1939a. Sinanthropus and his significance for the problem of human evolution. *Bulletin of the Geological Society of China* 19: 1–17.

[3] Weidenreich（1939a, p. 11）.

[4] Hrdlička, A. 1920. Shovel-shaped teeth. *American Journal of Physical Anthropology* 3: 429–465.

[5] Smith, G.E. 1932. The discovery of primitive man in China. In *Smithsonian Report for 1931*. U.S. Government Printing Office, Washington D.C., pp. 531–547.

[6] Weidenreich, F. 1930. Ein neuer Pithecanthropus–Fund in China. *Natur und Museum* 60（12）: 546–551; see also chapter 1, note 39.

[7] 孔尼华由他在慕尼黑时的一位教授费迪南德·布罗里（Ferdinand Broili）提名出任荷兰地质调查所的职位。有趣的是，布罗里也是后来成为龙骨山发掘领导者之一的杨钟健的导师，1927 年杨钟健从慕尼黑获得博士学位，比孔尼华早一年。虽然两人应该彼此相熟，但是没有证据表明他们在离开慕尼黑后曾经见过面或有联系。

[8] Koenigwald, G.H.R. von 1931a. *Sinanthropus, Pithecanthropus* en de ouderdom van de Trinil–Lagen. *Mijuingenieur* 1931: 198–202.

[9] Koenigwald, G.H.R. von. 1931b. Fossilen uit Chineesche apotheen in West–Jawa. Azneinittel bei den Chinesen auf Java. *Natur und Museum* 62（9）: 292–295.

[10] Koenigwald, G.H.R. von. 1936. Erste Mittelung über einen fossilen Hominiden aus dem Altpleistozän Ostjavas. *Natur und Museum* 62: 292–295; Koenigwald, G.H.R. von. 1937. Ein Underkieferfragment des *Pithecanthropus* aus dem Trinil–schichten Mittlejavas. *Koninkl. Nederl. Akademie van Wetenschappen* 40: 883–895.

[11] Koenigwald, G.H.R. von. 1938. Ein neuer Pithecanthropus–Schädel. *Koninkl. Nederl. Akademie van Wetenschappen* 42: 185–192.

[12] Weidenreich, F. 1940. Man or Ape? *Natural History* 45: 32–37.

[13] 孔尼华 1902 年 11 月 13 日出生于柏林，并非有时被坚称的"荷兰人"（e.g. Walker, A., and P. Shipman. 1996. *The Wisdom of the Bones: In Search of Human Origins*. Alfred A. Knopf, New York）。他在黑彭海姆山区读中学，在柏林、蒂宾根、科隆和慕尼黑（他从后者获得博士学位）读大学。在 1947 至 1968 年间，孔尼华确实在荷兰的乌得勒支大学任古生物学教授，但是后来回到德国，在法兰克福的森根堡博物馆工作，并一直待在那里直到 1982 年去世。

[14] Boaz, N.T. 1975.《采访孔尼华》，法兰克福，森根堡博物馆。

[15] Koenigwald, G.H.R. von, and F. Weidenreich. 1938. Discovery of an additional Pithecanthropus skull. *Nature* 142: 715.

[16] Weidenreich, F. 1939b. The classification of fossil hominids and their relation to each other, with special reference to *Sinanthropus pekinensis*. *Bulletin of the Geological Society of China* 19: 64–75.

[17] Koenigwald, G.H.R. von, and F. Weidenreich. 1939. The relationship between *Pithecanthropus* and *Sinanthropus*. *Nature* 144: 926–929.

[18] 军官沃尔特·费尔塞维斯（Walter Fairservis）曾在哥伦比亚大学师从哈里·夏皮罗博士学习体质人类学。

[19] Weidenreich, F. 1943. The skull of *Sinanthropus pekinensis*: A comparative study on a primitive

hominid skull. *Palaeontologia Sinica*, New Series D, 10: 1–485.
[20] Weidenreich, F. 1941a. *The Brain and Its Role in the Phylogenetic Transformation of the Skull*. American Philosophical Society, Philadelphia.
[21] Gregory (1949).
[22] Ciochon, R.J. Olsen, and J. James. 1990. *Other Origins: The Search for the Giant Ape in Human Prehistory*. Bantam, Doubleday, New York.
[23] "多地区进化说"是由密歇根大学古生物学家米尔福德·沃尔波夫提出的一个术语（Wolpoff, M. 1999. *Paleoanthropology*, 2nd ed. McGraw-Hill, New York; 另见 Hawks, J., K. Hunley, S. Lee, and M. Wolpoff. 2000. Population bottlenecks and Pleistocene human evolution. *Molecular Biological Evolution* 17: 2–22.).
[24] Washburn, S.L., and D. Wolffson (editors). 1949. *The Shorter Anthropological Papers of Franz Weidenreich Published in the Period 1939-1948: A Memorial Volume*. The Viking Fund, New York.
[25] Boaz, N.T. 1981. History of American paleoanthropological research on early Hominidae, 1925–1980. *American Journal of Physical Anthropology* 56: 397–406.
[26] Rightmire, G.P. 1990. *The Evolution of Homo erectus: Comparative Anatomical Studies of an Extinct Human Species*. Cambridge University Press, Cambridge.
[27] Issac, G.L. 1975. Sorting out the muddle in the middle: An anthropologist's post-conference appraisal. In *After the Australopithecine*. Edited by K. Butzer and G.L. Issac, Mouton, The Hague, pp. 875–887.
[28] Dobzhansky, T. 1937. *Genetics and the Origin of Species*. Columbia University Press, New York.
[29] Washburn, S.L. 1983. Evolution of a teacher. *Annual Review of Anthropology* 12: 1–24. 重印于 *The New Physical Anthropology: Science, Humanism, and Critical Reflection*. Edited by S. Strum, D.G. Lindburg, and D.Hamburg. Prentice Hall, Upper Saddle River.
[30] Washburn, S.L. 1946. The effect of facial paralysis on the growth of the skull of rat and rabbit. *Anatomical Record* 94: 163–168; Washburn, S.L. 1947. The relation of the temporal bone to the form of the skull. *Anatomical Record* 99: 239–248.
[31] Weidenreich (1941).
[32] Weidenreich. F. 1946. *Apes, Giants, and Man*. University of Chicago Press, Chicago, p. 89.
[33] Dobzhansky, T. 1942. Races and methods of their study. *Transactions of the New York Academy of Sciences* 4: 115–133.
[34] Weidenreich (1946, p. 3).
[35] Simpson, G.G. 1945. the principles of classification and the classification of mammals. *Bulletin of the American Museum of Natural History* 85: 1–350.
[36] Washburn, S. 1951. The new physical anthropology. *Transactions of the New York Academy of Sciences* 13: 298–304.
[37] Washburn, S. 1964. The origin of races: Weidenreich's opinion. *American Anthropologist* 66: 1165–1167.

第四章 第三功能：北京人神秘头骨的假说

[1] U.S. Department of Health and Human Services. 2002. Deaths: Leading Causes for 2000. *National Vital Statistics Reports* 50(16): 1–86.
[2] 有趣的是，魏敦瑞在其早期职业生涯里，曾发表了几篇有关非洲南猿和它们对人类进化意义的文章。但是，他的总体看法，特别是在接过对龙骨山直立人进行阐释的任务后，认为

南猿明显位于人猿进化分道扬镳之后的猿类一边。在他1943年的专著中，令人惊讶的是他一点都没有提及南猿。魏敦瑞只是约略讨论过非洲更新世晚期的智人、奥杜威1号古人类，以及从莱托里出土的非洲猿人化石（*Africanthropus*）。

[3] Brown, P. 1994. Cranial vault thickness in Asian *Homo erectus* and *Homo sapiens*. *Courier Forschungs-Institut Senckenberg* 17: 33–46.

[4] Taplin, A. 1874. *The Narringyeri: An Account of the Bribes of South Australian Aborigines Inhabiting the Country Around the Lakes Alexandrina, Albert, and Coorong, and the Lower Part of the River Murray*, E.S. Wigg & Son, Adelaide.

[5] Brown（1994, p. 42）.

[6] 智人中由于疟疾而引起颅骨增厚的最早记录，发现在刚果民主共和国的伊尚戈（Ishango）考古遗址（Boaz, N.T., P. Pavlakis, and A.S. Brooks. 1990. Late Pleistocene-Holocene human remains from the Upper Semliki, Zaire. In *Evolution of Environments and Hominidae in the African Western Rift Valley*. Edited by N.T. Boaz. Virginia Museum of Natural History, Memoir No. 1, pp. 3–14）。

[7] Bartsiokas, A. 2002. Hominid cranial bone structure: A histological study of Omo I specimen from Ethiopia using different microscopic techniques. *Anatomical Record* 267: 52–59.

[8] LeCount, E.R., and C.W. Apfelbach. 1920. Pathologic anatomy of traumatic fractures of the cranial bones and concomitant brain injuries. *Journal of the American Medical Association* 74: 501–511.

[9] Boaz, N.T. 1999. Personal observation. NTB, Bosnia Project. Physicians for Human Rights.

[10] Le Fort, R. 1901. Étude experimentale sur les fractures de la machoire supérieure. *Revue de Chirugie* 23: 201–210.

[11] Weidenreich, F. 1951. Morphology of Solo Man. *Anthropological Papers of the American Museum of Natural History* 43: 205–290.

[12] Hawks, J. 2003. The browridge: Pleistocene body armor. *American Journal of Physical Anthropology*, Supplement 36: 112.

[13] Weidenreich, F. 1938. The ramification of the middle meningeal artery in fossil hominids and its bearing upon phylogenitic problems. *Palaeontologia Sinica*, New Series D, 3: 1–16.

[14] Weidenreich（1943）.

[15] Rogers, L.F. 1992. *Radiology of Skeletal Trauma*. Churchill Livingstone, New York.

[16] Falk, D. 1992. *Braindance*. Henry Holt & Company, New York.

第五章 准人类的适应行为

[1] Black, D. 1930. On an adolescent skull of *Sinanthropus pikinensis* in comparison with an adult skull of the same species and with other hominid skulls, recent and fossil. *Palaeontologica Sinica* Series D, 7, p. 208 [转引自：裴文中、张森水：《中国猿人石器研究》，北京：科学出版社，1985，第263页].

[2] 裴文中、张森水：《中国猿人石器研究》，北京：科学出版社，1985，第263页。

[3] 贾兰坡（2000, p. 137）.

[4] Pei, W. 1931a. Notice of the discovery of quartz and other stone artifacts in the Lower Pleistocene hominid-bearing sediments of the Choukoutien cave deposit. *Bulletin of the Geological Society of China* 11: 109–146.

[5] Teilhard de Chardin, P., and W. Pei. 1932. The lithic industry of the *Sinanthropus* deposits in Choukoutien. *Bulletin of the Geological Society of China* 11: 317–358.

[6] Teilhard de Chardin, P.1941. *Early Man in China*. No.7. Institut de Géo-Biologie, Pékin.

[7] Teilhard (1941, p. 60).

[8] Breuil, H., 1939. Bone and antler industry of the Choukoutien *Sinanthropus* site. *Palaeontologia Sinica* 117: 1–93.

[9] 步日耶关于骨、角、牙工具早于石器的想法，构成了雷蒙德·达特后来广为人知的"骨角牙"文化的基础，这是他在 1930 年为南非马卡潘遗址的南猿而提出的。最初由布赖恩（C.K. Brain）所从事的埋藏学研究（Brain, C. 1981. *The Hunters or the Hunted? An Introduction to African Cave Taphonomy*. University of Chicago Press, Chicago）表明，这些所谓的骨器实际上是食肉类，特别是鬣狗造成的遗存。

[10] Breuil (1939, p. I).

[11] Breuil (1939, p. 4).

[12] Breuil (1939, Plate 19, pp. 78–79).

[13] Binford, L.R., and C.K. Ho. 1985. Taphonomy at a distance: Zhoukoudian, "the cave home of Beijing man?" *Current Anthropology* 26: 412–442; Binford, L.R., and N.M. Stone. 1986. Zhoukoudian: A closer look. *Current Anthropology* 27: 453–475.

[14] Black, D. 1931b. Evidence of the use of fire by *Sinanthropus*. *Bulletin of the Geological Society of China* 11: 107–198.

[15] Breuil, H., 1931. Le feu et l'industrie lithique et osseuse à Choukoutien. *Bulletin of the Geological Society of China* 11: 147–154.

[16] Goldberg, P., S. Weiner, O. Bar-Yosef, Q. Xu, and J. Liu. 2001. Site-formation processes at Zhoukoudian, China. *Journal of Human Evolution* 41: 483–530.

[17] Weiner, S., Q. Xu, P. Goldberg, J.Y. Liu, and O. Bar-Yosef. 1998. Evidence for the use of fire at Zhoukoudian, China. *Science* 281: 251–253.

[18] Pope, G.G. 1993. Ancient Asia's cutting edge. *Natural History* 5: 55–59.

[19] Movius, H.L. 1969. Lower Paleolithic archaeology in southern Asia and the Far East. In *Studies in Physical Anthropology*: *Early Man in the Far East*. Edited by W.W. Howells, pp. 17–77. Anthropological Publications, The Netherlands.

[20] Schick, K.D., N.S. Toth, Q. Wei, J.D. Clark, and D. Etler. 1991. Archaeological perspectives in the Nihewan Basin, China. *Journal of Human Evolution* 27: 13–26.

[21] Hopwood, D.E. 2003a. Behavioral difference in the early to mid-Pleistocene: Were African and Chinese *Homo erectus* really that different? *American Journal of Physical Anthropology*, Supp 36: 117–118.

[22] Clark, J.D., and W.K. Harris. 1986. Fire and its roles in early hominid lifeways. *African Anthropological Review* 3: 3–29.

[23] Rowlett, R. 1999. Did the use of fire for cooking lead to a diet change that resulted in the expansion of brain size in *Homo erectus* from that of *Australopithecus africanus*? *Science* 283: 2005.

[24] 参见 Howell, F.C. 1965. *Early Man*. Time-Life, New York.

[25] Hoberg, E., N.L. Alkire, A. de Queiroz, and A. Jones. 2001. Out of Africa: Origins of the Taenia tapeworms in human. *Proceedings of the Royal Society of Biological Science* 268(1469): 781–787.

[26] Milius, S. 2001. Tapeworms tell tales of deeper human past. *Science News* 159: 215–216.

第六章 直立人的年代与气候

[1] Teilhard de Chardin (1941).

[2] 赵树森等:《北京猿人遗址年代学的研究》，见吴汝康等著《北京猿人遗址综合研究》，科学出版社，1985，第 246—255 页。

［3］原思训、陈铁梅、高世君、胡艳秋:《周口店骨化石的铀系年代研究》,《人类学学报》1991年10卷3期,第189—193页。

［4］Shen, G., and L. Li. 1993. Restudy of the upper age limit of Beijing Man site. *International Journal of Anthropology* 8: 95–98.

［5］钱方、张景鑫、殷伟德:《周口店猿人洞堆积物磁性地层的研究》,《科学通报》1980年25卷4期,第359页。

［6］Zhou, C., Z. Liu, Y. Wang, and Q. Huang. 2000. Climate cycle investigated by sediment analysis in Peking Man's cave at Zhoukoudian, China. *Journal of Archaeological Science* 27: 101–109.

［7］Goldberg et al.（2001）.

［8］Zhou et al.（2000）.

［9］谢又予等:《周口店北京猿人生活时期的环境》,见吴汝康等著《北京猿人遗址综合研究》,科学出版社,1985,第185—215页。

［10］Turner, C. 2003. When people fled hyenas: Oversized hyenas may have delayed human arrival in North America（review by Lee Dye）, http://abcnews.go.com/sections/scitech/DyeHard/dyehard021120.html（accessed June, 2003）.

［11］Spencer, L.M. 1997. Dietary adaptations of Plio-Pleistocene Bovidae: Implications for hominid habitat use. *Journal of Human Evolution* 32: 201–228.

［12］Boaz, N.T. 1979. Early hominid population densities: New estimates. *Science* 206: 592–595; Aiello, L.C., and J. Wells. 2002. Energetics and the evolution of the genus *Homo*. *Annual Review of Anthropology* 31: 323–338.

［13］Walker, A., and R. Leakey. 1993. *The Nariokotome* Homo erectus *Skeleton*. Harvard University Press, Cambridge.

［14］Isbell, L.A., J.D. Bruetz, M. Lewis, and T.P. Young. 1998. Locomotor activity differences between sympatric patas monkeys（*Erythrocebus patas*）and vervet monkeys（*Cercopithecus aethiops*）: Implication for the evolution of long hindlimb length in *Homo*. *American Journal of Physical Anthropology* 105: 199–207.

［15］Chaney, R. 1935. The food of "Peking Man". *Carnegie Inst. Washington, New serv.* B, 3（25）: 198–202.

第七章　龙骨山人类的性质:大脑、语言、用火和食人之风

［1］小脑症,从统计学和诊断上被定义为比人群平均值小两个平均差的颅容量（Opitz, J.M., and M.C. Holt. 1990. Microcephaly: General considerations and aids to nosology. *Journal of Craniofacial Genetics and Developmental Biology* 10（2）: 175–204.）,可能有不同的原因,并伴有许多临床可辨的症状。它常常与大脑发育不全、先天畸形和智力障碍有关,并会在X染色体或常染色体上以显性或隐性方式遗传（见Online Mendelian Inheritance in Man. http://www.ncbi.nlm.nih.gov.）。

［2］Keith, A. 1927. The brain of Anatole France. *British Medical Journal* 2: 1048–1049.

［3］Black, D., P. Teilhard de Chardin, C.C. Young, and W.C. Pei. 1933. Fossil man in China: The Choukoutien cave deposits with a synopsis of our present knowledge of the late Cenozoic in China. *Memoirs of the Geological Survey of China*, Beijing, Series A. No. 11.

［4］Weidenreich, F. 1936a. Observations on the form and the proportions of the endocranial casts of *Sinanthropus pekinensis*, other hominids, and the great apes: A comparative study of brain size. *Palaeontologia Sinica*, New Series D, 7（4）: 1–50.

［5］Laitman, J., and R.C. Heimbuch. 1982. The basicranium of Plio-Pleistocene hominids as an indicator of their upper respiratory systems. *American Journal of Physical Anthropology* 50: 323-343.

[6] Kay, R., M. Cartmill, and M. Balow. 1998. The hypoglossal canal and the origin of human vocal behavior. *Proceedings of the National Academy of Sciences, USA* 95: 5417-5419.

[7] DeGusta, D., W.H. Gilbert, and S.P. Turner. 1998. Hypoglossal canal size and hominid speech. *Proceedings of the National Academy of Sciences, USA* 96: 1800-1804.

[8] MacLarnon, A. 1993. The vertebral canal. In *The Nariokotome* Homo eructus *Skeleton*. Edited by A. Walker and R. Leakey. Harvard University Press, Cambridge, pp. 359-390.

[9] Krantz, G.S. 1980. Sapienization and speech. *Current Anthropology* 21: 773-792.

[10] Klein, R.G., and B. Edgar. 2002. *The Dawn of Human Culture*. John Wiley & Sons, New York.

[11] Boesch, C., and H. Boesch. 1990. Tool use and tool making in wild chimpanzees. *Folia Primatologica* 54: 86-99.

[12] Breuil, H. 1939. Bone and antler industry of the Choukoutien *Sinanthropus* site. *Palaeontologia Sinica*, New Series D, 6: 1-93.

[13] Boaz, N.T., R.L. Ciochon, Q. Xu, and J. Liu. 2000. Large mammalian carnivores as a taphonomic factor in the bone accumulation at Zhoukoudian.《人类学学报》增刊 19: 224-234.

[14] Villa, P. 1992. Cannibalism in prehistoric Europe. *Evolutionary Anthropology* 3: 93-104; Villa, P., C. Bouville, J. Courtin, D. Helmer, E. Mahieu, P. Shipman, G. Belluomini, and M. Branca. 1986. Cannibalism in the Neolithic. *Science* 233: 431-437; White T. 1992. *Prehistoric Cannibalism at Mancos 5MTUMR-2346*. Princeton University Press, Princeton.

[15] Asfaw, B., T.D. White, O. Lovejoy, B. Latimer, S. Simpson, and G. Suwa. 1999. *Australopithecus garhi*: A new species of early hominid from Ethiopia. *Science* 284: 629-635.

[16] Fernandez, Y., J.C. Diez, I. Caceres, and J. Rosell. 1999. Human cannibalism in the early Pleistocene of Europe (Gran Dolina, Sierra de Atopuerco, Burgos, Spain). *Journal of Human Evolution* 37: 591-622.

[17] "Wir können daher wohl mit Recht als eine besondere (21ste) Stufe unserer menschilichen Ahnenreihe den sprachlosen Menschen (Alalus) oder Affenmenschen (*Pithecanthropus*) unterscheiden, welcher zwar korperlich dem Menschen in allen wesentlichen Merkmalen schon gleichgebider, aber noch ohne den Besitz der gegliederten Wortsprache war." (Haeckel, E. 1868. *Natürliche Schöpfungsgeschichte*. Fischer, Jena).

[18] Walker, A., M.R. Zimmerman, and R.E. Leakey. 1982. A possible case of hypervitaminosis A in *Homo erectus*. *Nature* 296: 248-250.

[19] 最近对 ER 1808 直立人骨架的病理学骨骼沉淀的解释是，这个个体患雅司病，这是一种螺旋体细菌的寄生感染（Rothschild, B.M., I. Hershkovitz, and C. Rothschild. 1995. Origin of yaws in the Pleistocene. *Nature* 378: 343.）。如果是这样的话，这可能是世界上迄今为止所知这一病例的最早证据。雅司病一般折磨年龄在 2 岁到 5 岁的儿童，在炎热和湿热的热带地区的拥挤条件下最为常见。虽然有可能，但是这一解释对于当时位于并不"湿热"的肯尼亚北部地区且人口稀少的中更新世成年古人类来说似乎不太可能。

[20] O'Connell, J., K. Hawkes, and N.G. Blurton Jones. 1999. Grandmothering and the evolution of *Homo erectus*. *Journal of Human Evolution* 36: 461-486.

[21] Elgar, M.A., and B.J. Crespi (editors). 1992. *Cannibalism: Ecology and Evolution Among Diverse Taxa*. Oxford University Press, Oxford.

[22] Wynn, T. 1993. Two developments in the mind of *Homo erectus*. *Journal of Anthropological Archaeology* 12: 299-322.

[23] Wynn (1993, p. 299).

第八章 始与终：解答直立人出现与消失的根本问题

[1] 本书采用的"古人类"（hominid）这一术语，在一般公认的意义上是指人科（hominidae）家族中的成员，由人类及其两足行走的祖先组成。有些专家采用"hominin"来指这一群体，这是用来指某动物群落的分类学术语。在本书的用法里，古人类（hominids）是与猿类家族完全分开的独特家族——猿类家族和人类家族被放在人猿超科（Hominoidea）的超级家族中。

[2] 有关人猿超科进化的概述，可参见 Boaz, N.T., and A.J. Almquist. 2002. *Biological Anthropology*, 2nd ed. Prentice Hall, Upper Saddle River, N.J.; 与 Fleagle, J.G. 1998. *Primate Evolution and Adaptation*, 2nd ed. Academic Press, London.

[3] 见 Boaz, N.T. 1997a. *Eco Homo*. Basic Books, New York.

[4] Tobias, P., and G.H.R. von Koenigswald. 1964. A comparison between the Olduvai hominines and those of Java and some implications for hominid phylogeny. *Nature* 204: 515–518.

[5] Boaz, N.T., and F.C. Howell, 1977. A gracile hominid cranium from upper Member G of the Shungura Formation, Ethiopia. *American Journal of Physical Anthropology* 46: 93–108.

[6] Cronin, J., N.T. Boaz, C.B. Stringer, and Y. Rak. 1981. Tempo and mode in hominid evolution. *Nature* 292: 113–122.

[7] Tobias, P.V. 1991. *Olduvai Gorge, Vol. 4. The Skulls, Endocasts, and Teeth of Homo habilis*. Cambridge University Press, Cambridge.

[8] Brown, F. 1994. Development of Pliocene and Pleistocene chronology of the Turkana Basin, East Africa, and its relation to other sites. In *Integrative Paths to the Past: Paleoanthropological Advances in Honor of F. Clark Howell*. Edited by R.S. Corrunccini and R. L. Ciochon. Prentice Hall, Englewood Cliffs, New Jersey, pp. 285–312.

[9] Sartono, S. 1971. Observations on a new skull of *Pithecanthropus erectus* (*Pithecanthropus* VIII) from Sangiran, Central Java. *Courier Forschungs-Institut Senckenberg* 74（2）: 185–194.

[10] 这件标本在1936年被孔尼华命名为莫佐克托人（*Homo modjokertensis*），而在最近由苏珊·安东（Susan Anton）所做的一项研究中被认为是早期直立人（Anton, S. 2002. Evolutionary significance of cranial variation in Asian *Homo erectus*. *American Journal of Physical Anthropology* 118: 301–323）。

[11] Swisher III, C.C., G.H. Curtis, T. Jacob, A.G. Gerry, A. Suprijo, and Widiasmoro. 1994. Age of the earliest known hominids in Java, Indonesia. *Science* 266: 1118–1121.

[12] Huang, W., R.L. Ciochon, Y. Gu, R. Larick, Q. Fang, C. Yonge, J. de Vos, H. Schwarcz, and W. Rink. 1995. Early *Homo* and associated artifacts from Asia. *Nature* 378: 275–802.

[13] Gabunia, L., A. Vekua, and D. Lordkipanidze. 2000. The environmental contexts of early human occupation of Georgia (Transcaucasia). *Journal of Human Evolution* 38（2）: 785–802.

[14] Groves, C.P., and V. Mazak. 1975. An approach to the taxonomy of the Hominidae: Gracile Villafranchian hominids of Africa. *Casopis pro Mineralogii a Geologii* 20: 225–247.

[15] Boaz (1997a).

[16] Larick, R., and R.L. Ciochon. 1996a. The African emergence and early Asian dispersals of the genus *Homo*. *American Scientist* 84: 538–551.

[17] Boaz, N.T. 1997b. Calibration and extension of the record of Plio-Pleistocene Hominidae. In *Biological Anthropology: The State of the Science*. Edited by N.T. Boaz and L. Wolfe. 2nd ed. International Institute of Human Evolutionary Research, Bend Oregon, pp. 25–52.

[18] Cann, R.L., M. Stoneking, and A.C. Wilson. 1987. Mitochondrial DNA and human origin. *Nature* 325: 31–36.

[19] Eller, E. 2002. Population extinction and recolonization in human demographic history. *Mathematical Biosciences* 177/178: 1–10.

[20] Stringer, C.B., and R. McKie. 1997. *African Exodus*: *The Origins of Modern Humanity*. Henry Holt, New York.

[21] Ruff, C. 1991. Climate and body shape in hominid evolution. *Journal of Human Evolution* 21: 81–105.

[22] Zuckerkandl, E., and L. Pauling. 1965. Molecules as documents of evolutionary history. *Journal of Theoretical Biology* 8（2）: 357–366.

[23] 见 Strum, S.C., D. Lindburg, and D. Hamburg (editors). 1999. *The New Physical Anthropology Science, Humanism, and Critical Reflection*. Prentice Hall, Upper Saddle River, N.J.

[24] Aiello and Wells (2002); Anton, S.C., W.R. Leonard, and M.L. Robertson. 2002. An ecomorphological model of the initial hominid dispersal from Africa. *Journal of Human Evolution* 43: 773–785.

[25] Huffman, O.F. 2001. Geologic context and age of the Perning/Mojokerto *Homo erectus*, East Java. *Journal of Human Evolution* 40: 353–362.

[26] Anton, S. 2002, Evolutionary significance of cranial variation in Asian *Homo erectus*. *American Journal of Physical Anthropology* 118: 301–323.

[27] Anton, S. 2002, Evolutionary significance of cranial variation in Asian *Homo erectus*. *American Journal of Physical Anthropology* 118: 301–323.

[28] 俗称为"走出非洲"的理论来自丹麦作家艾萨克·丹森（Isak Dinesen）的一部同名小说（Dinesen, I.［K. Blixen］. 1937. *Out of Africa*. Putnam, London）。1985年被拍成电影，由西德尼·波拉克（Sydney Pollack）执导，梅丽尔·斯特里普（Meryl Streep）和罗伯特·雷福德（Robert Redford）主演。

[29] Swisher III, C.C., W.J. Rink, S.C. Anton, H.P. Schwarcz, G.H. Curtis, A. Suprijo, and Widiasmoro. 1996. Latest *Homo erectus* in Java: Potential contemporaneity with *Homo sapiens* in Southeast Asia. *Science* 274: 1870–1874.

[30] Rightmire, G.P. 1998. Human evolution in the Middle Pleistocene: The role of *Homo heidelbergensis*. *Evolutional Anthropology* 6: 218–227.

[31] Boaz (1997a).

[32] Heslop, D., M.J. Dekkers, and C.G. Langereis. 2002. Timing and structure of the Mid-Pleistocene transition: Records from the loess deposits of northern China. *Palaeogeography, Palaeoclimatology, Palaeoecology* 185: 133–143.

[33] Swisher et al (1996).

[34] Templeton, A. 2002. Out of Africa again and again. *Nature* 416: 45–51.

第九章　检验新假说

[1] Zhu, R., X. Pan, B. Guo, C.D. Shi, Z.T. Guo, B.Y. Yuan, Y.M. Hou, W.W. Huang, K.A. Hoffman, R. Potts, and C.L. Deng. 2001. Earliest presence of human in northeast Asia. *Nature* 413: 413–417.

[2] Cronin et al (1981).

[3] Krings, M., H. Geisert, R.W. Schmitz, H. Krainitzki, and S. Paabo. 1999. DNA sequence of the mitochondrial hypervariable region II from the Neandertal-type specimen. *Proceedings of the National Academy of Sciences* 96: 5581–5585.

［4］Simpson, G.G. 1964. *Tempo and Mode in Evolution*. Hafner, New York.
［5］Boaz, N.T., D. Ninkovich, and M. Rossignol-Strick. 1982. Paleoclimatic setting for *Homo sapiens neanderthalensis*. *Naturwissenschaften* 69: 29–33.
［6］Arsuaga, J.L., I. Martinez, C. Lorenzo, A. Gracia, A. Muñoz, O. Alonso, and J. Gallego. 1999. The human cranial remains from Gran Dolina Lower Pleistocene site (Sierra de Atapuerca, Spain). *Journal of Human Evolution* 37: 431–457.
［7］McCown, T.D., and A. Keith. 1937–1939. *The Stone Age of Mount Carmel. II. The Fossil Human Remains from the Levalloiso-Mousterian*. Clarendon, Oxford.
［8］Bar-Yosef, O. 1998. Early colonizations and cultural continuities in the Lower Paleolithic of Western Asia. In *Early Bahavior in Global Context: The Rise and Diversity of the Lower Palaeolithic Record*. Edited by M. Petraglia and R. Korisettar. Routledge, London, pp. 221–279.
［9］Flint, R.F. 1971. *Glacial and Quaternary Geology*. Wiley, New York.
［10］Smith, F., E. Trinkaus, P.B. Pettitt, I. Karavanic, and M. Paunovic. 1999. Direct radiocarbon dates from Vindija G1 and Velika Pecina Late Pleistocene hominid remains. *Proceedings of the National Academy of Sciences* 96 (22): 12281–12286.
［11］Duarte, C., J. Mauricio, P.B. Pettitt, P. Souto, E. Trinkaus, H. van der Plicht, and J. Zilhao. 1999. The early Upper Paleolithic human skeleton from Abrigo do Lagar Velho (Portugal) and modern human emergence in Iberia. *Proceedings of the National Academy of Sciences* 96: 7604–7609.
［12］Stringer and McKie (1977).
［13］Bar-Yosef, O., and A. Belfer-Cohen. 2001. From Africa to Eurasia—early dispersals. *Quaternary International* 75: 19–28.
［14］Brown (1994).
［15］Ardrey, R. 1961. *African Genesis: A Personal Investigation into the Nature of Man*. Atheneum, New York.
［16］Blumenshine, R., J.A. Cavallo, and S.D. Capaldo. 1994. Competition for carcasses and early hominid behavioral ecology: A case study and conceptual framework. *Journal of Human Evolution* 27: 197–213.
［17］Aiello, L.C., and P.L. Wheeler. 1995. The expensive tissue hypothesis: The brain and the digestive system in human and primate evolution. *Current Anthropology* 36: 199–221.
［18］"//"音素在哈德扎语（坦桑尼亚）中代表一种吸气音。
［19］O'Connell et al. (1999).
［20］Wrangham, R., J.H. Jones, G. Laden, D. Pilbeam, and N. Conklin-Brittain. 1999. The raw and stolen: Cooling and the ecology of human origins. *Current Anthropology* 5: 567–594.
［21］Sillen, A., G. Hall, and R. Armstrong. 1998. $^{87}Sr/^{86}Sr$ ratios in modern and fossil food-webs of the Sterkfontein Valley: Implications for early hominid habitat preferences. *Geochimica et Cosmochimica Acta* 62: 2463–2478.
［22］Jouy-Avantin, F., A.Debenath, A.-M. Moigne, and H. Moné. 2003. A standardized method for the description and the study of corprolites. *Journal of Archaeological Science* 30 (3): 367–372.
［23］Bar-Yosef, O., and A. Belfer-Cohen. 2000. Early human dispersals: The unexplored constraint of African diseases. In *Early Humans at the Gates of Europe*. Edited by D. Lordkipanidze, O. Bar-Yosef, and M. Otte. Proceedings of the First International Symposium, Dmanisi, Tbilisi, Georgia. *Etudes et Recherches Archaeologiques de l'Université de Liège* 92: 79–86.
［24］Williamson, P.G. 1981. Paleontological documentation of specication in Cenozoic mollusks from Turkana Basin. *Nature* 293: 437–443.

[25] Tishkoff, S.A., R. Varkonyi, N. Cahinhinan, S. Abbes, G. Argyropoulos, G. Destrop-Bisol, A. Drousiotou, B. Dangerfield, G. Lefranc, J. Loiselet, A. Piro, M. Stoneking, A. Tagarelli, G. Tagarelli, E. Touma, S. Williams, and A. Clark. 2001. Haplotype diversity and linkage disequilibrium at human *G6PD*: Recent origin of alleles that confer malarial resistance. *Science* 293: 455–462.

[26] 吴新智:《中国的早期智人》，见吴汝康、吴新智、张森水主编《中国远古人类》，北京：科学出版社，1989。

[27] Shen, G., W. Wang, Q. Wang, J. Zhao, K. Collerson, C. Zhou, and P.V. Tobias. 2002. U-series dating of Liujiang hominid site in Guangxi, southern China. *Journal of Human Evolution* 43（6）：817–829.

参考文献

贾兰坡, 1978. 北京人时代周口店附近一带的气候[J]. 地层学杂志, 2: 53-56.
贾兰坡, 1999. 周口店记事（1927—1937）[M]. 上海: 上海科学技术出版社.
邱中郎, 等, 1973. 周口店新发现的北京猿人化石及文化遗物[J]. 古脊椎动物与古人类, 11: 109-131.
赵资奎, 等, 1960. 中国猿人化石产地1959年发掘报告[J]. 古脊椎动物与古人类, 2: 97-99.
徐仁, 1965. 北京猿人时代中国北方的气候[J]. 中国科学, 15: 410-414.
胡承志. 1977年3月4日给贾兰坡的信（reprinted in *The Story of Peking Man, from Archaeology to Mystery*. Edited by L. Jia and W. Huang, Oxford University Press, Oxford, pp. 160-161. 请参见：贾兰坡, 等, 1984. 周口店发掘记[M]. 天津: 天津科学技术出版社: 125-127.）.
黄万波, 1960. 中国猿人洞穴的堆积[J]. 古脊椎动物与古人类, 2: 83-96.
孔昭宸, 等, 1981. 依据孢粉分析讨论北京猿人生活时期及其前后自然环境的演变[J]. 科学通报, 26: 1065.
李鸣生, 等, 2000. 寻找"北京人"[M]. 北京: 华夏出版社.
裴静娴, 等, "北京人"遗址灰烬物质热发光年龄及其地质意义[J]. 科学通报, 24: 849.
裴文中, 等, 1985. 中国猿人石器研究[M]//中国古生物志（新丁种第12号）北京: 科学出版社, 1-277.
中国古脊椎动物与古人类研究所中国古人类画集编写组, 1989. 中国古人类画集[M]. 北京: 科学出版社.
郭士伦, 等, 1980. 应用裂变径迹法测定北京猿人年代[J]. 科学通报, 25: 384.
林圣龙, 1998. 远古人类的家园——周口店北京猿人遗址[M]. 北京: 中国大百科全书出版社.
钱方, 等, 1980. 周口店洞穴堆积的磁性地层学[J]. 科学通报, 25: 192.
沈丽琪, 等, 1981. "北京人"遗址洞穴碎屑堆积的矿物组分特征及其意义[J]. 地质科学, 1: 60-72.
童永生, 等, 1997. 演化的实证——纪念杨钟健教授百年诞辰论文集[M]. 北京: 海洋出版社.
吴汝康, 等, 1959. 周口店新发现的中国猿人下颌骨[J]. 古脊椎动物与古人类, 1: 155-

158.

  吴汝康，等，1985. 北京猿人遗址综合研究 [M]. 北京：科学出版社.

  谢又予，等. 1985. 周口店北京猿人生活时期的环境 [M]// 吴汝康，等. 北京猿人遗址综合研究. 北京：科学出版社：185-215.

  吴新智，1989. 中国的早期智人 [M]// 吴汝康，等. 中国远古人类. 北京：科学出版社.

  原思训，等，1991. 周口店骨化石的铀系年代研究 [J]. 人类学学报, 10 (3)：189-193.

  赵树森，等，1980. 应用铀系法研究北京猿人年龄 [J]. 科学通报, 25：192.

  赵树森，等，1985. 北京猿人遗址年代学的研究 [M]// 吴汝康，等. 北京猿人遗址综合研究. 北京：科学出版社：246-255.

Aiello L C, and Wells, 2002. Energetics and the evolution of the genus *Homo*. Annual Review of Anthropology, 31: 323-338.

Aiello, L.C., and P.L. Wheeler. 1995. The expensive tissue hypothesis: The brain and the digestive system in human and primate evolution. *Current Anthropology* 36: 199-221.

Aigner, J. 1987. Correlation ^{18}O et Localité 1 de Chou-Kou-Tien. *L'Anthropologie* 91: 733-748.

Ambrose, S. 2001. Paleolithic technology and human evolution. *Science* 291: 1748-1753.

Andersson, J.G. 1925. Archaeological research in Kansu. *Chinese Geological Survey*, Series A, No. 5.

——.1928. *The Dragon and Foreign Devils*. Boston: Little, Brown.

——.1934. *Children of the Yellow Earth: Studies in Prehistoric China*. Kegan Paul, Trench, Trubner & Company, London.

——.1943. Research into the prehistory of the Chinese. *The Museum of Far Eastern Antiquities* (*Östasiatiska Samlingarna*) Stockholm, Bulletin 15: 1-304.

Anton, S. 2002. Evolutionary significance of cranial variation in Asian *Homo erectus*. *American Journal of Physical Anthropology* 118: 301-323.

Anton, S., and K.J. Weinstein. 1999. Artificial cranial deformation and fossil Australians revisited. *Journal of Human Evolution* 36: 195-209.

Anton, S.C., W.R. Leonard, and M.L. Robertson. 2002. An ecomorphological model of the intial hominid dispersal from Africa. *Journal of Human Evolution* 43: 773-785.

Anton, S., S. Marquez, and K. Mowbray. 2002. Sambungmacan 3 and cranial variation in Asian *Homo erectus*.*Journal of Human Evolution* 43: 555-562.

Ardrey, R. 1961. *African Genesis: A Personal Investigation into the Nature of Man*. Atheneum, New York.

Arribas, A., and P. Palmqvist. 1998. Taphonomy and Paleoecology of an assemblage of large mammals. Hyaenid activity in the lower Pleistocene site at Venta Micena (Orce, Guadix-Baza Basin, Granada, Spain). *Geobios* 31 (3, supplement): 3-47.

Arsuaga, J.L., I. Martinez, C. Lorenzo, A. Gracia, A. Muñoz, O. Alonso, and J. Gallego. 1999. The human cranial remains from Gran Dolina Lower Pleistocene site (Sierra de Atapuerca, Spain). *Journal of Human Evolution* 37: 431-457.

Asfaw, B., W.H. Gibert, Y. Beyene, W.K. Hart, P.R. Renne, G. WoldeGabriel, E.S. Vrba, and T. White. 2002. Remains of *Homo erectus* from Bouri, Middle Awash, Ethiopia. *Nature* 416: 317-320.

Aziz, F. 2002. New discovery of a hominid skull from Cemeng, Sambungmacan, Central Java: an announcement. *Jurnal Geologi dan Sumberdaya Mineral* 12: 2-7.

Baba, H. 1996. *Reviving* Pithecanthropus. Yomiuri Shinbun, Tokyo.

Bartsiokas, A. 2002. Hominid cranial bone structure: A histological study of Omo 1 specimens from Ethiopia using different microscopic techniques. *Anatomical Record* 267: 52-59.

Bar-Yosef, O. 1998. Early colonizations and cultural continuities in the Lower Paleolithic of Western

Asia. In *Early Bahavior in Global Context: The Rise and Diversity of the Lower Palaeolithic Record*. Edited by M. Petraglia and R. Korisettar. Routledge, London, pp. 221–279.

Bar-Yosef, O., and A. Belfer-Cohen. 2000. Early human dispersals: The unexplored constraint of African diseases. In *Early Humans at the Gates of Europe*. Edited by D. Lordkipanidze, O. Bar-Yosef, and M. Otte. Proceedings of the First International Symposium, Dmanisi, Tbilisi, Georgia. *Etudes et Recherches Archaeologiques de l' Université de Liège* 92: 79–86.

Beeman, C.L. 1959. Peking Man: Letters. *Science* 130: 416.

Bilsborough, A. 2000. Chronology, variability and evolution in *Homo erectus*.*Variability and Evolution* 8: 5–30.

Binford, L.R. and C.K. Ho. 1985. Taphonomy at a distance: Zhoukoudian, "the cave home of Beijing man?" . *Current Anthropology* 26: 413–442.

Binford, L.R. and N.M. Stone. 1986. Zhoukoudian: A closer look. *Current Anthropology* 27: 453–475.

Black, D. 1925. Asia and the dispersal of primate. *Bulletin of the Geological Society of China* 4(2): 133–183.

——. 1926. Tertiary man in Asia: The Choukoutien discovery. *Nature* 118: 733–734.

——. 1927. The lower molar hominid tooth from the Chou Kou Tien deposit. *Palaeontologica Sinica*, Series D, 7 (1): 1–28.

——. 1928. A Study of Kansu and Honan Aeneolithic skulls and specimens from Later Kansu prehistoric sites in comparison with North China and other recent crania. I. On measurement and identification. *Palaeontologica Sinica*, Series D, 6 (1): 1–83.

——. 1929. Preliminary note on additional *Sinanthropus* material discovered in Chou Kou Tien in 1928. *Bulletin of the Geological Society of China* 8: 15–32.

——. 1931a. On the adolescent skull of *Sinathropus pekinensis* in comparison with an adult skull of the same species and with other hominid skulls, recent and fossil. *Palaeontologica Sinica*, Series D, 7(2): 1–144.

——. 1931b. Evidence of the use of fire by *Sinanthropus*. *Bulletin of the Geological Society of China* 11: 107–198.

Black, D., P. Teilhard de Chardin, C.C. Young, and W.C. Pei. 1933. Fossil Man in China: The Choukoutien Deposits of Our Present Knowledge of the Late Cenozoic in China. *Memoirs of Geological Society of China*, Peiping, Series A, No. 11.

Blumenshine, R., J.A. Cavallo, and S.D. Capaldo. 1994. Competition for carcasses and early hominid behavioral ecology: A case study and conceptual framework. *Journal of Human Evolution* 27: 197–213.

Boaz, N.T. 1975. *Interview with G.H.R. von Koenigwald*. Senckenberg Museum, Frankfurt.

——. 1979. Early hominid population densities: New estimate. *Science* 206: 592–595.

——. 1981. History of American paleoanthrolopological research on early Hominidae, 1925–1980. *American Journal of Physical Anthropology* 56: 397–406.

——. 1997a. *Eco Homo*. Basic Books, New York.

——. 1997b. Calibration and extension of the record of Plio–Pleistocene Hominidae. In *Biological Anthropology: The State of the Science*. Edited by N.T. Boaz and L. Wolfe. 2nd ed. International Institute of Human Evolutionary Research, Bend Oregon, pp. 25–52.

Boaz, N.T., and A.J. Almquist. 2002. *Biological Anthropology*, 2nd ed. Prentice Hall, Upper Saddle River, N.J.

Boaz, N.T., and R.L. Ciochon. 2001. The scavenging of "Peking Man." *Natural History* 110: 46–51.

Boaz, N.T., and F.C. Howell, 1977. A gracile hominid cranium from upper Member G of the Shungura Formation, Ethiopia. *American Journal of Physical Anthropology* 46: 93–108.

Boaz, N.T., D. Ninkovich, and M. Rossignol–Strick. 1982. Paleoclimatic setting for *Homo sapiens neanderthalensis*. *Naturwissenschaften* 69: 29–33.

Boaz, N.T., P. Pavlakis, and A.S. Brooks. 1990. Late Pleistocene–Holocene human remains from the Upper Semliki, Zaire. In *Evolution of Environments and Hominidae in the African Western Rift Valley*. Edited by N.T. Boaz. Virginia Museum of Natural History Memoir, No. 1, pp. 3–14.

Boaz, N.T., R.L. Ciochon, Q. Xu, and J. Liu. 2000. Large mammalian carnivores as a taphonomic factor in the bone accumulation at Zhoukoudian. *Acta Anthropologica Sinica*, Supplement 19: 224–234.

Boesch, C., and H. Boesch. 1990. Tool use and tool making in wild chimpanzees. *Folia Primatologica* 54: 86–99.

Boule, M. 1937. Le Sinanthrope. *L'Anthropologie* 47: 1–22.

Brain, C. 1994. *The Hunters or the Hunted? An Introduction to African Cave Taphonomy*. University of Chicago Press, Chicago.

Bräuer, H. 1994. How different are Asian and African *Homo erectus*? *Courier Forschungs–Institut Senckenberg* 171: 301–318.

Breuil, H., 1931. Le feu et l'industrie lithique et osseuse à Choukoutien. *Bulletin of the Geological Society of China* 11: 147–154.

———. 1939. Bone and antler industry of the Choukoutien *Sinanthropus* site. *Palaeontologia Sinica* 117: 1–93.

Brodrick, A.H. 1963. *The Abbé Breuil Prehistorian. A Biography*. Hutchinson, London.

Brown, F. 1994. Development of Pliocene and Pleistocene chronology of the Turkana Basin, East Africa, and its relation to other sites. In *Integrative Paths to the Past: Paleoanthropological Advances in Honor of F. Clark Howell*. Edited by R.S. Corrunccini and R. L. Ciochon. Prentice Hall, Englewood Cliffs, New Jersey, pp. 285–312.

Brown, F., J. Harris, R.E. Leakey, and A. Walker. 1985. Early *Homo erectus* skeleton from West Lake Turkana, Kenya. *Nature* 316: 788–792.

Cann, R.L., M. Stoneking, and A.C. Wilson. 1987. Mitochondrial DNA and human origin. *Nature* 325: 31–36.

Chaney, R. 1935. The food of "Peking Man". *Carnegie Inst. Washington, New serv. B*, 3（25）: 198–202.

Ciochon, R.L. 1995. The earliest Asians Yet. *Natural History* 104（12）: 50–54.

———. 1996. How it all started? A cave in China sheds new light on man's presence in Asia. *Asiaweek* 22(2); 36–37.

Ciochon, R.L., and J.W. Olsen. 1991. Paleoanthropological and archaeological discoveries from Lang Trang Caves: A new Middle Pleistocene hominid site from northern Vietnam. *Indo–Pacific Prehistory Association Bulleitin* 10: 59–73.

Ciochon, R.L., and J.G. Fleagle. 1993. *The Human Evolution Source Book*. Prentice Hall, Englewood Cliffs, New Jersey.

Ciochon, R.L., and R. Larick. 2000. Early *Homo erectus* tools in China. *Archaeology* 53(1): 14–15.

Ciochon, R.L., and K.L. Evaes–Johnson. 2003. China: Archaeological Caves. In *Encyclopedia of Caves and Karst Science*. Edited by J. Gunn. Fitzroy Dearborn, New York and London, pp. 221–225.

Ciochon, R.L., J. Olsen, and J. James. 1990. *Other Origins: The Search for the Giant Ape in Human Prehistory*. Banta Doubleday, New York.

Ciochon, R.L., Vu The Long, R. Larick, L. González, R. Grün, J. de Vos, C. Yonge, L. Taylor, H. Yoshida, and M. Reagan. 1996. Dated co-occurrence of *Homo erectus* and *Gigantopithecus* from Tham Khuyen Cave, Vietnam. *Proceedings of the National Academy of Sciences, USA* 93: 3016–3020.

Clark, J.D. and J.W.K. Harris. 1986. Fire and its role in early hominid lifeways. *African Archaeological Review* 3: 3–29.

Coon, C.S. 1962. *The Origin of Races*. Alfred A. Knopf, New York.

Cronin, J., N.T. Boaz, C.B. Stringer, and Y. Rak. Tempo and mode in hominid evolution. *Nature* 292: 113–122.

Dart, R.A. 1925. *Australopithecus africanus*, the man-ape of South Africa. *Nature* 115: 195–199.

DeGusta, D., W.H. Gilbert, and S.P. Turner. 1998. Hypoglossal canal size and hominid speech. *Proceedings of the National Academy of Science USA* 96: 1800–1804.

Dinesen, I. (K. Blixen). 1937. *Out of Africa*. Putnam, London.

Djubiantono, T., and F. Sémah. 1993. L'ile de Java son peuplement. In *Le Pithecanthrope de Java*. Edited by F. Sémah, A.-M. Sémah, and T. Djubiantono. *Les Dossiers d'Archéologie*, No. 184, pp. 12–19.

Dobzhansky, T. 1937. *Genetics and the Origin of Species*. Columbia University Press, New York.

——. 1942. Races and methods of their study. *Transactions of the New York Academy of Sciences* 4: 115–133.

Duarte, C., J. Mauricio, P.B. Pettitt, P. Souto, E. Trinkaus, H. van der Plicht, and J. Zilhao. 1999. The early Upper Paleolithic human skeleton from Abrigo do Lagar Velho (Portugal) and modern human emergence in Iberia. *Proceedings of the National Academy of Sciences* 96: 7604–7609.

Dubois, E. 1894. *Pithecanthropus erectus, eine menschenaehnliche Uebergrangsform aus Java*. Landesdruckerei, Batavia, Java.

Elgar, M.A., and B.J. Crespi (editors). 1992. *Cannibalism: Ecology and Evolution Among Diverse Taxa*. Oxford University Press, Oxford.

Eller, E. 2002. Population extinction and recolonization in human demographic history. *Mathematical Biosciences* 177/178: 1–10.

Falk, D. 1992. *Braindance*. Henry Holt, New York.

Fernandez, Y., J.C. Diez, I. Caceres, and J. Rosell. 1999. Human cannibalism in the early Pleistocene of Europe (Gran Dolina, Sierra de Atopuerco, Burgos, Spain). *Journal of Human Evolution* 37: 591–622.

Fleagle, J.G. 1998. *Primate Evolution and Adaptation*, 2nd ed. Academic Press, London.

Flint, R.F. 1971. *Glacial and Quaternary Geology*. Wiley, New York.

Fortuyn, A.B.D. 1942. Excerpt from report of Dr. Foruyn on Department of Anatomy. P.U.M.C.—Part Two, dated December 5, 1941, with cover memorandum from "AMP" \[Agnes M. Pearce, Secretary, China Medical Board, Inc.\](Rockefeller Archives, Sleepy Hollow, N.Y. Record Group 1. 1, Series 601D, Box 39, Folder 323.).

Gabunia, L., A. Vekua, and D. Lordkipanidze. 2000. The environmental contexts of early human occupation of Georgia (Transcaucasia). *Journal of Human Evolution* 38(2): 785–802.

Ballenkamp, C. 2001. *Dragon Hunter: Roy Chapman Andrews and the Central Asiatic Expedition*. Viking, New York.

Gibney, F. (editor). 1995. *Senso: The Japanese Remember the Pacific War*. Armonk, N.Y.

Goldberg, R., S. Weiner, O. Bar-Yosef, Q. Wu, and J. Liu. 2001. Site formation processes at Zhoukoudian, China. *Journal of Human Evolution* 41: 483–530.

Goren-Inbar, N., C.S. Feibel, K.I. Verosub, Y. Melamed, M.E. Kislev, E. Tchenov, and I. Saragusti.

2000. Pleistocene milestones on the out-of-Africa corridor at Gesher Benot Ya'aqov, Israel. *Science* 289: 944–947.
Gregory, W.K. 1949. Franz Weidenreich, 1873–1948. *American Anthropologist* 51: 85–90.
Groves, C.P., and V. Mazak. 1975. An approach to the taxonomy of the Hominidae: Gracile Villafranchian hominids of Africa. *Casopis pro Mineralogii a Geologii* 20: 225–247.
Grün, R. 2000. Electron spin resonance dating. In *Modern Analytical Method in Art and Archaeology*. Edited by E. Ciliberto and G. Spoto. Chemical Analysis Series, Vol. 15. John Wiley, New York, pp. 641–679.
Grün, R., P.H. Huang, X. Wu, C.B. Stringer, A.G. Thorne, and M. McCulloch. 1997. ESR analysis of teeth from the palaeoanthropological site of Zhoukoudian, China. *Journal of Human Evolution* 32: 83–91.
Haeckel, E. 1868. *Naturliche Schöpfungsgeschichte*. Fishcher, Jena.
Hasebe, K. 1915. Notes on the local customs of the Marshall Islands. *Journal of the Anthropological Society of Tokyo* 30(7): 278–279.
———. 1948. A human innominate bone from Lower Pleistocene deposits at Nishiyagi, Akashi, Japan. *Journal of the Anthropological Society of Nippon* 60: 32–36.
Hawkes, J. 2003. The browridge: Pleistocene body armor. *American Journal of Physical Anthropology*, Supplement 36: 112.
Hawkes, J., K. Hunley, S. Lee, and M. Wolpoff. 2000. Population bottlenecks and Pleistocene human evolution. *Molecular Biological Evolution* 17: 2–22.
Heberer, G. 1963. Über einen neuen archanthropinen typus aus der Oldoway-Schlucht. *Zeitschirift für Morphologie und Anthropologie* 53: 171–177.
Heslop, D., M.J. Dekkers, and C.G. Langereis. 2002. Timing and structure of the mid-Pleistocene transition: Records from the loess deposits of northern China. *Palaeogeography, Palaeoclimatology, Palaeoecology* 185: 133–143.
Hoberg, E., N.L. Alkire, A. de Queiroz, and A. Jones. 2001. Out of Africa: Origins of the Taenia tapeworms in human. *Proceedings of the Royal Society of Biological Science* 268(1469): 781–787.
Hood, D. 1964. *Davidson Black, A Biography*. University of Toronto, Toronto.
Hopwood, D.E. 2003a. Behavioral difference in the early to mid-Pleistocene: Were African and Chinese Homo erectus really that different? *American Journal of Physical Anthropology*, Supp 36: 117–118.
———. 2003b. *Examination and interpretation of bahavioural change in Homo erectus populations from Africa and China*. Unpublished master's thesis. Department of Anthropology, Binghamton University, Binghamton, N.Y.
Hou, Y., R. Potts, B. Yuan, Z. Guo, A. Deino, W. Wang, J. Clark, G. Xu, and W. Huang. 2000. Mid-Pleistocene Acheulean-like stone technology of the Bose Basin, South China. *Science* 287: 1622–1626.
Houghton, H.S. 1941. Letter to Edwin Lobenstine (April 10, 1941). Rockefeller Archives, Sleepy Hollow, N.Y. Record Group 1. 1, Series 601D, Box 39, Folder 323.
Howell, F.C. 1965. *Early Man*. Time-Life, New York.
Howell, F.C.1999. Paleodemes, species, clader and extinctions in the Pleistocene. *Journal of Anthropological Research* 55: 191–243.
Howells, W.W. 1980. Homo erectus—Who, when, and where: A survey. *Yearbook of Physical Anthropology* 23: 1–23.
Hrdlička, A. 1920. Shovel-shaped teeth. *American Journal of Physical Anthropology* 3: 429–465.

Huang, W., R.L. Ciochon, Y. Gu, R. Larick, F. Qian, C. Yonge, J. de Vos, H. Schwarcz, and W. Rink. 1995. Early *Homo* and associated artifacts from Asia. *Nature* 378: 275–278.

Huffman, O.F. 2001. Geologic context and age of the Perning/Mojokerto *Homo erectus*, East Java. *Journal of Human Evolution* 40: 353–362.

Ingersoll, E. 1928. *Dragons and Dragon Lore*. Payson & Clarke, New York.

Issac, G.L. 1975. Sorting out the muddle in the middle: An anthropologist's post-conference appraisal. In *After the Australopithecines*. Edited by K. Butzer and G.L. Issac. Mouton, The Hague, pp. 875–887.

Isbell, L.A., J.D. Bruetz, M. Lewis, and T.P. Young. 1998. Locomotor activity differences between sympatric patas monkeys (*Erythrocebus patas*) and vervet monkeys (*Cercopithecus aethiops*): Implication for the evolution of long hindlimb length in *Homo*. *American Journal of Physical Anthropology* 105: 199–207.

Janus, C., and W. Brashler. 1975. *Search for Peking Man*. Macmillan, New York.

Jia, L., and W. Huang. 1990. *The Story of Peking Man, from Archaeology to Mystery*. Oxford University Press, Oxford.

Johnsgard, P., and K. Johnsgard. 1982. *Dragons and Unicorns: A Natural History*. St. Martins Press,, Oxford.

Jouy-Avantin, F., A. Debenath, A.-M. Moigne, and H. Mone. 2003. A standardized method for the description and the study of coprolites. *Journal of Archaeological Science* 30(3): 367–372.

Jurmain, R., L. Kilgore, W. Trevathan, and H. Nelson. 2003. *Introduction to Physical Anthropology*, 9th ed. Wadsworth, Belmont, Calif.

Kay, R., M. Cartmill, and M. Balow. 1998. The hypoglossal canal and the origin of human vacal behavior. *Proceedings of the National Academy of Science, USA* 95: 5417–5419.

Keith, A. 1927. The brain of Anatole France. *British Medical Journal* 2: 1048–1049.

Klein, R. 1999. *The Human Career*. University of Chicago Press, Chicago.

Klein, R.G., and B. Edgar. 2002. *The Dawn of Human Culture*. John Wiley & Sons, New York.

Koenigswald, G.H.R. von. 1931a. *Sinanthropus, Pithecanthropus* en de ouderdom van de Trinil-Lagen. *Mijningenieur* 1931: 198–202.

———. 1932. Versteinerungen als Azneimittel bei den Chinesen auf Java. *Natur und Museum* 62(9): 292–295.

———. 1936. Erste Mitteilung uber einen fossilen Hominiden aus dem Altpleistozän Ostjavas. *Natur und Museum* 62: 292–295.

———. 1937. Ein Underkieferfragment des *Pithecanthropus* aus dem Trinilschichten Mittlejavas. *Koninkl. Nederl. Akademie van Weterschappen* 40: 883–893.

———. 1938. Ein neuer *Pithecanthropus*–Schadel. *Koninkl. Nederl. Akademie van Weterschappen* 42: 182–192.

———. 1952. Gigantopithecus blacki von Koengiswald, a giant fossil hominoid from the Pleistocene of southern China. *Anthropological Papers of the American Museum of Natural History* 43: 291–326.

———. 1976. *Meeting Prehistoric Man*. Harper & Brothers, New York.

Koenigswald, G.H.R. von, and F. Weidenreich. 1938. Discovery of an additional *Pithecanthropus* skull. *Nature* 142: 715.

———. 1939. The relationship between *Pithecanthropus* and *Sinanthropus*. *Nature* 144: 926–929.

Krantz, G.S. 1980. Sapienization and speech. *Current Anthropology* 21: 773–792.

Krings, M., H. Geisert, R.W. Schmitz, H. Krainitzki, and S. Paabo. 1999. DNA sequence of the mitochondrial hypervariable region II from the Neandertal-type specimen. *Proceedings of the*

National Academy of Sciences 96: 5581–5585.

Laitman, J., and R.C. Heimbuch. 1982. The bascranium of Plio–Pleistocene hominids as an indicator of their upper respiratory systems. *American Journal of Physical Anthropology* 59: 323–343.

Larick, R., and R.L. Ciochon. 1996a. The African emergence and early Asian dispersals of the genus *Homo*. *American Scientist* 84: 538–551.

———. 1996b. The first Asians. *Archaeology* 49(1): 51–53.

Larick, R., R.L. Ciohon, and Y. Zaim. 1999. Fossil Farming in Java. *Natural History* 108: 54–57.

———. 2004. *Homo erectus*, and the emergence of Sunda in the Tethys Realm. Athena Review: *The Journal of Archaeological History, and Exploration* 4(1): 32–39.

Larick, R., R.L. Ciohon, and Y. Zaim. Sudijono, Suminto, Y. Rizal, F., Aziz, J. Arif, M. Reagan, and M. Heizler. 2001. Early Pleistocene 40Ar/39Ar ages for Bapang Formation hominids, Central Java, Indonesia. *Proceedings of the National Academy of Sciences, USA* 98: 4866–4871.

Leakey, L. 1961. New finds at Olduvai Gorge. *Nature* 189: 649–650.

Leakey, L., P.V. Tobias, and J.R. Napier. 1964. A new species of the genus *Homo* from Olduvai Gorge. *Nature* 201: 7–9.

LeCount, E.R., and C.W. Apfelbach. 1920. Pathologic anatomy of trausmtic fractures of the cranial bones and concomitant brain injuries. *Journal of the American Medical Association* 74: 501–511.

Le Fort, R. 1901. Étude experimentale sur les fractures de la machoire supérieure. *Revue de Chirurge* 23: 201–210.

Lewin, R. 1989. *Bones of Contention*. Simon & Schuster, New York.

Lin, J. 1999. Mystery of the Missing Ancient Skulls. *Detroit Free Press*, May 17, 1999. (http://www.100megsfree4.com/farshores/skulls.htm)

Liu, Z. 1985. Sequence of sediments at Locality 1 in Zhoukoudian and correlation with loess stratigraphy in northern China and with the chronology of deep–see cores. *Quaternary Research* 23: 139–153.

MacLarnon, A. 1993. The vertebral canal. In *The Nariokotome* Homo erectus *Skeleton*. Edited by A. Walker and R. Leakey. Harvard University Press, Cambridge, pp. 359–390.

Matthew, W.D. 1939. *Climate and Evolution*. Academy of Natural Sciences, New York.

Mayr, E. 1950. Taxonomic categories in fossil hominids. In *Origin and Evolution of Man*. Cold Springs Harbor Symposium on Quantitative Biology. Vol. 15. The Biological Laboratory, Cold Springs Horbor, N.Y., pp. 109–118.

McCown, T.D., and A. Keith. 1937–1939. *The Stone Age of Mount Carmel. II. The Fossil Human Remains from the Levalloiso–Mousterian*. Clarendon, Oxford.

Milius, S. 2001. Tapeworms tell tales of deeper human past. *Science News* 159: 215–216.

Moore, R. 1953. *Men, Time and Fossils: The Story of Evolution*. Aflred A. Knopf, New York.

Mortier, J., and M.L. Auboux. 1966. *Teilhard de Chardin Album*. Harper & Row, New York.

Movius, H.L. 1969. Lower Paleolithic archaeology in southern Asia and the Far East. In *Studies in Physical Anthropology: Early Man in the Far East*. Edited by W.W. Howells, pp. 17–77. Anthropological Publications, The Netherlands.

O'Connell, J., K. Hawkes, and N.G. Blurton Jones. 1999. Grandmothering and the evolution of *Homo erectus*. *Journal of Human Evolution* 36: 461–486.

Online Mendelian Inheritance in Man. http://www.ncbi.nlm.nih.gov (accessed July, 2003).

Opitz, J.M., and M.C. Holt. 1990. Microcephaly: General considerations and aids to nosology. *Journal of Craniofacial Genetics and Developmental Biology* 10(2): 175–204.

Osborn, H.F. 1922. *Hesperopithecus*, the first anthropoid primate found in America. *American Museum*

Novitates, No. 37: 1–5.

———. 1924. American men of the dragon bones. *Natural History* 24(3): 350–365.

Oosterzee, P. van. 2000. *Dragon Bones: The Story of Peking Man*. Perseus, Cambridge, Massachusetts.

Pei, W. 1929. An account of the discovery of an adult *Sinanthropus* skull in the Choukoutien cave deposit. *Bulletin of the Geological Society of China* 8: 203–205.

———. 1931a. Notice of the discovery of quartz and other stone artifacts in the Lower Pleistocene hominid-bearing sediments of the Choukoutien cave deposit. *Bulletin of the Geological Society of China* 11: 109–146.

———. 1931b. Mammalian remains from Locality 5 at Choukoutien. *Palaeontologia Sinica*, Series C. 7(2): 1–18.

———. 1931c. The age of Choukoutien Fossiliferous deposits. *Bulletin of the Geological Society of China* 10: 165–178.

———. 1933. A preliminary report on the Late-Paleolithic cave of Choukoutien. *Bulletin of the Geological Society of China* 13: 327–358.

———. 1936. On the mammalian remains from Locality 3 at Choukoutien. *Palaeontologia Sinica*, Series C. 7: 1–120.

———. 1937a. Histore des découvertes et organization des fouilles. *Bulletin de la Société Préhistoreque Française* 34: 354–366.

———. 1937b. La rôle des phénomènes naturels dans l'éclatement et le façonnement des roches dures utilisees pat l'homme prehistorique. *Revue Géologique Physique et Géologique Dynamque* 9: 1–78.

———. 1937c. Les fouilles de Choukoutien en Chine. *Bulletin de la Société Préhistoreque Française* 34: 354–366.

Pope, G.G. 1983. Evidence on the age of the Asian Hominidae. *Proceedings of the National Academy of Science, USA* 80: 4988–4992.

———. 1988a. Current issues in Far Eastern palaeoanthropology. In *The Palaeoenvironment of East Asia from the Mid-Tertiary*. Vol. II. Edited by P. Whyte et al. University of Hong Kong Centre of Asian Studies, Hong Kong, pp. 1097–1123.

———. 1988b. Recent advances in Far Eastern paleoanthropology. *Annual Review of Anthropology* 17: 43–77.

———. 1989. Bamboo and Human Evolution. *Natural History* 10: 49–57.

———. 1993. Ancient Asia's cutting edge. *Natural History* 5: 55–59.

Ports, R. 1996. *Humanity's Descent: The Consequences of Ecological Instability*. Morrow, New York.

Proctor, R. 1988. From Anthropologie to Rassenkunde in the German anthropological tradition. In *Bones, Bodies, Behavior. Essays on Biological Anthropology*. History of Anthropology. Vol. 5. Edited by G.W. Stocking, Jr. University of Wisconsin Press, Madison, pp. 138–179.

Provine, W.B. 1986. *Sewell Wright and Evolutionary Biology*. University of Chicago Press, Chicago.

Rasky, H. (editor). 1977. *The Peking Man Mystery*. Canadian Broadcasting Company, Toronto.

Reader, J. 1981. *Missing Links, The Hunt for Earlist Man*. Little, Brown, Boston.

Rightmire, G.P. 1990. *The Evolution of Homo erectus: Comparative Anatomical Studies of an Extinct Human Species*. Cambridge University Press, Cambridge.

———. 1998. Human evolution in the Middle Pleistocene: The role of *Homo heidelbergensis*. *Evolutional Anthropology* 6: 218–227.

———. 2001. Patterns of hominid evolution and dispersal in the Middle Pleistocene. *Quaternary International* 75: 77–84.

Rogers, I.F. 1992. *Radiology of Skeletal Trauma*. Churchill Livingstone, New York.

Rothschild, B.M., I. Hershkovitz, and C. Rothschild. 1995. Origin of yaws in the Pleistocene. *Nature* 378: 343.

Rowlett, R. 1999. Did the use of fire for cooking lead to a diet change that resulted in the expansion of brain size in *Homo erectus* from that of *Australopithecus africanus*? *Science* 283: 2005.

Ruff, C. 1991. Climate and body shape in hominid evolution. *Journal of Human Evolution* 21: 81–105.

Sartono, S. 1971. Observations on a new skull of *Pithecanthropus erectus* (*Pithecanthropus* VIII) from Sangiran, Central Java. *Courier Forschungs-Institut Senckenberg* 74(2): 185–194.

Saunders, J.J., and B.K. Dawson. 1998. Bone damage patterns produced by extinct hyena, *Pachycrocuta brevirostris* (Mammalia: Carnivora), at the Haro River Quary, Northwestern Pakistan. In *Advances in Vertebrate Paleontology and Geochronology*. Edited by Y. Tomida, L.J. Flynn, and L.L. Jacobs. National Science Museum Monographs, No. 14, Tokyo, pp. 215–242.

Savage, R.J.G., and M.R. Long. 1986. *Mammalian Evolution: An Illustrated Guide*. Facts on File, New York.

Schick, K.D., and N.S. Toth. 1993. *Making Silent Stones Speak: Human Evolution and the Dawn of Technology*. Simon & Schuster, New York.

Schick, K.D., N.S. Toth, Q. Wei, J.D. Clark, and D. Etler. 1991. Archaeological perspectives in the Nihewan Basin, China. *Journal of Human Evolution* 27: 13–26.

Schlosser, M. 1903. Die fossilen Säugethiere Chinas. *Abhandlungen der Bayerischen Akademie der Wissenschaften* II, 150: 22.

Semaw, S., P. Renne, J.W. Harris, C.S. Feibel, R.L. Bernor, N. Fesseha, and K. Mowbray. 1997. 2.5-million-year-old stone tools from Gona, Ethiopia. *Nature* 385: 333–336.

Shapiro, H. 1974. *Peking Man: The Discovery, Disappearance and Mystery of a Priceless Scientific Treasure*. Simon & Schuster, New York.

Shen, G., and L. Jin. 1993. Restudy of the upper age limit of Beijing man site. *International Journal of Anthropology* 8: 95–98.

Shen, G., W. Wang, Q. Wang, J. Zhao, K. Collerson, C. Zhou, and P.V. Tobias. 2002. U-series dating of Liujiang hominid site in Guangsxi, southern China. *Journal of Human Evolution* 43(6): 817–829.

Shipman, P. 2001. *The Man Who Found the Missing Link: Eugene Dubois and His Lifelong Quest to Prove Darwin Right*. Simon & Schuster, New York.

Sigmon, B., and J.S. Cybulski (editors). 1981. Homo erectus: *Papers in Honor of Davidson Black*. University of Toronto, Toronto.

Sillen, A., G. Hall, and R. Armstrong. 1998. 87Sr/86Sr ratios in modern and fossil food-webs of the Sterkfontein Valley: Implications for early hominid habitat preferences. *Geochimica et Cosmochimica Acta* 62: 2463–2478.

Simpson, G.G. 1945. The principles of classification and the classification of mammals. *Bulletin of the American Museum of Natural History* 85: 1–350.

———. 1964. *Tempo and Mode in Evolution*. Hafner, New York.

Smith, G.E., 1932. The discovery of primitive man in China. In *Smithsonian Report for 1931*. U.S. Government Printing Office, Washington, D.C., pp. 531–547.

Smith, F., E. Trinkaus, P.B. Pettitt, I. Karavanic, and M. Paunovic. 1999. Direct rediocarbon dates for Vindija G1 and Velika Pećina Late Pleistocene hominid remains. *Proceedings of the National Academy of Sciences* 96: 12281–12286.

Spencer, F. 1990. *Piltdown: A Scientific Forgery*. Oxford University Press, New York.

Spencer, L.M. 1997. Dietary adaptations of Plio–Pleistocene Bovidae: Implications for hominid habitat use. *Journal of Human Evolution* 32: 201–228.

Stanley, S.M. 1998. *Children of the Ice Age: How a Global Catastrophe Allowed Humans to Evolve*. W.H. Freeman, New York.

Stringer, C.B. 1984. The definition of *Homo erectus* and the existence of the species in Africa and Europe. *Courier Forschungs–Institut Senckenberg* 69: 131–143.

Stringer, C.B., and R. Mckie. 1997. *African Exodus: The Origins of Modern Humanity*. Henry Holt, New York.

Strum, S.C., D. Lindburg, and D. Hamburg (editors). 1999. *The New Physical Anthropology: Science, Humanism, and Critical Reflection*. Prentice Hall, Upper Saddle River, New Jersey.

Swisher III, C.C., G.H. Curtis, and R. Lewin. 2000. *Java Man*. Scribner, New York.

Swisher III, C.C., G.H. Curtis, T. Jacob, A.G. Getty, A. Suprijo, and Widiasmoto. 1994. Age of the earliest known hominids in Java, Indonesia. *Science* 266: 1118–1121.

Tan, A. 2001. *The Bonesetter's Daughter*. Ballantine Books New York.

Taplin, A. 1874. *The Narrinyeri: An Account of the Tribes of South Australian Aborigines Inhabiting the Country around the Lakes Alexandrina, Albert, and Coorong, and the Lower Part of the River Murray*. E.S. Wigg and Son, Adelaide.

Taschdjian, C. 1977. *The Peking Man is Missing*. Harper & Row, New York.

Tattersall, I. 1995. *The Fossil Trail*. Oxford University Press, Oxford.

Tattersall, I., and J.H. Schwartz, 1999. Hominids and hybrids: The place of Neandertals in human evolution. *Proceedings of the National Academy of Sciences* 96: 7117–7119.

Teilhard de Chardin, P. 1934. Letter to Walter Granger (March 19, 1934). Granger–Teilhard Collection. Georgetown University Library, letter 1: 11.

———. 1935a. Letter to Walter Granger (March 27, 1935). Granger– Teilhard Collection, Georgetown University Library, letter 1: 17.

———. Teilhard de Chardin, P. 1935b. Letter to Walter Granger (July 25, 1935). Granger– Teilhard Collection, Georgetown University Library, letter 1: 13.

———. 1936. Letter to Walter Granger (Fabruary 18, 1936). Granger–Teilhard Collection, Georgetown University Library.

———. 1940. *Early Man in China*. No. 7. Institut de Géo–Biologie, Pékin.

Teilhard de Chardin, P., and W. Pei. 1932. The lithic industry of the *Sinanthropus* deposits in Choukoutien. *Bulletin of the Geological Society of China* 11: 317–358.

———. 1933. New discoveries in Choukoutien 1933–1934. *Bulletin of the Geological Society of China* 13: 369–394.

Teilhard de Chardin, P., and C.C. Young. 1930. Preliminary report on the Choukoutien fossiliferous deposit. *Bulletin of the Geological Society of China* 8: 173–201.

———. 1932. Fossil mammals from the Late Cenozoic of North China. *Palaeontologia Sinica*, Series C. 9: 1–84.

Templeton, A. 2002. Out of Africa again and again. *Nature* 416: 45–51.

Tishkoff, S.A., R. Varkonyi, N. Cahinhinan, S. Abbes, G. Argyropoulos, G. Destrop–Bisol, A. Drousiotou, B. Dangerfield, G. Lefranc, J. Loiselet, A. Piro, M. Stoneking, A. Tagarelli, G. Tagarelli, E. Touma, S. Williams, and A. Clark. 2001. Haplotype diversity and linkage disequilibrium at human *G6PD*: Recent origin of alleles that confer malarial resistance. *Science* 293: 455–462.

Tobias, P.V. 1976. The life and times of Ralph von Koenigswald: Paleontologist extraordinary. *Journal of

Human Evolution 5: 403–412.

———. 1991. *Olduvai Gorge, Vol. 4. The Skulls, Endocasts, and Teeth of* Homo habilis. Cambridge University Press, Cambridge.

Tobias, P., W. Qian, and J.L. Cormack. 2000. Davidson Black and Raymond Dart: Asian–African parallels in paleanthropologiy. *Acta Anthropologica Sinica*, Supplement 19, Institute of Vertebrate Paleontology and Paleoanthropology, Beijing. (《人类学学报》19 卷增刊，2000 年)

Tobias, P., and G.H.R. von Koenigswald. 1964. A comparison between the Olduvai hominines and those of Java and some implications for hominid phylogeny. *Nature* 204: 515–518.

Turner, C. 2002. When People Fled Hyena: Oversized Hyenas May Have Delayed Human Arrival in North America (review by Lee Dye) http://abcnews.go.com/sections/scitech/DyeHard/dyehard021120.html (accessed June, 2003)

U.S. Department of Health and Human Services. 2002. Deaths: Leading Causes for 2000. *National Vital Statistics Reports* 50(16): 1–86.

Villa, P. 1992. Cannibalism in Prehistoric Europe. *Evolutionary Anthropology* 3: 93–104.

Villa, P., C. Bouville, J. Courtin, D. Helmer, E. Mahieu, P. Shipman, G. Belluomini, and M. Branca. 1986. Cannibalism in the Neolithic. *Science* 233: 431–437.

Voris, H. 2000. Maps of Pleistocene sea levels in Southeast Asia: shorelines, river systems and time duration. *Journal of Biogeography* 27: 1153–1167.

Walker, A., M.R. Zimmerman, and R.E. Leakey. 1982. A possible case of hypervitaminosis A in *Homo erectus*. *Nature* 296: 248–250.

Walker, A., and R.E. Leakey. 1993. *The Nariokotome* Homo erectus *Skeleton*. Harvard University Press, Cambridge.

Walker, A., and P. Shipman. 1996. *The Wisdom of the Bones: In Search of Human Origins*. Alfred A. Knopf. New York.

Wang, H., S.H. Amrbose, C. Liu, and L. Follmer. 1997. Paleosol stable isotope evidence for early hominid occupation of East Asian temperate environments. *Quaternary Research* 48: 228–238.

Washburn, S.L. 1946. The effect of facial paralysis on the growth of the skull of rat and rabbit. *Anatomical Record* 94: 163–168.

———. 1947. The relation of the temporal bone to the form of the skull. *Anatomical Record* 99: 239–248.

———. 1951. The new physical anthropology. *Transactions of the New York Academy of Sciences* 13: 298–304.

———. 1964. The origin of races: Weidenreich's opinion. *American Anthropologist* 66: 1165–1167.

Washburn, S.L. 1983. Evolution of a teacher. *Annual Review of Anthropology* 12: 1–24. Reprinted in *The New Physical Anthropology: Science, Humanism, and Critical Reflection*. Edited by Shirley Strum, Donald G. Lindburg, and David Hamburg. Prentice Hall, Upper Saddle River, New Jersey, pp. 215–227.

Washburn, S.L., and R. Moore. 1974. *Ape into Man: A Study of Human Evolution*. Little, Brown, Boston.

Washburn, S.L., and D. Wolffson (editors). 1949. *The Shorter Anthropological Papers of Franz Weidenreich Published in the Period 1939-1948: A Memorial Volume*. The Viking Fund, New York.

Weaver, W. 1941a. Internal Report \[Friday, June 6, 1941\], Rockefeller Foundation Archives, Sleepy Hollow, N.Y. Record Group 1.1, Series 601D, Box 39, Folder 323.

———. 1941b. Notes on Interview by "WW" with Dr. F. Weidenreich (Friday, June 6, 1941). Rockefeller Foundation Archives, Sleepy Hollow, N.Y. Record Group 1,1, Series 601D, Box 39, Folder 323.

Weaver, W., and R.B. Fosdick, 1941. Notes on Interview by "WW" with "RBF" (Friday, June 6, 1941).

Rockefeller Archives, Sleepy Hollow, N.Y. Record Group 1. 1, Series 601D, Box 39, Folder 323.

Weidenreich, F.1930. Ein neuer Pithecanthropus-Fund in China. *Natur und Museum* 60 (12): 546–551; see also chapter 1, note 39.

——. 1932. Ueber pithecoide Merkmale bei *Sinanthropus pekinensis* und seine stammesgeschichte Beurteilung. *Zeitschrift fur Anatomie und Entwicklungsgechichte* 99: 212–252.

——. 1935. The *Sinanthropus* population of Choukoutien (Locality 1) with a preliminary report on new discoveries. *Bulletin of the Geological Society of China* 14: 427–461.

——. 1936a. Observations on the form and the proportions of the endocranial casts of *Sinanthropus pekinensis*, other hominids, and the great apes: A comparative study of brain size. *Palaeontologia Sinica*, New Series D, 7(4): 1–50.

——. 1936b. The mandibles of *Sinanthropus pekinensis*: A comparative odontography of the hominids. *Palaeontologia Sinica*, New Series D, 7(4): 1–50.

——. 1937. The dentition of *Sinanthropus pekinensis*. New Series D, 1: 1–181 (text); 1–121 (atlas).

——. 1938. The ramification of the middle meningeal artery in fossil hominids and its bearing upon phylogenitic problems. *Palaeontologia Sinica*, New Series D, 3: 1–16.

——. 1939a. *Sinanthropus* and his significance for the problem of human evolution. *Bulletin of the Geological Society of China* 19: 1–17.

——. 1939b. The classification of fossil hominids and their relation to each other, with special reference to *Sinanthropus pekinensis*. *Bulletin of the Geological Society of China* 19: 64–75.

——. 1940. Man or ape? *Natural History* 45: 32–37.

——. 1941a. The brain and its role in the phylogenetic transformation of the skull. *Transactions of the American Philosophical Society* 31: 321–442.

——. 1941b. The extremity bones of *Sinanthropus pekinensis*. *Palaeontologia Sinica*, New Series D, 5: 1–151.

——. 1944. Giant early man from Java and South China. *Science* 99: 479–482.

——. 1945. Giant early man from Java and South China. *Anthropological Papers of the American Museum of Natural History* 40(1): 1–134.

——. 1946. *Apes, Giants, and Man*. University of Chicago Press, Chicago, p. 89.

——. 1951. Morphology of Solo Man. *Anthropological Papers of the American Museum of Natural History* 43: 205–290.

Weiner, S., Q. Xu, P. Goldberg, J.Y. Liu, and O. Bar-Yosef. 1998. Evidence for the use of fire at Zhoukoudian, China. *Science* 281: 251–253.

White, T.D., B. Asfaw, D. DeGusta, H. Gibert, G.D. Richards, G. Suwa, and F.C. Howell. 2003. Pleistocene *Homo sapiens* from Middle Awash, Ethiopia. *Nature* 423: 743–747.

White, T. 1992. *Prehistoric Cannibalism at Mancos 5MTUMR-2346*. Princeton University Press, Princeton.

Williamson, P.G. 1981. Paleontological documentation of specication in Cenozoic mollusks from Turkana Basin. *Nature* 293: 437–443.

Wolpoff, M. 1980. *Paleoanthropology*. Alfred A. Knopf, New York.

——. 1990. *Paleoanthropology*. 2nd ed. McGraw-Hill, New York.

——. 1984. Evolution in *Homo erectus*: The question of stasis. *Paleobiology* 10: 389–406.

Wolpoff, M., and R. Caspari. 1997. *Race and Human Evolution*. Simon and Schuster, New York.

Wong, W.H. (Weng, W.H.) 1927. The search for early man in China. *Bulletin of the Geological Society of China* 6: 335–336.

Wong, W.H. (Weng, W.H.), and T.H. Yin . Letter to Dr. H.S. Houghton (January 10, 1941). Rockefeller Archives, Sleepy Hollow, N.Y. Record Group 1. 1, Series 601D, Box 39, Folder 323.

Wrangham, R., J.H. Jones, G. Laden, D. Pilbeam, and N. Conklin-Brittain. 1999. The raw and stolen: Cooling and the ecology of human origins. *Current Anthropology* 5: 567–594.

Wright, S. 1940. Breeding structure of populations in relation to speciation. *American Naturalist* 74: 232–248.

——. 1968–1977. *Evolution and the Genetics of Populations. A Treatise.* University of Chicago Press, Chicago.

Wu, R. 1985. Chinese *Homo erectus* and recent work at Zhoukoudian. In *Ancestors: The Hard Evidence.* Edited by E. Delson. Liss, New York, pp. 206–214.

Wu, R. , and S. Lin. 1983. Peking Man. *Scientific American* 248: 86–94.

Wu, R. , and W. Olsen (editors). 1985. *Palaeoanthropology and Palaeolithic Archaeology in the People's Republic of China.* Academic Press, Orlando, Fla.

Wu, X., and F.E. Poirier. 1995. *Human Evolution in China: A Metric Description of the Fossils and a Review of the Sites.* Oxford University Press, New York.

Wynn, T. 1993. Two developments in the mind of *Homo erectus. Journal of Anthropological Archaeology* 12: 299–322.

Zdansky, O. 1927. Preliminary notice on two teeth of a hominid from a cave in Chihli (China). *Bulletin of the Geological Society of China* 5: 281–284.

——. 1928. Die Säeugetiere der Quatäerfauna von Choukoutien. *Palaeontologia Sinica*, Series C, 5: 1–146.

Zhou, C., Z. Liu, Y. Wang, and Q. Huang. 2000. Climate cycle investigated by sediment analysis in Peking Man's cave at Zhoukoudian, China. *Journal of Archaeological Science* 27: 101–109.

Zhou, M. , and C.K. Ho. 1990. History of the dating of *Homo erectus* at Zhoukoudian. *Geological Society of America Special Paper* 242: 69–74.

Zhu, R., X. Pan, B. Guo, C.D. Shi, Z.T. Guo, B.Y. Yuan, Y.M. Hou, W.W. Huang, K.A. Hoffman, R. Potts, and C.L. Deng. 2001. Earliest presence of human in northeast Asia. *Nature* 413: 413–417.

Zuckerkandl, E., and L. Pauling. 1965. Molecules as documents of evolutionary history. *Journal of Theoretical Biology* 8(2): 357–366.

插图来源说明

图 1.1 （上图和中图）根据巴尔博大约 1929 年绘制的草图修改而成［采自安特生（Andersson），1943，图 4 与图 5］；（下图）根据戈德堡等（2001）图 2 修改而成，承蒙保罗·戈德堡（Paul Goldberg）的好意。数码图片由迈克尔·泽默曼（Michael Zimmerman）制作和修改。

图 1.2 承蒙中国科学院古脊椎动物与古人类研究所周口店博物馆的好意。

图 1.3 照片为约翰·里德（John Reader）所摄，采自他 1981 年的书 *Missing Links*《缺环》第 106 页。数码图片由泽默曼制作和修改。

图 1.4 承蒙巴黎门槛出版社（Èditions de Seuil, Paris）的好意。 数码图片由泽默曼制作和修改。

图 1.5 数码图片由泽默曼制作和修改。

图 1.6 承蒙 中国科学院古脊椎动物与古人类研究所的好意。

图 1.7 承蒙中国科学院古脊椎动物与古人类研究所的好意。

图 1.8 承蒙中国科学院古脊椎动物与古人类研究所周口店博物馆的好意。

图 1.9 （上图）图片编号 338922，承蒙纽约美国自然历史博物馆图书馆的好意。（下图）数码图片是由泽默曼在美国自然历史博物馆拍摄的模型。

图 2.1 图片编号 335797，承蒙纽约美国自然历史博物馆图书馆的好意。

图 2.2 承蒙巴黎门槛出版社的好意。数码图片由泽默曼制作和修改。

图 2.3 承蒙巴黎门槛出版社的好意。数码图片由泽默曼制作和修改。

图 2.4 承蒙中国科学院古脊椎动物与古人类研究所的好意。

图 2.5 图片编号 335658，承蒙纽约美国自然历史博物馆图书馆的好意。

图 3.1 采自朱梅恩（Jurmain），基尔戈（Kilgore），特雷瓦桑（Trevathan），纳尔逊（Nelson）.2003. *Introduction to Physical Anthropology* 第九版，图 11-4。得到 Thomson Learning 下属 Wadsworth 出版社的许可复印：www.thomsonrights.com.Fax；800 730-2215. 数码图片由泽默曼制作和修改。

图 3.2 照片承蒙戴维·甘特（David Gantt）从收藏在德国法兰克福森根堡自然博物馆的原始标本拍摄。

图 3.3 根据米尔福德·沃尔波夫（Milford Wolpoff）和雷恰尔·卡斯帕里（Rachel Caspari）.1997.*Race and Human Evolution* 第 201 页重绘。承蒙沃尔波夫的好意。数码图片由泽默曼制作和修改。

图 3.4　图片承蒙美国自然历史博物馆的伊恩·塔特索尔（Ian Tattersall）和肯·莫布雷（Ken Mowbray）的好意。由唐·麦格拉纳汉（Don McGranaghan）绘。

图 4.1　根据埃里奥特·史密斯文中的图版重绘：Elliot Smith.1932.*Smithsonian Report for 1931*. 承蒙华盛顿特区的史密森研究院的好意。

图 4.2　采自博阿兹（Boaz）和阿尔姆奎茨（Almquist）.2002.*Biological Anthropology: A Synthetic Approach to Human Evolution* 图 11–18。得到 Pearson Education 下属的 Prentice Hall 出版社的许可复印：http://www.prehall.com。数码图片由泽默曼制作。

图 4.3　根据 M. 巴巴（M.Baba）.1996. *Reviving Pithecanthropus* 第 45 页上的图修改。承蒙巴巴的好意。数码图片和标记由泽默曼制作。

图 4.4　根据史密斯文中的图版重绘：Elliot Smith.1932.*Smithsonian Report for 1931*. 承蒙华盛顿特区的史密森研究院的好意。

图 4.5　（上图）由诺埃尔·博阿兹（Noel Boaz）所摄；（中图与下图）由拉塞尔·乔昆（Russell Ciochon）所摄。

图 5.1　承蒙中国科学院古脊椎动物与古人类研究所的好意。

图 5.2　承蒙中国科学院古脊椎动物与古人类研究所的好意。

图 5.3　（上图）图片编号 335795，承蒙纽约美国自然历史博物馆图书馆的好意。（下图）数码图片由内森·托滕（Nathan Totten）制作。

图 5.4　数码图片由托滕制作，并在博阿兹和乔昆指导下做了修改。

图 5.5　承蒙中国科学院古脊椎动物与古人类研究所周口店博物馆的好意。

图 5.6　根据德日进 1941 年的著作 *Early Man in China* 中的图 27 复制。感谢北京地质生物研究所。

图 5.7　承蒙巴黎门槛出版社的许可。数码图片由泽默曼制作。

图 6.1　（上图）根据德日进 1941 年的著作 *Early Man in China* 中的图 23 重绘。感谢北京地质生物研究所。（下图）承蒙中国科学院古脊椎动物与古人类研究所的好意。

图 6.2　根据贾兰坡和黄慰文 1990 年的 *The Story of Peking Man, from Archaeology to Mystery*（《周口店发掘记》英文版）一书中的第 120 页上的地图重绘。数码图片由泽默曼和托滕扫描与制作。

图 6.3　根据德日进 1941 年的著作 *Early Man in China* 中的图 20 重绘。感谢北京地质生物研究所。数码图片由泽默曼处理。

图 6.4　根据克莱因（Klein）.2000. *The Human Career* 一书的图 2.10 重绘与修改。数码图片由埃琳·谢巴利（Erim Schembari）提供。

图 6.5　采自周春林等.2000.*Journal of Archaeological Science* 杂志 27 卷上论文图 4 并重绘。数码图片由泽默曼处理。

图 6.6　照片由宾夕法尼亚州立大学的艾伦·沃克（Alan Walker）提供，并得到肯尼亚国家博物馆的许可。

图 7.1　根据沃什伯恩（Washburn），默里（Moore）.1974. *Ape to Man* 一书的图 6.7 重绘。数码图片由泽默曼处理。

图 7.2　（上图、下图）承蒙以色列雷霍瓦特魏茨曼科学研究所史蒂夫·韦纳的好意。数码图片由托滕处理。

图 7.3　照片由乔昆所摄。数码图片由谢巴利处理。

图 7.4　（上图、中图）照片由乔昆所摄。（下图）由博阿兹所摄。数码图片由泽默曼处理。

图 7.5　（上图、下图）承蒙印第安纳大学 CRAFT 研究中心凯西·希克（Kathy Schick）和尼古拉斯·托思（Nicholas Toth）的好意。

图 7.6　（上图、下图）照片由乔昆和博阿兹所摄。数码图片由泽默曼处理。

图 7.7　照片由博阿兹和克里斯·戴夫特（Chris Davett）所摄。
图 7.8　承蒙巴黎门槛出版社的好意。数码图片由奥特姆·诺布尔（Autumn Noble）处理。
图 8.1　承蒙戴维·布里尔（David Brill）的好意，照片版权为布里尔所有。
图 8.2　（左侧）照片承蒙戴维·洛德吉帕尼泽（David Lordkipanidze）的好意。（右侧）照片承蒙克拉克·豪厄尔的好意。数码图片由泽默曼处理。
图 8.3　根据塞维尔·赖特（Sewell Wright）1940 年书中的图 2 重绘。数码图片由泽默曼处理。
图 8.4　（右图、左图）根据 Djubiantono and Sémah（1993）*Pitecanthrope de Java*（*Les Dossiers d'Archéologie*.No.184）中的图 1 和图 2 的地图重绘。数码图片由艾奥瓦州艾奥瓦市阿马蒂洛艺术的威尔·汤姆森（Will Thomson）处理。
图 8.5　采自赫斯洛普（Heslop）等. 2002.*Palaeogeography. Palaeoclimatology，Palaeoecology*，185 卷。承蒙 D. 赫斯洛普的好意。
图 9.1　根据拉瑞克（Larick），乔昆. 1996. *American Scientist* 84 卷的图 3 重绘。数码图片由艾奥瓦州艾奥瓦市阿马蒂洛艺术的汤姆森处理。
图 9.2　根据莱特米利（Rightmire）.1998.*Evolutionary Anthropology* 6 卷的图 3 重绘。小照片是由乔昆从野外拍摄的模型和扫描图像的数码照片制作。数码图片由泽默曼处理。
图 9.3　（上图）承蒙中国科学院古脊椎动物与古人类研究所的好意；（下图）数码照片由泽默曼根据美国自然历史博物馆的一件模型拍摄。
彩图 1　承蒙布里尔的好意，照片版权为其所有。
彩图 2　承蒙中国科学院古脊椎动物与古人类研究所周口店博物馆的好意。数码图片由泽默曼处理。
彩图 3　承蒙乔昆的好意，照片版权为其所有。
彩图 4　数码照片由托滕在博阿兹和乔昆指导下制作。
彩图 5　插图由布鲁斯·舍廷（Bruce Scherting）和乔昆制作，背景图像根据塞沃杰（Savage），朗（Long）.1986. *Mammalian Evolution:An Illusrated Guide* 上 81 页艺术图像扫描和重绘。
彩图 6、彩图 7　插图由艾奥瓦州艾奥瓦市阿马蒂洛艺术的威尔·汤姆森（Will Thomson）制作；图片版权归乔昆所有；数码图片由泽默曼制作。
彩图 8　（上图）由舍廷和乔昆制作，图片版权为乔昆所有；（中图、下图）由乔昆和博阿兹拍摄。数码图片由泽默曼制作，并由托滕修理。
彩图 9　承蒙中国科学院古脊椎动物与古人类研究所周口店博物馆的好意。数码图片由泽默曼处理。
彩图 10　水彩画由艾奥瓦州艾奥瓦市阿马蒂洛艺术的汤姆森绘制。图片版权为乔昆所有。
彩图 11　主图根据巴巴.1996. *Reviving Pithecanthropus* 图 45 修改。承蒙巴巴的好意。直立人形象的复原（插入的左上图）采自杰伊·马特恩斯（Jay Matternes）的一幅绘画，其最初用于 C. 斯维什尔（C.Swisher），G. 柯蒂斯（G.Curtis），R. 列文（R.Lewin）. 2000.*Java Man* 一书的封面。承蒙马特恩斯的好意。图片版权为马特恩斯所有。数码图片的合成由泽默曼制作。

索 引

（页码为原版书页码，即本书的边码）

A

adaptation 适应
  biological, in *Homo erectus* 直立人的生物学适应, 160
  cultural 文化适应, 160
Adult Mandible IX 第 IX 号成人下颌骨, 93
Africa 非洲
  as "Garden of Germs" 作为"细菌园", 175~176
  fire in 非洲的用火 100, 104
  paleoanthropological research in 非洲的古人类学研究, 68~70, 114, 119~120, 142, 145, 170
aggression 攻击性
  in *Homo erectus* 直立人的攻击性, 171~172
  in young adult males 年轻成年男性的攻击性, 75
Aiello, Leslie, 莱斯莉·艾洛 173
American Museum of Natural History 美国自然历史博物馆, 4, 32, 40, 52, 67~68, 92, 133
American Sign Language 美式手势语, 130
Andersson, Johan Gunnar 安特生, 2, 4~5, 7, 9~13, 15, 17~18, 32, 90
Andrews, Roy Chapman 罗伊·查普曼·安德鲁斯, 13
Ankarapithecus 安卡拉古猿, 143
antelopes, as paleoecological tool 作为生态工具的羚羊, 120

anvil sites 砧板遗址, 169~170
apes, fossil 化石猿类, 142~143
Apes, Giant and Man（Weidenreich）《猿、巨人与人》（魏敦瑞著）, 64
Arawak, people 阿拉瓦克人群, 130
archaeology 考古学, 9, 92~93, 97, 120, 141
Archanthropinae 太古人亚科, 66
artifacts 人工器物
  bone 骨器, 97~100
  stone 石器, 38, 50, 90, 93, 95~96, 98, 100, 102, 120, 129, 155
ash, in cave sediments 洞穴沉积中的灰烬, 100~101
Ashurst, William 威廉·阿什赫斯特, 43
Asia, paleoanthropological research in 亚洲的古人类学研究, 143
Atapuera, Spain 西班牙的阿塔普埃卡, 167
Australian, aboriginals 澳大利亚土著, 81
Australopithecines 南方古猿、南猿, 78~79
Australopithecus afarensis 南猿阿法种, 163
Australopithecus africanus 南猿非洲种, 1, 21, 77, 145, 163
Australopithecus boisei 南猿鲍氏种, 69

B

Ba'er River 坝儿河, 见 Zhoukou River 周口河
bamboo 竹子
  tools of 竹器工具, 103

tree 竹林, 119
Barbour, George 乔治·巴尔博, 23
barium-strontium ratio 钡和锶元素的相对数量, 117~118
barriers, physical and geographic, in human population 人群的体质与地理隔离, 151, 153, 167
Bartsiokas, Antonis 安东尼斯·巴特西奥卡斯, 82
Bar-Yosef, Ofer 奥弗·巴尔-约瑟夫
behavior, *Homo erectus* 直立人行为, 89, 97, 99, 102~108, 170~172
Beijing 北京, 25~26, 29, 32~33, 35, 37~38, 41~43, 47, 50, 62
Belfer-Cohen, Ann 安·贝尔弗-科恩, 175~176
Berlin, bombing of 柏林的轰炸, 51
biface 两面器, 见 hand ax 手斧
bighorn sheep (*Ovis canadensis*) 大角羊, 75
Bilharzia 见 schistosomiasis 血吸虫病,
Binford, Lewis 路易斯·宾福德, 99~101, 105, 173
Birdsell, Joseph 约瑟夫·伯塞尔, 68
bite marks, carnivore, on bone 食肉类在骨骼上的咬痕, 134~137, 139
Black, Davidson 步达生, 2, 5, 11, 14~16, 18, 20~30, 48, 52, 54, 59, 63, 77, 90, 98, 100, 108, 124~125, 173, 178
blasting, to excavate fossils 用爆破发掘化石, 90
body form, as human cline 作为人类生态群的体型, 151
body size 体量
    evolution of hominid 古人类进化的体量, 120, 128
    related to population density 与人群密度有关的体量, 153
Bohlin, Birger 伯格·步林, 19~23, 90
bone 骨骼
    battered, by *Homo erectus* 被直立人砸碎的骨骼, 120, 128
    burned 烧骨, 100, 131
Bosnia 波斯尼亚, 83
Boston University 波士顿大学, 101

bottleneck, population 人口瓶颈, 148
Bowen, Trevor 博文, 41~42, 54
Boxer Rebellion 义和团运动, 3, 8, 14
bradytely 缓进化, 见 evolutionary change, slow 缓慢的进化演变
brain endocasts, fossil 化石脑颅内模, 125~126
brain size, *Homo erectus* 直立人脑量, 22, 77~78, 124~125, 129, 160
    也请参见 cranial capacity 脑量
brain, evolution of 脑的进化, 77~78, 126, 141, 173~174
breccia 角砾岩, 112
Breuil, Henri 亨利·步日耶, 98~101, 132, 173
Broca's Area, brain 大脑"布洛卡区", 125~126
Brown, Peter 彼得·布朗, 81, 170
Brunhes-Matuyama Boundary, in paleomagnetic dating 古地磁断代中的布容-松山极性时的界限, 117
Bulinus (snail) 泡螺属（螺蛳、蜗牛）, 176
Bulletin of Geological Society of China《中国地质学会志》, 22
Butchering, in *Homo erectus* 直立人中的屠宰行为, 139~140

C

California Institute of Technology 加州理工学院, 71
Camp Holcomb, China 中国霍尔库姆军营, 43
canids 犬科动物, 105
Cann, Rebecca, 丽贝卡·卡恩 152
cannibalism 食人之风, 124, 130~138
Canton, China 中国广州, 64
carbon, in cave sediments 洞穴沉积中的炭, 100, 173
carbon-13 碳-13, 175
carbon-14 dating 碳-14 测年, 112, 114
Carib, people 加勒比人, 130~131
Carnegie Institution of Washington 华盛顿卡内基学会, 60
carnivore liver, in *Homo erectus* diet 直立人食谱中的食肉类肝脏, 138~139
casts, fossil 化石模型, 25, 32, 37, 52, 133~135
cave bear, canine, embedded in Skull Ⅲ endocast

留在第Ⅲ号头骨颅腔内模上的洞熊犬齿，75
cave opening 洞穴开口、落水洞，96
Celtis 朴树，见 heckberry 朴树籽
Cenozoic Research Laboratory 新生代研究室，18, 23, 28, 32, 38, 92
Central Asiatic Expedition 中亚探险队，12~14
Ceprano, Italy 意大利切普拉诺，166
Chad 乍得，143
Chaney, Ralph 拉尔夫·钱尼，121, 174
character states 特征状态，70~71
Cheswanja, Kenya 肯尼亚切索旺加，104
Chia, Lanp 见 Jia Lanpo 贾兰坡
Chicken Bon Hill（Chikushan）鸡骨山，6
chignon 圆髻，见 occipital bun 枕部隆凸、枕骨圆枕
chimpanzees 黑猩猩，22, 52, 78, 129, 175
　language ability in 黑猩猩的语言能力，129
China Medical Board（Rockefeller Foundation）中国医学部（洛克菲勒基金会），27, 40
China Research Committee（Sweden）中国研究委员会（瑞典），13, 17
China, southern 中国南部，119
Chongqing, China 中国重庆，32, 38
chopping tools 砍砸器，96, 103
Chungking 见 Chongqing 重庆
Cincinnati Museum of Natural History 辛辛那提自然历史博物馆，23
Cinderella "灰姑娘"（化石的绰号），见 Homo habilis 能人
Clark, J.D. 德斯蒙德·克拉克，104
climate change 气候变迁，104, 113, 116, 118, 155~160, 166
clinical replacement, model of human evolution 人类进化模式的渐变取代，148~153, 164, 168~170, 178
clines 渐变群，149~150
cognitive evolution, in Homo erectus 直立人的认知进化，141
Columbia University 哥伦比亚大学，71
Columbus, Christopher 克里斯托弗·哥伦布，130
Communist Party, China 中国共产党，19, 68
cooking, by Homo erectus 直立人的烧烤，101~102, 104, 132
Coon, Carleton 卡尔顿·库恩，67
coprolites 粪化石，175
cranial anatomy 颅骨解剖学
　brain size 脑量，77~79
　chewing 咀嚼，78~79
cranial bone 颅骨
　of Homo erectus 直立人的颅骨解剖学特点
　　blunt trauma 钝器损伤，76, 80~86
　　thickness of 颅骨的增厚，22, 63, 65, 74~77, 81~83, 129, 160, 170~171
cranial capacity, Homo erectus 直立人的脑量，也请参见 brain size 脑量，22, 26, 57, 78
cranial depressed fracture 颅骨凹陷破裂，81
critical point, in cultural evolution 文化进化的关键点，129
Croatia 克罗地亚，83, 175
Crown Prince of Sweden 瑞典王储 见 Gustavus VI 古斯塔夫六世
culture 文化
　effect on population genetics 对人类遗传的影响，150
　evolution of 文化的进化，128~129, 171~172
Curtis, Garniss 加尼斯·柯蒂斯，114
cut marks, stone tools, on bone 骨骼上的石器切痕，95, 98~100, 105, 118, 133, 136~137, 139, 140~141
Cynocephalus Gravels 似狒狒，见 Locality 12 第十二地点
cystic fibrosis 囊胞性纤维症，176

D

Dali, China 中国大荔
Dart, Raymond A. 雷蒙德·达特，1, 21, 143, 145
Darwin, Charles 查尔斯·达尔文，2, 78, 142
De Terra, Helmut 赫尔姆特·德·特拉，37
Dear Boy "小儿"（化石绰号），见 Australopithecus boisei 南猿鲍氏种
deep sea core, oxygen isotope record in 深海岩芯里的氧同位素，118
DeGusta, David 戴维·德古斯塔，127
deinotheres 恐象，139

Descartes, Rene 勒内·笛卡尔, 77
dexterity, manual, evolution of 手艺的进化, 128~129
diagenesis 成岩作用, 115
diet, *Homo erectus* 直立人的食谱, 105~107, 121~122, 172~175
dinosaurs 恐龙, 11
Dionysopithecus 醉猿, 142
diploe, in skull bone 头骨中的板障, 160
disease, in human evolution 人类进化中的疾病, 175~176
Dmanisi, Republic of Georgia 格鲁吉亚共和国的德马尼西, 144, 146, 166
DNA, ancient 古 DNA, 166
Dobzhansky, Theodosius 西奥多修斯·杜布赞斯基, 71~73, 152~153
Dong, Zhongyuan 董仲元, 33
Dragon Bone Hill 龙骨山, 2~3, 32, 33, 44, 91, 92, 100, 110, 161, 177
dragons 龙, 3, 6, 51, 60
  bones of 龙骨, 2~3, 5
Dubios, Eugene 尤金·杜布瓦, 1, 60~62, 74, 138
Dutch Geological Survey 荷兰地质调查所, 60~61

E

ear wax, dry (human cline) 人类干耳垢（人类渐变群）, 151
East Sunda River (Java) 爪哇东巽他河, 155
ecology 生态学, 123, 172
edge effect, between populations 群体间的边缘效应, 169
Ehringsdorf Neandertal 埃灵斯多夫尼人, 29,
Ehringsdorf, Germany 德国埃灵斯多夫, 29, 132
electron spin resonance dating 电子自旋共振测年, 162
elephantiasis 象皮病, 176
elephants 大象, 105
elk, extinct giant (*Megalotragus pachosteus*) 绝灭的大型麋鹿（肿骨大角鹿）, 7, 122
Eller, Elise 埃莉斯·埃勒, 148, 153
Elliot Smith, Grafton 格拉夫顿·埃里奥特·史密斯, 14, 59, 77, 82
Empire State Lady "帝国大厦女士", 45
Eoanthropus dawsoni 道森曙人, 见 Piltdown Man 皮尔唐人
ER 1808 (Kenyan *Homo erectus*) ER 1808 号人（肯尼亚直立人）, 138~139, 171
ER 1813 (Kenyan *Homo habilis* skull) ER 1813 号人（肯尼亚能人头骨）, 144, 146
ER 992 (Kenyan *Homo erectus ergaster* mandible) ER 992 号人（肯尼亚匠人下颌骨）, 145
Ethiopia 埃塞俄比亚, 129, 143
ethnic group 族群, 149~150
Europe, paleoanthropological research in 欧洲的古人类学研究, 132, 143
Eve, African 非洲的夏娃, 147~148
Evernden, Jack 杰克·埃文登, 114
evolution, fossil versus molecular studies 从化石与细胞研究进化, 55, 70
evolutionary biology 进化生物学, 73
evolutionary change 进化变迁
  rapid 迅速, 166, 169
  slow 缓慢, 166
evolutionary rates 进化速率
  of anatomical change 解剖学变迁的, 156~157, 160
  of genetic change 遗传变迁的, 152
excavation 发掘
  map 发掘地图, 92~94, 99
  method at Longgushan 龙骨山的发掘方法, 91~92, 96
  Zhoukoudian 周口店, 8, 30, 33~35, 162
exogamy 族外婚, 见 outbreeding 远亲繁殖
expensive tissue hypothesis 昂贵的组织假说, 173~174
extinction 绝灭
  of *Homo erectus* 直立人的绝灭, 178~179
  of *Neandertals* 尼安德特人的绝灭, 168

F

Falk, Dean 迪安·福尔克, 88, 171
feldspar 长石, 116
felids 猫科动物, 106
fire 用火

behavior implication 用火的行为含义, 103~104, 107, 120, 138, 140
evidence of 用火的证据, 95, 100~102, 119, 131, 173
Fisher, Ronald 罗纳德·费希尔, 153
Foley, William 威廉·弗利, 43, 46
foramen magnum 枕骨大孔, 57, 132~133,
broken 枕骨大孔破损, 132~133
Fortuyn, A.B.D. 福顿, 48
Fosdick, Raymond 雷蒙德·福斯迪克, 40
fossils, Zhoukoudian 周口店化石, 49~50, 54
fracture, depressed 凹陷骨折, 86~87
France, Anatole 阿纳托尔·弗朗斯, 125
Franz Weidenreich Institute 魏敦瑞研究所, 68
Freeman, Leslie 莱斯利·弗里曼, 105
fruit fly (*Drosophila*) 果蝇, 71, 152

G

gathering, food 采集食物, 105
genes 基因, 152, 164~166
Genetics and the Origin of Species (Dobzhansky)《遗传学与物种起源》(杜布赞斯基著), 71
geography, and human population 地理与人口, 66, 151
geological age, determination of 确定地质时代, 108, 113~116, 162
Geological Society of China 中国地质调查所, 18, 38, 97
geological uplift, of Zhoukoudian area 周口店地区的地质抬升, 113
Germany, as seat of research 德国作为研究的地位, 27, 68
gestures, in communication 交流的手势, 138
Gezitang 见 Pigeon Hall Cave 鸽子堂
Gibb, J. McGregor 麦格雷尔·吉布, 5
gibbons 长臂猿, 142
Giganthropus 巨人, 64
Gigantism theory, Weidenreich's 魏敦瑞的巨人理论, 62~65, 70, 74
Gigantopithecus blacki 步氏巨猿, 64
giraffes, fossil 长颈鹿化石, 11
glacial periods 冰期, 113, 118
glucose-6-phosphate dehydrogenase deficience 葡萄糖-6-磷酸盐脱氢酶缺乏症, 176
Goldberg, Paul 保罗·戈德堡, 100~101
Grabau, Amadeus W. 葛利普, 18, 19, 21
Gran Dolina, Spain 西班牙大凹陷遗址, 138
grandmother hypothesis 祖母假设, 175
Granger, Walter 沃尔特·葛兰阶, 6, 12, 27
grassland 草原, 120
Gray's sika (fossil deer) 葛氏斑鹿 (化石鹿类), 122
Gregory, William King 威廉·格雷戈里, 27, 29
Griffiths, Norton 诺顿·格里菲斯, 122~123
group solidarity, in *Homo erectus* 直立人的群体团结, 171~172
Groves, Colin 科林·格罗夫斯, 145
guano, combustible 可燃的鸟粪, 102
Gustavus VI, King of Sweden 瑞典国王古斯塔夫六世, 13, 17

H

Haberer, K.A. 哈贝尔, 3~4, 60
hackberry seeds 朴树籽, 121~122, 174
Hadza, people 哈德扎人, 174~175
Haeckel, Ernst 厄恩斯特·海克尔, 138
Haldane, J.B.S. 霍尔丹, 153
Han, Deshan 韩德山, 50
hand ax 手斧, 103, 141
Harris, J.W.K. 哈里斯, 104, 129
Harvard University 哈佛大学, 71
Hasebe, Kotondo 长谷部言人, 47~48, 49
Hawkes, John 约翰·霍克斯, 84
Hayonim Cave, Israel 以色列哈约尼姆洞穴, 101
head, weight of, in *Homo erectus* 直立人头颅重量, 160
headhunters 猎头者, 132
hearths 火塘, 101
Heberer, Gerhard 格哈德·海贝勒, 69
Heidelberg (Mauer) jaw 毛尔的海德堡下颌骨, 29
hematoma 血肿
epidural 硬脑膜, 80
subdural 膜下, 83
Heslop, D. 赫斯洛普, 157~158
Hesperopithecus 西方古猿, 1

索引 245

Himalayas 喜马拉雅山, 143
Hipparion 三趾马, 见 three-toed horses 三趾马
Hirohito, Emperor of Japan 日本裕仁天皇, 47
Hirschberg, Claire 见 Taschdjian, Claire 息式白
Hitler, Adolf 阿道夫·希特勒, 27
Hoberg, Eric 埃里克·霍伯格, 105
home range size, in *Homo erectus* 直立人家居范围的大小, 175
hominids, discovery of 古人类的发现, 10, 17, 20~21, 23~25, 30, 68~69
hominoids 人猿超科, 142
Homo erectus erectus 直立人, 121, 147, 149, 163~165
Homo erectus ergaster 匠人, 121, 144~145, 147, 149, 163~165, 169
Homo erectus 直立人
    Africa 非洲直立人, 127~128, 146~147, 161~162
    Asia 亚洲直立人, 145~146, 161~166, 169, 178
    as zoological species 作为动物物种的直立人, 65, 67, 150
    evolutionary relationships of 直立人的进化关系, 69~70, 113, 124, 146~147, 155~157, 164~165, 169, 178~179
    Java (Indonesia) 印尼爪哇直立人, 37, 113, 143, 145, 153~155
Homo ergaster 见 *Homo erectus ergaster* 匠人
Homo habilis 能人, 69, 70, 141, 144~145, 146~147, 150, 153, 162~163
Homo heidelbergensisr 海德堡人, 70, 113, 127, 150, 155~156, 160, 163, 165, 167, 169, 178
    也请参见 Heidelberg jaw 海德堡下颌骨
Homo leakeyi 利基人, 见 Olduvai Hominid 奥杜威古人类
Homo modjokertensis 莫佐克托人, 61, 143
Homo neanderthalensis 见 Neandertal 尼安德特人、尼人
Homo pekinesis (informal name) 北京人（非正式名称）, 11, 20
Homo sapiens 智人, 52, 69~70, 82, 113, 147, 150, 156, 160, 163, 165~169, 171, 177, 178
Homo sapiens neanderthalensis 见 Neandertal 尼安德特人、尼人

Homo sp. 真人, 11, 144
Hong Kong 香港, 64
Hooton, Ernest 欧内斯特·胡顿, 67~68, 71
Hopwood, David 戴维·霍普伍德, 103
horse fossils, burned while fresh 马化石，带肉时烧烤, 101, 121, 173
Houghton, Henry S. 胡恒德, 16, 32, 36~40, 42~43, 53~54
Howell, F. Clark 克拉克·豪厄尔, 67, 105
Hrdlička, Aleš 阿莱斯·海特列希加, 16, 58
Hsi-shan, Yen 阎锡山, 19
Hu, Chengzhi 胡承志, 35, 37, 40~43, 45, 50,
Huang, W. 黄慰文, 42, 49
hunting 狩猎, 105, 122, 139~140, 172~73
hyenas 鬣狗, 7, 23, 95, 104~105, 121, 132~133, 139
    也请见 *Pachycrocuta brevirostris* 中国鬣狗
hypervitaminosis A, in *Homo erectus* 直立人的维生素 A 过量, 138~139, 171
hypoglossal canal, and speech 舌下神经管道与说话, 127
hypotheses, in human evolution 人类起源的假说, 161

I

Imperial Museum, Tokyo 东京国立博物馆, 49
Imperial University, Tokyo 东京帝国大学, 47
India 印度, 64
Indonesian Archipelago (Java, Borneo) 印度尼西亚群岛（爪哇、婆罗洲）, 153~154
Innes, Mr. 英尼斯先生, 46
Institute of Vertebrate Paleontology and Paleoanthropology 古脊椎动物与古人类研究所, 25, 91, 175
interbreeding, inference of, from fossil 从化石推测远亲繁殖, 168~169
interglacial period 间冰期, 112~113, 118, 159
International War Crimes Tribunal (1946) 国际战犯法庭（1946年）, 35
Inuit, people 因纽特人, 108, 119
Isbell, Lynne 琳恩·伊斯贝尔, 120
isotopes 同位素
    in dietary reconstruction 同位素与食谱重建, 175

in paleoclimatology 同位素与古气候, 117, 157~158

J

Jackson, U.S. Marine Sergeant 美国海军陆战队中士杰克逊, 42~43
Janus, Christopher 克里斯托弗·贾纳斯, 45~46
Japanese, Army 日军, 32~34, 36, 38, 43, 45, 49, 53, 62, 91
Japanese, occupation of China 日本对中国的占领, 39, 47
Java 爪哇, 见 Indonesian Archipelago 印度尼西亚群岛, 及遗址的单独名称
Jia, Lanpo 贾兰坡, 3, 29, 31, 33, 36, 41~44, 48~49, 52, 91, 94
Jinniushan, China 中国金牛山, 178
Johns Hopkins University 约翰斯·霍普金斯大学, 39
Jonny's Boy (fossil nickname)"乔尼男孩"（化石绰号）, 见 *Homo habilis* 能人
Journal of the Anthropological Society of Tokyo《东京人类学会学报》, 48

K

Kappers, Ariëns 艾里恩斯·卡佩斯, 28
karst 喀斯特, 95
Kay, Richard 理查德·凯, 127
Keith, Arthur 亚瑟·基思, 67, 167
Kendungbrubus (Java) 爪哇肯登布鲁布斯, 155
Kenya 肯尼亚, 143
Kenyapithecus 肯尼亚古猿, 142
Klein, Richard, and linguistic hopeful monster 理查德·克莱因, 与语言的"有希望的怪物", 129
Kluckhohn, Clyde 克莱德·克拉克洪, 128
Koko, gorilla 大猩猩柯柯, 126
Koobi Fora, Kenya 肯尼亚库彼福拉, 104
Kranz, Grover 格罗弗·克兰茨, 128
Krapina, Croatia 克罗地亚克拉皮纳, 132
Kroeber, Alfred 艾尔弗雷德·克罗伯, 128

L

Laccopithecus 池猿, 142
Lagar Velho, Portugal 葡萄牙拉加·维尔赫, 168
Lagrelius, Axel 阿克塞尔·拉格琉斯, 13
Laitman, Jeffrey 杰弗里·莱特曼, 126
Lantian, China 中国蓝田, 164
larynx 喉部, 126~127
Le Fort, René 勒内·勒福尔, 83~84
Le Moustier Neandertal, destruction of 莫斯特尼人骨骼的损毁, 51
Leakey, Louis S.B. 路易斯·利基, 68~69, 144
Leakey, Mary 玛丽·利基, 122~124
LeCount, E.R. 勒康特, 83
Levant 黎凡特, 168~169
Li, Ming-sheng 李鸣生, 41, 45, 50
Libby, Willard 威拉德·利比, 114
Licent, Emile 桑志华, 18
limb bones, *Homo erectus* 直立人肢骨, 132
Liu, Jinyi 刘金毅, 91
Liujiang, China 中国柳江, 178
Locality 1 第一地点, 2, 35, 93~94, 109~111, 113, 117, 121, 131, 139, 159, 177
Locality 3 第三地点, 110
Locality 4 第四地点, 97
Locality 12 第十二地点, 109~110
Locality 13 第十三地点, 97, 110
Locality 15 第十五地点, 97, 109
Locality 26 第二十六地点, 见 Upper Cave 山顶洞
Locus, defined 定义"地", 91
Locus A A 地, 21~22
Locus B B 地, 21~22
Locus E E 地, 116
Locus G G 地, 95
Locus H H 地, 97
Locus L L 地, 31, 93
loess 黄土, 101, 118~119, 158~159
Longgupo Cave, China 中国龙骨坡洞穴, 144, 146, 164
Longgushan 见 Dragon Bone Hill 龙骨山
Lower Cave 下洞, 3, 23, 92, 100, 162
lumping, of taxonomic names 分类学名称的合并, 170

M

macaque, fossil 猕猴化石, 23, 35, 104
MacArthur, Douglas 道格拉斯·麦克阿瑟, 52
MacLarnon, Ann 安·麦克拉农, 128
malaria 疟疾, 176
mammoths 猛犸, 139~140
mandible, *Homo erectus* 直立人下颌骨, 22
Mapa, China 中国马坝, 178
Marco Polo Bridge 卢沟桥, 33
masseter muscle 咬肌, 79
Matsuhashi 松桥, 48
Maynard Smith, John 约翰·梅纳德·史密斯, 153
Mayr, Ernst 欧内斯特·迈尔, 67
Mazak, V. 马扎克, 145
McCown, Theodore 西奥多·麦考恩, 167
meat, raw 生肉, 107
meat-eating 吃肉, 106, 121, 173~174
Megalotragus pachyosteus 肿骨大角鹿, 见 elk, extinct giant 绝灭的大型麋鹿
Meganthropus palaeojavicus 巨人古爪哇种, 63
microcephaly, and ability to speak 小脑人及说话能力, 125
microevolution 微进化, 156~157
Middle-Pleistocene Transition, climatic change 中更新世的气候变迁, 158
migration 迁移, 118~119, 122~123, 151, 154, 159, 170, 176
Milankovich cycles 米兰科维奇周期, 168
Miocene Epoch 中新世, 110, 143
Missing Link Expedition 缺环探险队, 见 Central Asiatic Expedition 中亚探险队
Mitochondrial Eve 线粒体夏娃, 见 Eve African 非洲夏娃
Mojokerto (Perning), Indonesia 印尼 (佩尔宁) 莫佐克托, 61, 144, 146, 155
molecular clock 分子钟, 152
molecular evolution 分子进化, 55, 70, 142, 147~149, 151~152
Mongol invasion, and cline formation 蒙古人入侵和渐变群形成, 151
monsoons 季风, 157~158
Monte Circeo, Italy 意大利奇尔切奥山, 132
Moore, Ruth 鲁斯·穆尔, 43

Morgan, Thomas Hunt 托马斯·亨特·摩尔根, 71
Mount Carmel, Israel 以色列卡麦尔山, 167~169
Movius, Hallam 哈勒姆·莫维斯, 103
multiregionalism theory 多地区起源说, 65~67, 147, 156, 178
Musem of Far Eastern Antiquities 远东古物博物馆, 5, 13

N

Nanjing 南京, 37~38
Nanking 见 Nanjing 南京
Napier, John 约翰·内皮尔, 144
Nariokotome 纳里奥克托姆, Turkana Boy 图卡纳男孩
Narrrinyeri 纳林耶里, 见 Australian, aboriginals 澳大利亚土著
National Socialist Party, Germany 民族社会主义德国工人党, 即"纳粹党", 27, 29
natural selection 自然选择, 148
Nature (journal)《自然》杂志, 62
Nazi Party 纳粹, 见 National Socialist Party, Germany 民族社会主义德国工人党, 即"纳粹党"
Neandertal (fossil hominid) 尼安德特人、尼人 (化石古人类), 125, 135, 141, 163, 166~169, 175
Nellie (nickname of Longgushan *Homo erectus*) "内莉"(龙骨山直立人的绰号), 140
Neoanthropinae 新人亚科, 66
New Guinea, cannibalism in 新几内亚的食人之风, 132, 135
new physical anthropology 新体质人类学, 73, 153
Ngandong (Solo), (Java) 爪哇昂栋 (梭罗), 60, 62, 84, 155
Ngandong Skull 昂栋头骨, 62
Nihewan Basin, China 中国泥河湾, 136, 164
Ninkovich, Dragan 德拉根·宁科维奇, 166
Nippoanthropus akashiensis 明石猿人, 48~49
nitrogen-15 氮-15, 175
North American Indians, cannibalism in 北美印第安人的食人之风, 135

O

O'Connell, James 詹姆斯·奥康奈尔, 174
Occipital bun 枕骨隆凸、枕骨圆枕 38
Occipital torus 枕骨圆枕, 56~58, 83, 85~86
Olduvai George(fossil nickname 化石绰号)"奥杜威乔治", 见 Homo halilis 能人
Olduvai Gorge, Tansania 坦桑尼亚奥杜威峡谷, 68~69, 144
Olduvai Hominid 1, destruction of 奥杜威 1 号古人类的损毁, 51
Olduvai Hominid 9 (Homo erectus) 奥杜威 9 号（直立人）, 69
Omo Kibish I skull (Homo sapiens) 奥莫·基比什 1 号头骨（智人）, 82
Omo, Ethiopia 埃塞俄比亚奥莫, 144
orangutan 猩猩, 64, 142
Ordovician limestone, at Dragon Bone Hill 龙骨山的奥陶纪灰岩, 110
Origin of Races, The(Coon)《人种的起源》（库恩著）, 67
Osborn, Henry Fairfield 亨利·费尔菲尔德·奥斯朋, 1, 4, 14, 27, 32
osteons, in cranial bone 颅骨的"骨单位", 82~83
Ouranopithecus 欧兰古猿, 143
Out of Africa, theory of human evolution 人类进化的走出非洲理论, 149, 155, 159, 170, 176, 178
outbreeding, in human population 人群的远亲繁殖, 118, 150~151
oxygen isotopes, in climate records 气候记录中的氧同位素, 157~158
oxygen-18 氧同位素 18, 175

P

Pachycephalosaurus (pachystoric dinosaur) 肿头龙, 75, 76
Pachycrocuta brevirostris (Giant Cave Hyena) 中国鬣狗（巨型洞鬣狗）, 23, 133
pachyostosis 厚骨, 75, 88
　也请参见 cranial bone, thickness 头骨的厚度
Palaeontologia Sinia《中国古生物志》, 20
Paleoanthropinae 古人亚科, 66
Paleo-Indians 古印第安人, 119
Paleomagnetic dating 古地磁测年, 115~117, 162
Pan, 请见 chimpanzees 黑猩猩
Panda (Ailuropoda) 大熊猫, 103, 119
parasites 寄生虫, 176
patas monkey 赤猴, 120~121
Pauling, Linus 莱纳斯·波林, 152
Pearl Harbor attack, 1941 珍珠港事件 1941 年, 37, 43, 46~47, 51
Pei, W.C. 见 Pei Wenzhong 裴文中
Pei Wenzhong 裴文中, 21~25, 27, 29, 36, 38, 40~42, 47~49, 52, 90, 95, 97~98
Peking Man 北京人, 1, 11, 13, 18, 32, 41, 108
　fossil, disappearance of 化石的失踪, 140
Peking Man Museum, Zhoukoudian 周口店北京猿人博物馆, 133
Peking Union Medical College 北京/北平协和医学院, 14~15, 18, 23, 28, 32, 35, 41, 46~49, 51, 54, 92
People's Republic of China 中华人民共和国, 68
Perning 佩尔宁, 见 Mojokerto 莫佐克托
phytoliths 植硅石, 101, 119
Pigeon Hall Cave 鸽子堂, 2~3, 95
Piltdown Man 皮尔唐人, 1, 22, 50, 59~61, 63, 65, 72, 74, 138
Pithecanthropus alalus (hypothetical name) 没有语言的"猿人"（假想的名称）, 138
Pithecanthropus erectus 直立猿人, 1, 53, 59~61, 63, 65, 72, 74, 138
　也请参见 Homo erectus, Java 爪哇直立人
Pithecanthropus robustus 爪哇猿人粗壮种, 63
Plants 植物
　cold-adapted 喜寒植物, 116
　indicated by pollen 孢粉显示的植物, 122
Platodontopithecs 宽齿猿, 142
Pleistocene Epoch 更新世, 108~116, 118, 168
Pliocene Epoch 上新世, 110, 176
Polynesia, cannibalism in 波利尼西亚的食人之风, 135
Pope, Geoffrey 杰弗里·波普, 102~103
population density, in human evolution 人类进化中的人群密度, 153

population genetics 人口遗传学, 66, 147~148, 152~153
population size, in human evolution 人类进化中的群体规模, 148~149
populations, as units of study in evolutionary biology 进化生物学中作为研究单位的群体, 71
potassium-argon dating 钾氩法测年, 112, 164
Předmostí Neandertals, destruction of 普雷德莫斯特尼人化石的损毁, 51
Protsch, Reiner 雷诺·普罗茨, 68
Pseudaxis grayi 见 Gray's sika 葛氏斑鹿
pterion 翼点, 85
Pye, Lucian W. 白鲁恂, 51~52

Q

Qian, F. 钱方, 115
Qinhuangdao, China 中国秦皇岛, 42, 45, 48
Qinling Mountains 秦岭山脉, 119
Quartz Horizon 石英层, 2, 95
quartz, flake tools of 石英石片石器, 96

R

race, biological 生物学的人种, 66, 72, 149~150
radiator brain hypothesis 脑散热假说, 88~89, 171
Reader, John 约翰·里德, 10
recent African origin, theory of human evolution 最近人类进化理论的非洲起源, 见 Out of Africa 走出非洲
replacement theory, in human evolution 人类进化的取代理论, 148~149, 153, 155~156, 也请参见 Out of Africa 走出非洲
rhinoceros 犀牛, 98
Richards, Michael 迈克尔·理查兹, 175
Rightmire, G. Philip 菲利普·赖特迈尔, 165
ritual, in cannibalism 食人之风中的祭祀, 135~136, 140~141
Rockefeller Foundation 洛克菲勒基金会, 14, 18~19, 25, 27, 40, 53, 也请参见 China Medical Board 中国医学部
rodents 啮齿类, 105
Rossignol-Strick, Martine 马丁·罗西尼奥尔-斯特里克, 166

Rowlett, Ralph 拉尔夫·罗利特, 104
Royal Society of Great Britain and Ireland 英国与爱尔兰皇家学会, 26

S

SS *Harrison* 哈里逊总统号, 43
Saami people 萨米人, 119
sagittal crest, sagittal keel 矢状脊, 56~58, 78, 79, 83
Sahara Desert 撒哈拉沙漠, 143
Sangiran（Java）爪哇桑吉兰, 61, 145~146, 155
Sarich, Vincent 文森特·萨里其, 70, 152
scanning electron microscopy 扫描电镜, 105
scavenging, *Homo erectus* 直立人的尸食或腐食, 99~100, 137, 138, 141, 173
schistosomiasis 血吸虫病, 176
Schwalbe, Gustav 古斯塔夫·施瓦博, 28
sea level, change in Pleistocene 更新世的海平面变化, 153~154
Semaw, Sileshi 塞勒希·塞茂, 129
sexual selection 性选择, 75
Shaguotun Cave, Manchuria 沙锅屯洞穴, 15~16
Shapiro, Harry 哈里·夏皮罗, 42~43, 51
shelters 掩体, 104, 119~129
Shen, G. 沈冠军, 115
shovel-shaped incisors 铲形门齿, 58, 66, 84
Siberian people 西伯利亚人群, 119
Simpson, George Gayland 乔治·盖洛德·辛普森, 72
Sinanthropus and *Pichecanthropus* compared 中国猿人与爪哇猿人的比较, 59~62, 67, 72
Sinanthropus officinalis 中国猿人药铺种, 64
Sinanthropus pekinensis 北京中国猿人, 20~22, 25~26, 31~32, 53, 55, 59~60, 64~65, 72
single-species hypothesis 单一物种假说, 67
Sino-Japanese War 抗日战争, 33, 35
sirenians, pachyostosis in 海牛的厚骨, 75
Sivapithecus 西瓦古猿, 142
Skhul 斯虎尔, 见 Mount Carmel 卡麦尔山
skin color, as human cline 人类渐变群的肤色, 151
Skull III 第III号头骨, 15, 25, 75, 116
Skull V 第V号头骨, 133~135, 141

Skull X 第 X 号头骨, 28, 30, 87, 93
Skull XI 第 XI 号头骨, 30~31, 93
Skull XII 第 XII 号头骨, 35
sleeping sickness 嗜睡症, 176
Snider（Snyder）, U.S. Marine Sergeant 美国海军陆战队中士施耐德, 42~43
South Africa 南非, 143
speech, evolution 说话的进化, 124~130, 138
Spencer, Lillian 莉莲·斯宾塞, 120
stasis, behavioral, in *Homo erectus* 直立人行为的停滞不前, 141
Stephenson, Paul 保罗·史蒂文森, 26
Stewart-Gordon, James 詹姆斯·斯图尔特-戈登, 46
Stone, Nancy 南希·斯通, 101
strontium 锶, 175
Sun, Yat-sen 孙中山（孙逸仙）, 19, 46
Sundaland, Southeast Asia 东南亚的巽他大陆, 153~154
superstition, paleontological 古生物学的迷信, 23
superorbital torus 眶上圆枕, 56~57, 83
Swan, Lucille 露西尔·斯旺, 140
synthetic climate index 综合气候参数, 116, 118
synthetic theory of evolution 进化综合理论, 153

T

Tabun 塔邦, 见 Mount Camel 卡麦尔山
tachytely 快速演化, 见 evolutionary change, rapid 迅速的进化演变
Taenia 见 tapeworms 绦虫
Tanzania 坦桑尼亚, 143
tapeworms 绦虫, 105~106, 175~176
Taschdjian, Claire 息式白, 40, 45~46, 52
taxonomy 分类学, 72
teech, fossil hominid 化石古人类的牙齿, 11, 64
Teilhard de Chardin, Pierre 德日进, 17~19, 23, 27, 29, 32, 37, 52, 97, 99~100, 112~113, 116, 173
Temple to Hill God（Longgushan）龙骨山上的山神庙, 90
Templeton, Alan 艾伦·坦普尔顿, 159

temporal lines 颞线, 58, 78
temporal muscle 颞肌, 79, 135
Ter Haar, Cornelius 科尼利厄斯·特尔·哈尔, 60
Ternifine 见 Tighenif 提盖尼夫
three-toed horses 三趾马, 9, 11
Tianjin, China 中国天津, 45, 49
Tientsin, 见 Tianjin, China 中国天津
Tighenif, Algeria 阿尔及利亚的提盖尼夫, 166
Tobias, Phillip V. 菲利普·托拜厄斯, 143~144, 147
Tokyo, fire-bombing 东京轰炸, 48~49
tongue, and hypoglossal nerve 舌头与舌下神经, 127
tool use, and language 工具使用与语言, 129
Torii, Ryuzo 鸟居龙藏, 36
Torralba-Ambrona, Spain 西班牙的托拉尔巴-安布罗纳, 105, 139~140
torus angularis 角圆枕, 83
torus mandibularis 下颌圆枕, 84, 88
torus occipitalis 见 occipital torus 枕骨圆枕
torus supraorbitalis 见 supraorbial torus 眶上圆枕
Trinil（Java）爪哇特里尼尔, 155
tryponosomiasis 锥虫病, 见 sleeping sickness 嗜睡症
tubers, as *Homo erectus* food 作为直立人食物的块茎, 174~175
Turkana Basin, Kenya/Ethiopia 肯尼亚/埃塞俄比亚图卡纳盆地, 144
Turkana Boy, *Homo erectus* skeleton 图卡纳男孩, 直立人骨架, 120~121, 128, 151
Twiggy（fossil nickman）"苗条"（化石的绰号）, 见 *Homo habilis* 能人

U

U.S."embassy"（legation）, Beijing 北京的美国"大使馆"（公使馆）, 41~43
U.S. Marine Corps, China 在华的美国海军陆战队, 41~43, 46, 51
Ubediya, Israel 以色列的乌贝迪亚, 166
underground storage organs 地下储藏器官, 见 tubers 块茎
ungulates, Pleistocene migrations of 更新世有蹄

类的迁徙, 159
United Nations World Heritage Site 联合国世界遗产地, 3
University of Frankfurt 法兰克福大学, 也请参见 Franz Weidenreich Institute 魏敦瑞研究所
University of Heidelberg 海德堡大学, 29
University of Munich 慕尼黑大学, 60
University of Strassburg 斯特拉斯堡大学, 29
University of Toronto 多伦多大学, 14
University of Utrecht, The Netherlands 荷兰乌得勒支大学, 143
Upper Cave 山顶洞, 15, 26, 97, 109~111, 124, 177~178
uranium-series dating 铀系法测年, 114~115, 162

V

vertebral canal, diameter of, *Homo erectus* 直立人椎管的直径, 128
Vindija Cave, Croatia 克罗地亚温迪加洞穴, 168
violence, interpersonal 人与人间的暴力, 见 aggression 攻击性
viruses 病毒, 176
Von Koenigswald, G.H.R. 孔尼华, 37, 45, 53, 60~62, 67, 143, 147

W

Wallace, Alfred Russel 艾尔弗雷德·华莱士, 3
Wang, Gongmu 王恭睦, 23
Wang, Hengsheng 王恒生, 23
Washburn, Sherwood L. 舍伍德·沃什伯恩, 67, 71~73, 153
Washoe, chimpanzee 黑猩猩沃肖, 126
Weaver, Warren 沃伦·韦弗 36~37
Weidenreich, Franz 魏敦瑞, 27~30, 32, 35~40, 48, 52~53, 55, 57~69, 71~73, 77, 82, 84~86, 92, 108, 113, 132, 133, 140, 147, 152, 178
Weimar–Ehringsdorf Neandertal 见 Ehringsdorf Neandertal 埃灵斯多夫尼人
Weiner, Steve 史蒂夫·韦纳, 101, 173
Weizmann Institute of Science 魏茨曼科学研究所, 101
Weng, Wen-hao 翁文灏, 17, 24, 38~40, 53
Wernicke's Area, brain 脑的"韦尼克区", 125~126
Western Hills, China 中国的西山, 110
Wilson, Allan, 艾伦·威尔逊 152
Wiman, Carl 卡尔·维曼, 6, 9~12
Wood Jones, Frederick 弗雷德里克·伍德·琼斯, 1
World War II 二战, 35, 135, 140
Wrangham, Richard 理查德·兰厄姆, 176
Wright, Sewall 休厄尔·赖特, 150, 153
Wynn, Thomas 托马斯·温, 141

X

xenophobia 仇外, 172
Xiao, Yuanchang 萧元昌, 33
Xie, Y. 谢又予, 117
Xu, Qinqi 徐钦琦, 91

Y

Yang, Zhongjian 杨钟健, 21~24, 23, 24, 26, 50, 52
Yellow Sands 黄沙, 110
Yenching University (now Beijing University) 燕京大学(现北京大学), 5, 36
Young, C.C. 见 Yang Zhongjian 杨钟健
Yuan, S. 原思训, 115
Yuanmou, China 中国元谋, 164
Yue, Nan 岳南, 41, 45, 50

Z

Zdansky, Otto 奥托·师丹斯基, 3, 6~7, 6~12, 90, 95
Zhang, Senshui 张森水, 90, 95
Zhao, Shusen 赵树森, 115
Zhao, Wanhua 赵万华, 33, 36
Zhou, Chunlin 周春林, 116, 118
Zhoukou River 周口河, 8, 95, 109
Zhoukoudian 周口店
　site name 周口店遗址名称, 7, 9
　village 周口店村, 2~3, 5, 7, 30, 111
Zuckerkandl, Emile 埃米尔·朱克堪德尔, 152

译后记

诺埃尔·博阿兹和拉塞尔·乔昆合著的《龙骨山》中文版2011年由上海辞书出版社出版。2023年5月，陕西人民出版社李妍女士来信，表示有再次出版这本译著的意向。我非常高兴《龙骨山》的中译本能在十年之后再次与读者见面。虽然这是一本古人类学家为大众撰写的科普读物，但是其撰写和引证方式却完全遵循了科学著作的要求。从公众考古学的标准而言，这是一本深入浅出的典范，资料的引用严谨而细致，故事的讲述生动而有趣。

从我接触古人类学和旧石器考古学开始，我对周口店和北京人的了解都来自贾兰坡先生的回忆录，以及他亲口讲述的往事和保存在他书房里的私人信件。然而，从《龙骨山》一书中，我了解到了连贾老自己生前都不曾知道的故事。作者查阅了保存在美国洛克菲勒基金会、纽约美国自然历史博物馆、史密森研究院以及许多大学、研究所和图书馆中的档案资料，从许多文件和私人来往信件中，以及对一些亲历者或其亲属子女的采访中，发掘出许多鲜为人知的细节，使得周口店发掘的历史脉络更加清晰，故事情节更加生动，让我们对北京人化石失踪的过程和原因有了更加详细的了解。作者还从当代学科发展的成果和视野对北京人研究做了评述，提出了一系列新的假说。这些前沿科学研究成果，显然是值得我国古人类学和旧石器考古学学习和借鉴的地方。即使会有一些中国学者对国外学者研究北京人的结论有不同意见，但是这也是激励我们提高研究水平，拿出有力的科学依据来努力加以证实或证伪的动力。

本书大体可以分为两部分来阅读。前面是介绍发掘和发现的历史，其中包括了震惊世界的北京人化石的失踪。后面介绍的是研究历史和最新认识，包括对直立人解剖学特征，直立人的进化地位，直立人的智力、生存方式、语言能力、文化适应乃至绝灭原因的解释。

在北京人遗址发掘中，虽然裴文中先生发现第一个头盖骨，贾兰坡先生发现三个头盖骨的传奇故事脍炙人口，但是他们当时在周口店的发掘项目中并非处于决策者的地位。经费的来源、发掘的计划和出土材料的研究都由外国机构和外国学者所主导，因此本书披露的许多细节，让我们对于这项发掘计划的具体实施和幕后运作有了更深入的了解。比如，瑞典人安特生在中国进行考古调查，得到了瑞典王室和富有企业家的支持。他熟悉中国国情，在与中国人打交道中，以其诚信而树立起良好的声誉。1921年，他与步达生对东北沙锅屯出土人骨的研究，建立起合作关系。最后，也是他趁瑞典王储访华，促成了中国地质调查所和北京协和医学院周口店遗址发掘研究的国际合作团队。协和医学院是洛克菲勒基金会建立的机构，后来便成为周口店发掘的主要资助者。1921年，师丹斯基在龙骨山的初期发掘中，就认出了一颗人牙，但是他秘而不宣。安特生被蒙在鼓里达五年之久，直到师丹斯基回到乌普萨拉大学，从出土的化石中发现了第二颗人牙之后，他才有充足的信心向维曼教授汇报他的重大发现。安特生从维曼处得到这个消息，已经是1926年了。

美国古生物学泰斗奥斯朋深信蒙古高原是人类起源的摇篮，斥巨资派遣了一支庞大的探险队深入戈壁沙漠寻找人类进化的缺环，可惜无功而返，可谓有意栽花花不活。而作为中国政府矿政顾问的经济地质学家安特生，在探矿采矿之余留意寻找古生物化石和古人类遗存，发现了周口店龙骨山遗址，可谓无心插柳柳成荫。我们现在知道，美国洛克菲勒基金会最初对古人类研究并无兴趣，后来在步达生的工作影响下，开始支持这项研究，并在协和医学院成立了新生代研究室。而由步达生承担起研究北京人化石的任务，这便和协和医学院院长发生了冲突。院长胡恒德显然视古人类研究为"喧宾夺主""不务正业"，横竖不顺眼，要求步达生将工作集中在解剖学教学上。在胡恒德看来，医学院是救死扶伤、窗明几净的卫生场所，现在弄了一批脏兮兮的化石来研究，还成了医学院的中心任务，别扭心情可以想见。如果不是洛克菲勒基金会的支持和步达生的口碑，胡恒德可能早就炒了步达生的鱿鱼。为了不影响正常工作，引起主管部门进一步的反感，步达生只能深夜加班来研究古人类化石。上司的冷漠和歧视、研究与发现的兴奋、经费来源的担忧、新生代研究室的前途，一定让步达生殚精竭虑、身心俱疲，最后心脏病突发死在了工作台上。

我们现在知道，如果胡恒德能够对北京人化石的科学价值稍有正确认识的话，这批无价之宝也不会丢失。虽然他正确拒绝了魏敦瑞想在日本人许可下继续发掘龙骨山的想法，但是他对北京人化石的安全则毫不挂怀。起先，他对中国方面将化石转移到美国的要求不屑一顾，一口拒绝。面对局势持续恶化，魏敦瑞反复敦促他采取行动时，他竟然恼羞成怒，把魏敦瑞赶回了美国。早在1941年9月，美国方面就已经同意将化石运往美国暂时保管，胡恒德却整整三个月按兵不动。11月，魏敦瑞的秘书息式白提醒胡承志赶紧将化石装箱。直到11月18日到20日间，胡恒德才开始采取行动，将装有化石的两个箱子运到协和医学院F楼地下室的4号保险室，随后可能运出了医学院。但是为时已晚，12月8日，日本偷袭珍珠港。次日，日军占领协和医学院，胡恒德和博文两人被俘，北京人化石就此失踪。如果胡恒德当初允许魏敦瑞把化石原件带往美国，如果他在接到上级指令后就立即采取行动的话，北京人化石很可能就不会丢失。胡恒德对北京人化石的丢失应该负有主要的责任，从根本上说，这是他轻视这项研究价值所造成的恶果。他把化石的安全看得过于简单，以为即使化石被日本人没收，也可以通过外交途径要回来。历史证明，这是他最大的失算。

奥斯朋身前垂涎龙骨山，因安特生的阻挠而不可得，后因协和医学院和洛克菲勒基金会的介入，最终让魏敦瑞携带北京人头骨模型和资料到奥斯朋曾经坐镇的纽约美国自然历史博物馆继续他的研究，这又是一个始料未及的戏剧性结局。难怪本书作者调侃地说，如果奥斯朋地下有知，他肯定会含笑九泉。

对于北京人化石的下落，我比较同意作者的看法，即一旦化石离开实验室这种特殊的保护环境，它们将不复完璧。日本人占领北平协和医学院后，将其作为日军的宪兵司令部，为了腾出办公室，他们便将所有化石和资料当作垃圾处理，医学院周围遍地都是破碎砸烂的骨头和被扔掉以及焚毁的书籍。面对这样的浩劫，再重要的科学资料也无法幸免于难。

北京猿人遗址一直被视为"北京人之家"，以往教科书和一些展览为公众复原了一幅50万年前远古人类的生活场景。白天，男子到山前地带狩猎，而妇女带着孩子在洞穴周围采集朴树籽等植物。太阳西下，男人们肩挑背扛着猎物回到洞里，妇女们已点燃营火，准备烧烤食物。夜色苍茫的龙骨山，洞穴中散发出温暖的火光和阵阵烤肉的香味，笼罩在一片温馨祥和的气氛中。这确实是一幅日出而作、日落而息的原始田园景象，但是带有太多现代主义的浪漫色彩。

如果想象一下，今天我们以三四个家庭为一个团队，赤手空拳前往非洲塞伦盖提大草原体验野外生存，那将是一幅何等恐怖的景象！虽然，那里有大群令人艳羡的食草动物如大象、斑马、角马、羚羊、长颈鹿可供狩猎，但是没有弓箭和刀枪，我们实际上对它们无计可施。更糟的是，周围到处是虎视眈眈的狮子、鬣狗、猎豹和豺狼。在自然界，没有工具和技术的武装，人类是最弱小的一群。由此反观比我们原始得多的北京人，我们可能确实需要用不同的眼光，重新审视过去对他们生存方式的解读。

以前我们对北京人之家的复原，是根据洞穴里出土的人类化石、石器和用火遗迹来构建的。现在再让我们看一下材料数据的比较，猿人洞出土了6具头骨和许多肢骨，总共代表大约40个个体的直立人。但是，出土的54种大型哺乳动物中，有包括2000个个体的鬣狗，个体在50~100个之间的狼、貉和狐狸，以及少量虎和猎豹的牙齿和骨骼。食草动物中最多的是肿骨鹿和葛氏斑鹿，分别有2000个和1000个个体。野猪也有200头左右。而且，还发现了大量鬣狗粪便的化石。确实，从出土化石比例看，北京人要比食肉类少得多，古人类是和鬣狗这类穴居食肉类分享着这个洞穴的。贾兰坡就曾注意到，在产鬣狗粪化石的层位，人类化石和文化遗物很少；而出土人类遗骸和大量石制品的石英Ⅱ层，食肉类化石极少。裴文中也指出，有些层位长期为食肉动物所占有，而食肉动物遗骸较少的地方，原始人居住的迹象比较明显。本书作者指出，洞穴中虽然发现了大量的石器，但它们没有一件被认为足以或适于杀死大型有蹄类哺乳动物。而他们根据骨骼上留有的石器切痕往往覆盖在食肉类的咬痕之上，推断古人类采取的是一种尸食或腐食的觅食策略。之前，林圣龙曾评估了猿人洞的埋藏情况，认为大量哺乳动物化石带入洞中的情况很复杂，必须具体情况具体分析。食肉动物应该是北京人生存的一个主要威胁和对手。

长期以来，对北京人用火一直没有异议。但是，自史蒂夫·韦纳和保罗·戈德堡分别对洞穴第4层和第10层用火遗迹进行重新测定，并与以色列洞穴尼安德特人用火遗迹进行比较，发现里面没有像后者那样，草木灰中留有大量植硅石的迹象，于是否定了人为用火的结论。这在中国学界引起了很大反响，一些学者还做出带有情绪性的反应。平心而论，用于分析化验的采样是否到位，是一个很关键的因素。第4层堆积中主要的灰烬层可能已被挖掉，而且最好做多次采样和测试，进行反复的检验，不宜过早下结论。西方学者常将否定习见和提出新证，看作是最有成就感的工作。但是，如果采样不到位，技术再先进，结论会有以偏概全之嫌。中国学者比较欣赏能证实自己想法的结论，难以接受与自己期望相左的观点。但是，科学观察毕竟不受个人或科学家团体好恶及价值观的左右，新技术否定旧结论在科学上是很常见的事情。过去，我们对北京人的能力具有太多现代主义的想象，先进科学技术可以让历史返璞归真。本书为北京人用火提出了一种比较接近事实的描述，他们支持直立人用火的观点，但认为这还不是智人层次的用火，而是一种生态武器。他们提出，火是直立人与其他动物进行有效竞争，并在更新世万物争雄的自然界确立其自身地位的最主要的撒手锏，而熟食只是这种适应的一个副产品而已。

　　过去，我们对北京人的厚骨和粗大眉脊的解释是古人类原始性的表现。但是，现在我们知道，这是直立人的特点。为此，作者提出了一个假设来解释这种特点，认为是群体内的暴力和冲突，导致直立人颅骨增厚，以保护脑子。他们用大角鹿、肿头龙、澳洲土著的头骨特点，以及现代人群中脑颅损伤的案例来解释其功能。在没有更好的说法之前，这确实是一种言之成理的解释。作者为人类进化厚颅骨的消失，提出了第四功能的假说，认为脑子增大所带来的散热要求，导致直立人颅骨壁的变薄。虽然这种说法有一定的道理，但是从140万年前非洲的奥杜威9号直立人头骨，125万年前爪哇的桑吉兰17号头骨，到50万年前的北京人，再到5.3万和2.7万年前的爪哇昂栋人，直立人的头骨形态和解剖学特点都非常相似，显示出一种特化而稳定的延续，并没有随时间而变薄。也许这种厚骨是随直立人绝灭而消失的，智人的头骨有可能是从骨壁并不那么厚的一批海德堡人发展而来。作者没有提到的是，北京人的四肢也是厚骨，髓腔很小，占体骨最小直径的三分之一，而现代人则占二分之一。

　　作者根据最新的研究，对直立人的语言能力进行分析，认为北京人仍然不会说话。他们推测，直立人在语言能力上仍有点像黑猩猩，是一种几近哑巴的方式——能打手势和简单发声，却不会说话。这种推断，也许可以从直立人文化发展的落后与缓慢得到间接的说明。人类文化发展速度，与语言和文字的交流和传递有密切的关系。没有语言，个人经验就无法有效传递给旁人或子女，个人的经验只能靠模仿或自己的试错来学习，结果，每代人的知识只能处在反复学习和反复遗忘的状态，根本无法被广泛传授和积累，以至于在200万年里几乎没有什么变化。一直要到文字发明以后，人类的知识才得以迅速积累和改善，科学文化的发展才能日新月异。现代人一生几乎三分之一的时间在接受教育，这成为每个人在现代世界里得以成功生存和发展的先决条件。

贾兰坡和吴汝康两位先生曾在《化石》杂志上撰文，专门介绍古今的食人之风。这个现象，最早是魏敦瑞根据欧洲的考古发现提出来的。人吃人确实是令人毛骨悚然的野蛮习性，我们的祖先是吃人一族吗？虽然，早年步日耶等提出北京人有食人之风的证据，是根据头骨多而肢骨少，头骨面部和颅底缺失的推测，现在已被证明是鬣狗所为。但是作者从头骨上发现了石器切割的痕迹，说明北京人确实从他们死去的同伴身上割肉，而这种行为与他们从动物骨头上割肉并无二致。从世界各地出土的古人类骨骼上，考古学家也有类似的发现。这说明，直立人的适应大体上还是一种类似动物的生物学适应，现代人自我意识的那种人性在那时还没有形成。进化到现代智人，吃人虽然仍被在史前和历史时期的宗教活动中，以及饥荒和战争中挣扎求生的人们所实践，但毕竟成了人类深恶痛绝的一种异端行为。

过去，我们将人类进化看作是单线的递进，即猿人—古人—新人，或能人—直立人—早期智人—晚期智人。但现在的证据表明，人类进化和其他动物的进化一样，有错综复杂的谱系。它更像交织缠绕的藤蔓，而不像是节节上升的竹竿。在更新世初，有许多不同种类的南猿同时生活在非洲，而能人、直立人和南猿粗壮种也曾经共同生活。而且，这种原始与进步物种并行或重叠的现象，在人类进化的后期阶段也十分明显。这种进化也非过去所想的渐变，而是一种被称为"间断平衡"的模式，也就是一个物种在很长时间里基本很少变化，而在很短时间里迅速被另一新物种所取代。直立人就是一个很好的例子，他的解剖学特点在100多万年的时间里几乎没有什么变化。但是，直立人、海德堡人和现代人出现的过程，从化石记录上看，几乎难以察觉。本书作者认为，中国直立人应该是非洲匠人的后裔。最近，对印尼直立人遗址年代的重新测定，为直立人抵达亚洲的时间提供了新的认识。1994年，用氩-氩法对桑吉兰和莫佐克托直立人地点的重新测年，分别得出了166万年和181万年的结果。如果这个年代可靠，那么今后应该有望在中国发现同样古老乃至更早的古人类遗存。

现在一个令人瞩目的焦点，就是智人是如何取代古人类的？目前一般认为，大约90万至80万年前，在非洲和欧亚大陆西部，一类新的物种——海德堡人从直立人中分离开来。这批脑量较大、下颌较小但仍比较原始的人群扩散到欧洲和亚洲，大约在30万年前在欧洲进化成尼安德特人，而他们在中国的代表就是大荔人、金牛山人、马坝人和许家窑人等所谓的早期智人。有学者将湖北郧县（今十堰市郧阳区）发现的58万年前的3具头骨暂时归入海德堡人，因为它们看似直立人，但是还有一些比较进步的特点，令古人类学家不易归类。如果郧县人真的是海德堡人的话，那么这是两种古人类同时存在于中国的例子。

我们现代人的起源，近来一直是人们关心的话题。20世纪末，分子人类学的发展为我们提供了另类的人类进化谱系，这就是线粒体DNA分析所得出的现代人起源的时间和地点。虽然有些科学家对线粒体DNA的研究并不认同，但是大部分人认为这一研究为现代人的起源提供了重要的信息。

20世纪80年代，美国加州大学伯克利分校的艾伦·威尔逊和他的团队对世界五大洲不同地区147个人群的材料进行分析，对这些人群妇女的线粒体 DNA 进行比较。线粒体 DNA 的序列被认为在所有人群中会随时间的推移而突变分化，并会随着人群迁徙到各地而显示出较少的遗传变异。由于扩散的都是小股人群，存在很大的遗传学瓶颈，使得在新人群中遗传变异度降低。威尔逊发现，非洲的线粒体 DNA 变异度最大，因此很可能是最早现代人类的起源地。这一发现被媒体广泛介绍，欢呼"非洲夏娃"的发现。即所有现代人的线粒体 DNA 都可以追溯到生活在非洲的一个女性祖先，而这个祖母出现的时间是大约 20 万年前。

这一成果，后来被想象成有个非洲祖母，带着她的后代走出非洲，来到欧洲和亚洲，取代了世界各地的原住民，而成为今天现代人群。这一场景有一些令人困扰的问题，比如世界各地的本土人群到哪里去了？从文化人类学的观点来说，外来者很难越过一个已被占据的区域，特别是对一种人口的完全取代，这要求当地的土著居民被完全消灭而没有发生任何的基因交流。

本书作者认为，分子材料一直被大多数分子遗传学家和古人类学家普遍误读，建议从群体遗传学的角度来弥补两者之间的不协调。群体遗传学的统计表明，不可能有某个叫"夏娃"的单一古人类游群走出非洲，"取代"了世界各地所有的古人类群体。一方面，由快速进化的生物分子所判断的遗传多样性，会随局部种群的绝灭而消失。因此，分子谱系构建的图像与化石证据会有很大的出入，使得遗传学家和古人类学家之间聚讼不断。另一方面，当一个种群取代另一个群体时，控制着我们生物学构造的大部分基因线条是连续的。一类物种绝灭，但是拥有新基因的后继者与其关系密切，并在体质特征许多方面很相似，却又拥有了重要的不同适应方式，使得新物种在生存中具有更大的优势。进化生物学家将其称为"再生"，海德堡人就是这样先取代直立人，后来又被现代人所取代的。渐变取代模式设想的是种群的一种逐渐转变，而非一种完全的取代。"再生"是一种微进化过程，是人群的一种小规模变迁。

新物种群体来到新的地方，与当地群体交配无法产生有繁殖力的后代。他们移入，慢慢占领了老物种群体的全部地盘，并将他们逼上了绝路。作者认为，这一情景既符合多地区说学者强调的化石特征连续性，也与遗传学证据相吻合。这种微进化虽然是一种渐变取代，但是从地质时代的长度来衡量还是比较快的。渐变取代既可以解释海德堡人取代直立人，又可以解释现代人的起源。

以周口店发掘为起点的中国古人类学建立起东亚古人类本地演化的模式，表现为泥河湾早更新世地点为代表的直立人，经元谋人、蓝田人、北京人、和县人、南京人、郧县人、许家窑人、大荔人、金牛山人、峙峪人和山顶洞人及柳江人为主要脉络的演进谱系。目前国际分子人类学的进展和化石证据的早晚镶嵌形态，确实对中国古人类的直线演化或多地区起源模式造成了挑战。

为此，这项研究应该紧密跟踪国际同类学科发现与研究的最新动态。更新世的直立人、海德堡人和现代智人是没有国界的种群，他们走出非洲扩散到欧亚大陆，并抵达印尼群岛和澳洲。对于世界各地新出土的人类化石和最新研究成果，可以为化石材料仍显不足的中国古人类学研究提供珍贵的信息。本书作者也提出了目前分子材料和化石证据之间存在的问题，分子遗传学家的主要材料来自实验室的试管，而古人类学家的主要材料只是零散破碎的骨骼化石和打制石器。分子遗传学家依靠那些快速进化的特殊分子来构建人类进化的谱系，这个谱系汇聚到一个共同祖先的分子结构，不会早于20万年。分子材料并没有记录下相对较早的进化事件，于是晚期智人快速的分子进化变迁模式，被复制到早期古人类的身上，造成了种群整体取代的印象。在快速进化的分子谱系与实际种群谱系之间是非常不同的，不能简单画上等号。作者建议，应该采取群体遗传学方法来克服这种偏颇。群体遗传学是运用数学方法和现代物种的野外分析方法来研究种群的变迁，以协调根据化石地理分布所得出的早期人属较大人口规模与由遗传学材料显示的很小"实际人口规模"之间的显著差异。研究中国的人类进化可能不但需要我们引入新的视野和研究方法，更需要我们以放眼世界的胸怀和中立不偏的科学态度来面对这个问题。

从目前直立人化石的发现及研究的进展来看，我们现在大体可知，直立人是在非洲进化的，他在当地被称为"匠人"，大约在距今180万至170万年前从能人分化出来，并与后者共存了几十万年。能人大约于140万年前绝灭。匠人在出现后不久就走出了非洲，向东到了中国和印尼，向北向西到了欧洲。走出非洲的第一站是以色列约旦河谷的乌贝迪亚，年代在140万至100万年之前。向亚洲迁移的一支以周口店直立人和爪哇直立人为代表，他们的年代在80万至40万年前左右。河北泥河湾发现了160万至130万年前的石制品，但是至今没有发现骨骸。中国最晚的直立人是和县人，其年代20万年前已经处于非洲现代智人出现的时段，他与中国早期智人共生，与20万年前的大荔人大体同时，比28万年前的金牛山人要晚。直立人生活在印尼爪哇的时间大约是70万至50万年前。昂栋和桑吉兰的直立人化石年代在30万至25万年前，有的甚至晚到14.3万年前。由于印尼群岛后来与亚洲大陆隔开，所以直立人在群岛上独立发展，中国直立人和印尼直立人沿自己独立的轨迹演化。印尼的直立人后来演变成了弗洛勒斯人，这是一种身高1米左右的矮人，存活到了1.8万年前。印尼的直立人没有经历欧亚大陆的人类演化过程，最后直接被现代人所取代。

在欧洲，格鲁吉亚的德马尼西的年代在距今177万至78万年前，它在乌贝迪亚西北1500公里处，那里出土了5个古人类头骨和4个下颌骨，头骨中有4具类似非洲的匠人，而一具脑量只有600毫升，像是能人。西班牙的阿塔普埃卡出土了数量惊人的古人类遗骸。其中大凹陷地点的年代大约为120万至80万年前，出土的古人类头骨被命名为"先驱人"。先驱人不像是尼安德特人的祖先，而是匠人的一支，他们大约在80万至60万年前消失，代表了一支直立人移居欧洲大陆失败的尝试。

阿塔普埃卡的骨坑遗址出土的古人类化石代表了海德堡人向尼安德特人过渡类型，从化石中提取到的最古老的DNA也证实了这点。

中国存在直立人（北京人为代表）、海德堡人（金牛山人为代表）、早期智人（大荔人为代表）和晚期智人（山顶洞人为代表），他们的关系被我国学者认为是本地的连续演化（多地区进化说），但是如何解释这些材料表现出时代上的重叠并没有很好的论证。而国际学界一般认为这些人属的进化存在并行发展和渐进取代的过程。

近年来，考古学技术领域最醒目的亮点就是分子遗传学和古DNA领域。现在，考古学可以在根本不见骨骸的地方，仅从DNA就能探知人类的存在。比如，古人类学家从西伯利亚南部丹尼索瓦洞穴中出土的一件4万年前的古人类指骨碎片上提取到了保存非常完好的DNA，并确认了这是一群我们以前一无所知的古人类种群，被称为丹尼索瓦人。之后，我国在青藏高原和甘肃甘南藏族自治州的洞穴中也发现了丹尼索瓦人的骨骸。

此外，考古学家已经在欧亚大陆的四个洞穴沉积中找到了40万至4万年前的尼安德特人。根据DNA，考古学家分辨出了独立于进入美洲其他三批人群但没有留下后裔的一批移民。在埃及，该技术确认了一具不知名的木乃伊是图坦卡蒙的父亲阿肯纳顿。在欧亚，古DNA从距今4500年前的人类遗骸中成功鉴定出一种已经灭绝的人类乙型肝炎病毒，并从牙菌斑上的DNA了解到3500年前曾经肆虐欧亚的鼠疫，并确定一种罕见的肠道沙门氏菌是1545年墨西哥科科利兹特利瘟疫的起因。一项里程碑式的发现，是对西班牙阿塔普埃卡骨坑遗址出土的一件股骨的古DNA分析，这是迄今为止提取到的最古老的古人类DNA序列。而且研究结果出乎意料，因为这类海德堡人与后来西伯利亚丹尼索瓦人的亲缘关系要比与欧洲尼人更为接近。我国学者付巧妹对西伯利亚乌斯季–伊希姆股骨的遗传学分析，破译了世界最古老现代人的基因组，被认为是迄今为止论证的具有高质量基因组序列的最古老解剖学现代人。

在本书最初的翻译中，得到了吴新智院士、黄慰文教授、徐钦琦教授、刘武教授在人名和专业术语翻译上的帮助和指点，特别是吴新智院士在百忙之中仔细阅读了第四章全部和第七章的语言解剖学部分，对人体解剖学的一些专业术语和译文表述提出了宝贵意见。遗憾的是，吴新智院士已于 2021 年 12 月 4 日仙逝，黄慰文教授也于 2024 年 9 月 25 日辞世，在此谨以此书新版的面世表示对他们两位的纪念！

陈　淳

2025 年 6 月

图书在版编目(CIP)数据

龙骨山/(美)诺埃尔·T.博阿兹(Noel T. Boaz),
(美)拉塞尔·L.乔昆(Russell L. Ciochon)著;陈淳,
陈虹,沈辛成译. --西安:陕西人民出版社,2025.6
ISBN 978-7-224-15602-7

I. K878.3

中国国家版本馆 CIP 数据核字第 2025EJ8203 号

著作权合同登记号:图字 25-2025-060

DRAGON BONE HILL: AN ICE-AGE SAGA OF HOMO ERECTUS was originally published in English in 2004. This translation is published by arrangement with Oxford University Press. Shaanxi People's Publishing House is solely responsible for this translation from the original work and Oxford University Press shall have no liability for any errors, omissions or inaccuracies or ambiguities in such translation or for any losses caused by reliance thereon.
Simplified Chinese edition copyright © 2025 by Shaanxi People's Publishing House
All Rights Reserved.

出 品 人:赵小峰
总 策 划:关　宁
策划编辑:李　妍
责任编辑:李　妍
装帧设计:姚肖朋

龙骨山
LONGGU SHAN

作　　者	[美]诺埃尔·T.博阿兹　[美]拉塞尔·L.乔昆
译　　者	陈　淳　陈　虹　沈辛成
出版发行	陕西人民出版社
	(西安市北大街 147 号　邮编:710003)
印　　刷	西安市建明工贸有限责任公司
开　　本	787 毫米×1092 毫米　1/16
印　　张	17.25
插　　页	12
字　　数	228 千字
版　　次	2025 年 6 月第 1 版
印　　次	2025 年 6 月第 1 次印刷
书　　号	ISBN 978-7-224-15602-7
定　　价	89.00 元

如有印装质量问题,请与本社联系调换。电话:029-87205094